Altium Designer 15
应用与PCB设计实例

王　伟　张建兵　王建农　编著

国防工业出版社

·北京·

内 容 简 介

本书基于 Altium Designer 15 的设计环境，从实用的角度出发，介绍原理图绘制与 PCB 设计的知识及 PCB 设计实例，内容包括基础、提高、实例三部分，共 18 章。基础部分主要介绍 Altium Designer 15 的安装和启动、使用初步、PCB 设计基础、PCB 工程文件的创建、特殊元器件的设计（原理图元件和 PCB 封装）、原理图绘制、PCB 布局、布线等；提高部分主要介绍原理图绘制和 PCB 设计的实用功能和技巧；实例部分给出 10 个典型的 PCB 设计实例（ISD1420 语音模块、串行显示模块、RFID 模块、CPLD 简易实验板、MSP430 电子锁控制板、ARM 简易实验板、PCI 简易实验卡、完全相似性多通道电路、局部差异化多通道电路、BLDC 电调），详细介绍了应用 Altium Designer 15 进行 PCB 设计的流程、包括特殊元件的设计、原理图绘制和 PCB 设计等内容。

本书可以作为电子设计人员的自学和参考用书，也可以作为高等院校电子、电气、自动化、计算机等相关专业的培训教材。

图书在版编目（CIP）数据

Altium Designer 15 应用与 PCB 设计实例/王伟，张建兵，王建农编著.

—北京：国防工业出版社，2016.8

ISBN 978-7-118-10864-4

Ⅰ. ①A… Ⅱ. ①王… ②张… ③王… Ⅲ. ①印刷电路—计算机辅助设计—应用软件 Ⅳ. ①TN410.2

中国版本图书馆 CIP 数据核字（2016）第 175197 号

※

国防工业出版社出版发行

（北京市海淀区紫竹院南路 23 号　邮政编码 100048）

涿中印刷厂印刷

新华书店经售

*

开本 787×1092　1/16　印张 27¾　字数 692 千字

2016 年 8 月第 1 版第 1 次印刷　印数 1—2000 册　定价 79.00 元

（本书如有印装错误，我社负责调换）

国防书店：（010）88540777　　　发行邮购：（010）88540776

发行传真：（010）88540755　　　发行业务：（010）88540717

前　言

Altium 公司致力于 EDA 新产品开发，每年推出 1~2 个版本的更新，提升 Altium 在 EDA 市场的占有率。随着电子设计新概念和新技术不断地更新，可以为设计人员提供相应电子产品、电子系统的设计工具，帮助电子工程师更快、更好地实现将设计转化成产品，缩短开发周期。其发布的 Altium Designer 系列将设计流程、原理图设计、PCB 设计、可编程逻辑器件设计和嵌入式软件开发功能整合在一起，拓宽了板级设计的传统界限，允许电子工程师将系统设计中的 FPGA 与 PCB 设计集成在一起，是可以解决一体化电子设计的 EDA 软件。Altium Designer 15 除了全面继承之前一系列版本的功能和优点以外，还增加了高速信号引脚对功能、对 IPC-2581 和 Gerber X2 支持、开发环境更加友好、更加合理的自动布线算法。Altium Designer 功能强大、设计高效、操作简便，已被越来越多的电子设计人员所熟悉和喜爱，成为广大初学者首选的 EDA 软件。

本书以大量实例为基础，内容由浅入深，力求使读者能尽快了解 Altium Designer 15 的功能特性、熟悉 Altium Designer 15 的设计环境、掌握 Altium Designer 15 的基本应用。为便于阅读，软件中拷贝一词在本书中均改为复制。全书分为三部分，共 18 章，基础部分（1~6 章）以电子产品设计的流程为主线，介绍 PCB 工程文件的创建、特殊元件的设计（原理图元件和 PCB 封装）、原理图绘制、PCB 布局、布线等基础知识；提高部分（7、8 章）介绍在绘制原理图和 PCB 设计中经常使用的实用功能和技巧；实例部分（9~18 章）给出了 10 个典型的 PCB 设计实例，介绍在 Altium Designer 15 环境下，如何完成原理图绘制和 PCB 设计，为读者全面梳理 PCB 设计的流程、PCB 设计方法，拓宽设计思路。本书内容连贯，基础篇、提高篇、实例篇的内容相对独立，通过阅读本书，读者可以对 Altium Designer 15 和 PCB 设计有一个较为全面、系统的了解，各章主要内容如下。

第 1 章　Altium Designer 概述：介绍 Altium Designer 的发展历程、Altium Designer 15 的安装和启动、本书所用环境介绍等。

第 2 章　PCB 设计基础：介绍 PCB 设计基本步骤、元器件的封装和一些 PCB 设计中基本概念等。

第 3 章　原理图设计基础：介绍绘制原理图的原则及步骤、原理图编辑环境、绘制电路原理图、原理图绘制的技巧、绘制实例介绍等。

第 4 章　创建元件库：介绍创建元件库的步骤、对元件库项目的操作、为原理图元件库文件添加元件、为 PCB 元件库添加元件、制作元件封装等。

第 5 章　PCB 设计基础：介绍 PCB 设计环境、规划电路板及参数设置、载入网络表、PCB 布局、PCB 布线、设计规则检测等。

第 6 章　PCB 的输出：介绍 PCB 报表输出、光绘及钻孔文件的导出、PCB 和原理图的交叉探针、智能 PDF 向导等。

第 7 章　原理图设计提高：介绍原理图的优化、层次电路设计、原理图其他绘图技巧等。

第 8 章　PCB 设计提高：介绍添加测试点、补泪滴、包地、铺铜、重编元件标号、在 PCB 板中添加新元件、阵列粘贴、密度分析、3D 预览等。

第 9 章　ISD1420 语音模块 PCB 设计实例：介绍 SD1420 语音模块 PCB 设计的全过程，包括新建有关文件、设计 PCB 封装、设计原理图元件、原理图的绘制和处理、PCB 布局和布线等。

第 10 章　串行显示模块 PCB 设计实例：介绍串行（74LS164）显示模块 PCB 设计的全过程，包括新建有关文件、设计 PCB 封装、设计原理图元件、原理图的绘制和处理、PCB 布局和布线、敷铜操作等。

第 11 章　RFID 模块 PCB 设计实例：介绍 RFID（FM1702SL）模块 PCB 设计的全过程，包括新建有关文件、设计 PCB 封装、设计原理图元件、原理图的绘制和处理、PCB 布局和布线、敷铜操作等。

第 12 章　CPLD 简易实验板 PCB 设计实例：介绍 CPLD（XC95108）简易实验板 PCB 设计的全过程，包括新建有关文件、设计 PCB 封装、设计原理图元件、原理图的绘制和处理、PCB 布局和布线、敷铜操作等。

第 13 章　MSP430 电子锁控制板 PCB 设计实例：介绍 MSP430（MSP430F123IDW）电子锁控制板 PCB 设计的全过程，包括新建有关文件、设计 PCB 封装、设计原理图元件、原理图的绘制和处理、PCB 布局和布线、敷铜操作等。

第 14 章　ARM 简易实验板 PCB 设计实例：介绍 ARM（STM32F103RBT6）简易实验板 PCB 设计的全过程，包括新建有关文件、设计 PCB 封装、设计原理图元件、原理图的绘制和处理、PCB 布局和布线、敷铜操作等。

第 15 章　PCI 简易实验卡 PCB 设计实例：介绍 PCI（CH365）简易实验卡 PCB 设计的全过程，包括新建有关文件、设计 PCB 封装、设计原理图元件、原理图的绘制和处理、PCB 布局和布线、敷铜操作、放置焊盘阵列等。

第 16 章　完全相似性多通道电路设计实例：以一种多通道滤波器电路的设计为例，详细阐述 Altium Designer 软件在电路多通道设计中的应用及其实施过程。包括新建有关文件、设计 PCB 封装、设计原理图元件、原理图的绘制和处理、PCB 布局和布线、敷铜操作、放置焊盘阵列等。

第 17 章　局部差异化多通道电路设计实例：以 595 串行 LED 显示电路的设计为例，说明多通道电路设计过程，存在差异化的电路设计，具体的处理及实施过程。包括新建有关文件、设计 PCB 封装、设计原理图元件、原理图的绘制和处理、PCB 布局和布线、敷铜操作、放置焊盘阵列等。

第 18 章　BLDC 电调设计实例：介绍一种基于 ST 控制器的 BLDC 电调设计的全过程。包括新建有关文件、设计 PCB 封装、设计原理图元件、原理图的绘制和处理、PCB 布局和布线、敷铜操作、放置焊盘阵列等。

本书由常州工学院王伟、张建兵和王建农共同编著，全书由王伟统稿。本书可以作为电子设计人员的自学和参考用书，也可以作为高等院校电子、电气、自动化、计算机等相关专业的培训教材。由于作者水平有限、编著时间仓促，书中不足之处和错误在所难免，敬请广大读者批评指正，联系信箱：wwei@czu.cn。

作　者

2016 年 5 月

目　录

第 1 章　Altium Designer 概述

Altium 公司致力于产品开发，持续在市场上推出一系列设计新概念和新技术，为设计人员提供电子产品、系统的最佳设计工具，帮助电子工程师更快、更好地实现将设计转化成产品，Altium Designer 已被越来越多的电子设计人员所熟悉和喜爱。

1.1　Altium Designer 发展历程

1987 年，由美国 ACCEL Technologies Inc 公司推出第一个应用于电子线路设计的软件包 TANGO，这个软件包开创了电子设计自动化（EDA）的先河。

1987 年，Protel Technology 公司以其强大的研发能力推出了 Protel For DOS 作为 TANGO 的升级版本，从此 Protel 成为最为流行的电子设计软件，是 PCB（Printed Circuit Board）设计者的首选软件。

20 世纪 80 年代末期，Windows 操作系统开始盛行，Protel 相继推出 Protel For Windows 1.0、Protel For Windows 1.5 等版本来支持 Windows 操作系统。这些版本的可视化功能给用户设计电子线路带来了很大的方便。设计者不用再去拼命记一些烦琐的操作命令，大大提高了设计效率，缩短了电子产品设计的周期，也可以说推动了电子工业的发展。

20 世纪 90 年代中期，Windows 95 操作系统开始普及，Protel 也紧跟潮流，推出了基于 Windows 95 的 3.X 版本。Protel 3.X 版本加入新颖的主从式结构，但在自动布线方面却没有出众的表现。另外由于 Protel 3.X 版本是 16 位和 32 位的混合型软件，所以其稳定性比较差。

1998 年，Protel 公司推出了给人全新感觉的 Protel 98。Protel 98 这个 32 位产品是第一个包含 5 个核心模块的 EDA 工具，并以其出众的自动布线功能获得了业内人事的一致好评。

1999 年，Protel 公司又推出了新一代的电子线路设计系统——Protel 99。其既有原理图的逻辑功能验证的混合信号仿真，又有 PCB 信号完整性分析的板级仿真，构成从电路设计到真实板分析的完整体系。

2001 年 8 月 6 日，为了更好地反映 Protel Technology 公司在嵌入式、FPGA 设计、EDA 领域拥有多个品牌的市场地位，Protel Technology 公司正式更名为 Altium 公司。

2002 年，Altium 公司重新设计了设计浏览器（DXP）平台，并发布第一个在新 DXP 平台上使用的产品 Protel DXP，Protel DXP 提供了一个全新的设计平台，并为广大的电子设计者接受，直到今天 Protel DXP 还具有很大的使用群体。

2005 年年底，Altium 公司发布了最新版本 Altium Designer 6.0，Altium Designer 6.0 是业界首例将设计流程、集成化 PCB 设计、可编程器件（如 FPGA）设计和基于处理器设计的嵌入式软件开发功能整合在一起的产品，是一体化电子设计解决方案 Altium Designer 的全新版本。

2006 年，Altium 公司发布了 Altium Dsigner 6.3 版。

2008 年夏季，Altium 公司发布了 Altium Designer summer 08 版。

2009 年冬季，Altium 公司发布了 Altium Designer Winter 09 版。

2010 年，Altium 发布了 Altium Designer 10 版。

2011 年，Altium 发布了 Altium Designer 11 版。

2012 年，Altium 发布了 Altium Designer 12 版。

2014 年 10 月，Altium 发布了 Altium Designer 15.0.7 版（本书所有实例使用的版本）。

这些最新高端版本 Altium Designer 除了全面继承包括 Protel 99、Protel2004 在内的先前一系列版本的功能和优点以外，还增加了许多改进和很多高端功能。Altium Designer 系列软件拓宽了板级设计的传统界限，全面集成了 FPGA 设计功能和 SOPC 设计实现功能，从而允许工程师能将系统设计中的 FPGA 与 PCB 设计集成在一起。

1.2　Altium Designer 15 的新功能

Altium Designer 15 展示了 Altium 将继续致力于生产软件和解决方案，提高生产力和在具有挑战性的电子设计项目过程中减少用户的压力。它反映了 Altium 的承诺，通过提供客户都希望产品和需要的支持客户的成功。在符合这些目标时，Altium Designer 15 包含了设计下一代高速印制电路板，并保持了领先的趋势。

1. 高速信号管脚对

现代设计要求的速率信号的传播达到每秒 100Gbit。设计这些规范在上一代的设计软件是具有挑战性的。这个过程通常需要手工返工和精心策划的信号设计工具之外，通常在电子表格程序中造成额外的步骤，并引入大量的空间误差。使用 Altium Designer 15 的新管脚对功能已被添加到：

（1）启用精确的长度和相位调整跨终端的组件。

（2）允许长度、相位和延迟调整遍历整个信号路径。

2. IPC-2581 和 Gerber X2 支持

作为计算机辅助制造格式，传统的格柏（Gerber）有其标准的 RS-274D 发布的近 35 年前起源；许多人认为"标准格柏"是过时的。Ucamco 最近更新的 RS-274X 格柏 X2 纳入关键制造数据之前失踪，国际印制电路行业协会开发了一种全新的标准，IPC-2581。使用旧格式时遇到模棱两可或丢失的数据，如格柏 RS-274X 的两个解决问题，从而根据其设计的设计手段到制造，完全描述 PCB：

（1）铜层的图像。

（2）电镀和未电镀孔、槽、路线、沟槽和微孔。

（3）PCB 设计大纲和缺口的地区。

（4）复杂层堆栈区。

（5）刚性和柔性电路板领域。

（6）材料规范。

（7）制作注释、公差和其他关键标准的合规性信息。

Altium Designer 15 引入了两种 IPC-2581 和 Gerber X2 支持，使设计人员保持及时更新，同时扩大他们 PCB 制造合作伙伴的选择。

随着客户反馈意见催生更多的新功能，使得在日常维护时，Altium Designer 15 将不断地增强电子工程流程，以减少设计师和制造商之间的通信瓶颈。

1.3   Altium Designer 15 的安装和启动

Altium Designer 15 由于增加了新的设计功能，与以前版本相比，对硬件的配置要求较高，安装后的文件大小约为 2G，因此，应尽可能将 Altium Designer 15 安装在配置较高的电脑上，从而保证设计的流畅性。

1.3.1   安装 Altium Designer 15

如果用户安装过其他 windows 应用软件，就会感到安装 Altium Designer 15 十分简单。操作步骤如下。

首先将 Altium Designer 15 安装光盘放入光驱中，正常情况下系统会自动进入安装初始界面。如果系统未执行自动安装模式，则请双击 I:\ Altium Designer 15.0.7 Build 36915\ AltiumDesignerSetup15_0_7.exe

双击 AltiumDesignerSetup15_0_7.exe 安装程序后，便会出现如图 1-1 所示的安装界面。

图 1-1   安装向导对话框

单击【Next】按钮，系统进入【License Agreement】窗口，如图 1-2 所示。

与 Altium Designer 老版本相比，Altium Designer 15 在该界面中可以选择系统的语言形式，支持中文环境。这里选用英文环境，如何在进入系统后切换语言环境在后续章节中会有具体介绍。然后选中【I accept the agreement】单选按钮，再单击【Next】按钮，进入【Select Design Functionality】窗口，如图 1-3 所示。

3

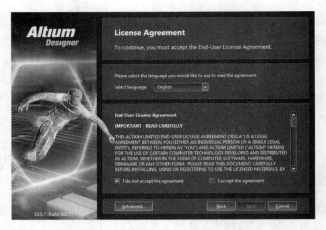

图 1-2 【License Agreement】窗口

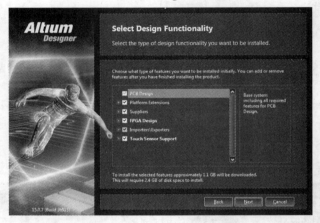

图 1-3 【Select Design Functionality】窗口

在【Select Design Functionality】窗口中，用户可以选择所需要的设计功能，可以看到在选择设计功能区域下方有一行小字，提供了安装所需要的磁盘空间，从图中可以看出安装完整功能所需要 2.4G 的磁盘空间。然后单击【Next】按钮，进入【Destination Folders】窗口，如图 1-4 所示。

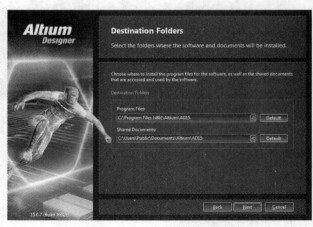

图 1-4 【Destination Folders】窗口

在【Destination Folders】窗口中，用户可以选择 Altium Designer 15 的安装路径和共享文档的存放路径，这里采用默认安装路径。然后单击【Next】按钮，进入【Ready to Install】窗口，如图 1-5 所示。

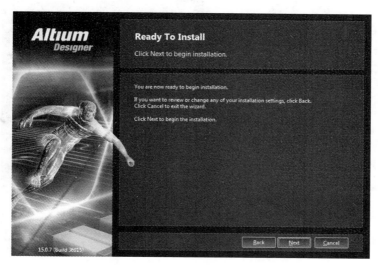

图 1-5 【Ready to Install】窗口

对前面的设置确认无误后，单击【Next】按钮，就开始安装 Altium Designer 15，如图 1-6所示。

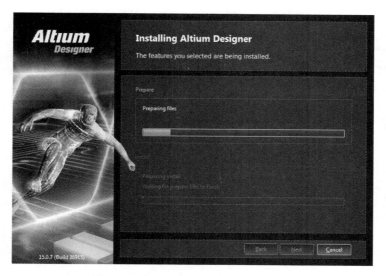

图 1-6 Altium designer 15 的安装过程

等待十分钟左右，就完成了 Altium Designer 15 的安装，进入【Installation Complete】窗口，如图 1-7 所示。

在该窗口中有一个选择框【Run Altium Designer】，用户可以勾选，表示完成安装后立即启动 Altium Designer 15。单击【Finish】按钮，至此 Altium Designer 15 程序安装完毕。

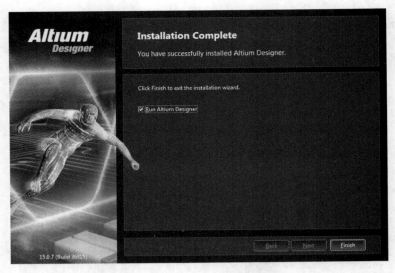

图 1-7　【Installation Complete】窗口

1.3.2　激活 Altium Designer 15

第一次启动 Altium Designer 15 的界面如图 1-8 所示。细心的读者一定会发现许多功能是不可以使用的，这是由于没有激活 Altium Designer 15。

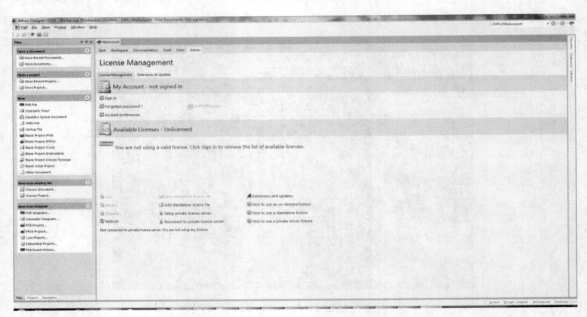

图 1-8　第一次启动 Altium Designer 15

Altium Designer 15 提供两种激活方式，第一种提供光盘相应的 Licenses 文件，第二种通过连接私有 Licenses 服务器获取相应的 Licenses 文件，需要设置相应服务器的名字、地址、端口等信息，如图 1-9 所示。

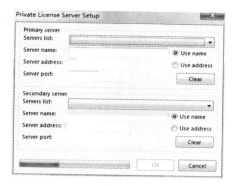

图 1-9　设置 Licenses 服务器信息

　　连接服务器成功后，单击【OK】按钮，完成激活操作，再次进入 Altium Designer 15 就可以使用所有功能。激活信息如图 1-10 所示。

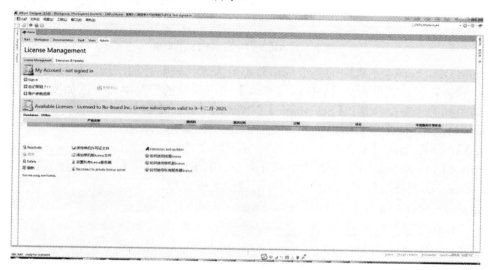

图 1-10　成功激活 Altium Designer 15

1.3.3　启动 Altium Designer 15

　　单击开始菜单，选择【所有程序】，在弹出的菜单中选择应用程序"Altium Designer"，Altium Designer 15 启动画面，如图 1-11 所示。

图 1-11　Altium Designer 15 的启动画面

　　由于该软件的功能比较强大，启动时间会比较长。经过一段等待时间，程序进入 Altium Designer 15 的主窗口页面，如图 1-12 所示。

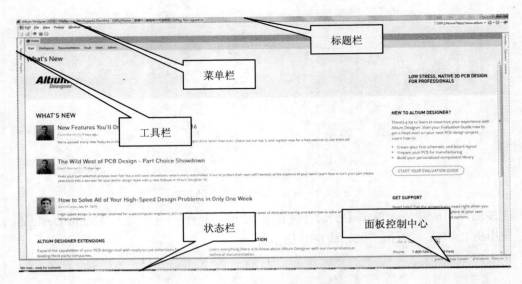

图 1-12　Altium Designer 15 主页面

Altium Designer 15 主页面的各组成部分都是大家比较熟悉的结构，如标题栏、菜单栏、工具栏、状态栏等。菜单命令【File】/【New】中所包含的子菜单命令，如图 1-13 所示。

本书用到的子命令包括：【Schematic】【PCB】【Project】【Library】。

【Schematic】：该命令是用来创建一个新的原理图编辑文件。

【PCB】：该命令是用来创建一个新的 PCB 编辑文件。

【Project】：该命令是用来创建一个项目文件，单击可以打开【New Projects】对话框，如图 1-14 所示，在该对话框中列出所有可以创建的工程类型。

图 1-13　【File】/【New】中包含子菜单命令　　　　图 1-14　【New Projects】对话框

本书用到的该子菜单命令：【PCB Project】（PCB 项目）、【Integrated Library】（集成库项目）。

Altium Designer 是以项目为中心，一个设计项目中可以包含各种文件，如原理图 SCH 文件，电路图 PCB 文件及各种报表，多个设计项目可以构成一个 Project Group（设计项目组）。

因此，项目是 Altium Designer 工作的核心，所有设计工作均是以项目来展开的。

在 Altium Designer 中，项目是共同生成期望结果的文件、链接和设置的集合，如板卡可能是 16 进制或位文件。把所有这些设计数据元素综合在一起就得到了项目文件。完整的 PCB 项目一般包括项目文件：原理图文件、PCB 文件、器件库文件、BOM 文件以及 CAM 文件。

项目这个重要的概念需要加以理解，因为在传统的设计方法中，每个设计应用从本质上说是一种具有专用对象和命令集合的独立工具。而与此不同的是，Altium Designer 的统一平台在您工作时就对项目设计数据做出解释，在提取相关信息的同时告知用户设计状态的信息。Altium Designer 像一个很好的数字处理器一样，会在用户工作时加亮显示错误。这就可以在发生简单错误时及时进行纠正，而不是在后续步骤中进行错误检查。

Altium Designer 通过"编译"设计来实现，在内存中维护完整的连接性模型，可直接访问组件及其相应的连接关系。这种精细但强大的功能给设计带来了活力。比如，按住快捷键并单击线路时，会看到页面上加亮显示的网络，使用导航器可以在整个设计中跟踪总线。另外，按住快捷键并在导航器中单击组件，则它会在原理图前面和中部以及 PCB 上显示出来。这只是以项目为中心的编辑设计环境能带来的几个小的好处示范而已。

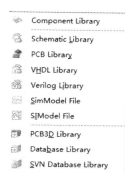

【Library】：该命令是用来创建一个新的器件库文件，其下一级子菜单如图 1-15 所示。

本书用到的该子菜单命令：【Schematic Library】【PCB Library】。

【Schematic Library】用来创建一个新的器件原理图库文件。

【PCB Library】用来创建一个新的器件封装图库文件。

图 1-15　器件库子菜单

1.4　切换英文到中文环境

图 1-12 是英文状态的设计环境，为了以后设计的方便，可将该状态切换到中文状态。在主界面执行【DXP】/【Preferences】菜单命令，如图 1-16 所示，

弹出【Preferences】设置窗口，如图 1-17 所示。

图 1-16　【DXP】/【Preferences】菜单命令

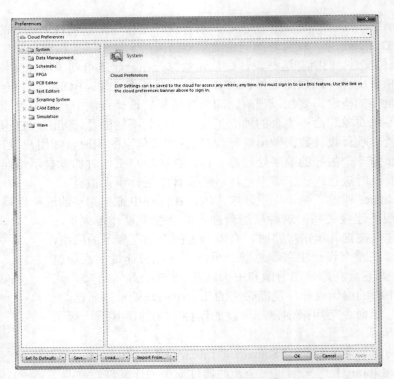

图 1-17 【Preferences】设置窗口

在该窗口中单击【System】/【General】命令，则【Preferences】设置窗口变为如图 1-18 所示。

图 1-18 System-General 设置界面

该窗口包含了五个设置区域，分别是【Startup】区域、【Reload Documents Modified Outside of Altium Designer】区域、【System Font】区域、【General】区域、【Localization】区域。

1.【Startup】区域

该区域是用来设置 Altium Designer 启动后的状态。该区域包括三个复选框，其含义分别如下。

【Reopen Last Workspace】：选中该复选框，表示启动时，重新打开上次的工作空间。

【Open Home Page if no documents open】：选中该复选框，表示启动时在没有任何打开文档的情况下，打开主页面。

【Show Startup Screen】：选中该复选框，表示启动时，显示启动画面。

2.【Reload Documents Modified Outside of Altium Designer】区域

该区域用来设置，当 Altium Designer 的系统外观发生变化时，是否重新载入各文档。

3.【General】区域

该区域包含两个复选框用于设置剪切板是否只满足于该应用软件和系统字体设置，当【system Font】复选框被选中时，旁边的【Change】按钮被激活，单击该按钮，弹出字体设置对话框，如图 1-19 所示。

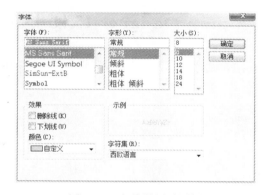

图 1-19　字体设置对话框

4.【Localization】区域

该区域是用来设置中/英文切换的，选中【Use localized resources】复选框，会弹出一提示框，如图 1-20 所示。

图 1-20　信息提示框

单击【OK】按钮，然后在 System-General 设置界面单击【Apply】，使设置生效。再单击【OK】按钮，退出设置界面。关闭软件，重新进入 Altium Designer 15 系统，可以发现已经是中文的编辑环境（软件只将界面翻译为中文，其他英文信息仍为英文，如图 1-21 所示）。

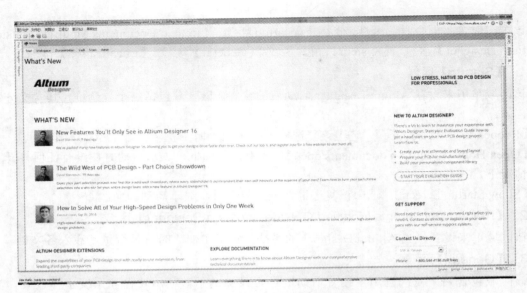

图 1-21　中文编辑环境

1.5　Altium Designer 15 使用初步

用户使用 Altium Designer 15 设计时，具备一些基础知识，会使电子设计工作变得游刃有余、轻松愉快。

1.5.1　PCB 板设计的工作流程

1．方案分析

决定电路原理图如何设计，同时也影响到 PCB 板如何规划。根据设计要求进行方案比较、选择，元器件的选择等。方案分析是开发项目中最重要的环节之一。

2．设计原理图元件

Altium Designer 15 提供了丰富的原理图元件库，但不可能包括所有器件。在器件库中找不到需要的器件时，用户需动手设计原理图库文件，建立自己的器件库。

3．绘制原理图

找到所有需要的原理图器件后，开始原理图绘制。根据电路复杂程度决定是否需要使用层次原理图。完成原理图后，用 ERC（电气规则检查）工具检查。找到出错原因并修改电路原理图，重新进行 ERC 检查直到没有原则性错误为止。

4．设计器件封装

和原理图器件库一样，Altium Designer 15 也不可能提供所有器件封装。用户需要时可以自行设计并建立新的器件封装库。

5．设计 PCB

确认原理图没有错误之后，开始 PCB 的制作。首先绘出 PCB 板的轮廓，确定工艺要求（使用几层板等）。然后将原理图传输到 PCB 板中来，在网络表（简单介绍各器件来历及功能）、设计规则和原理图的引导下完成布局和布线。设计规则检查工具用于对绘制好的 PCB

进行检查。PCB 设计是电路设计的另一个关键环节，它将决定该产品的实用性能，需要考虑的因素很多，不同的电路有不同要求。

6．文档整理

对原理图、PCB 图及器件清单等文件予以保存，以便以后维护和修改。

1.5.2 初识编辑环境

1．原理图编辑环境

执行【文件】/【新建】/【原理图】菜单命令，打开一新的原理图绘制文件，如图 1-22 所示。

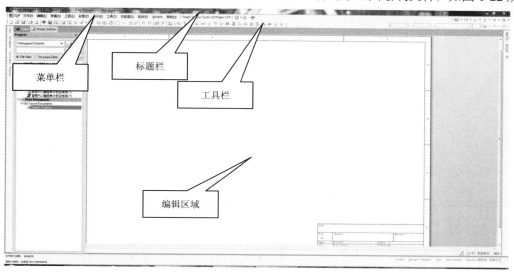

图 1-22 原理图编辑环境

2．PCB 编辑环境

执行【文件】/【新建】/【PCB】菜单命令，打开一新的 PCB 绘制文件，如图 1-23 所示。

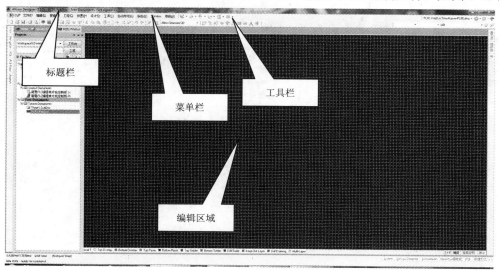

图 1-23 PCB 编辑环境

3．原理图库文件编辑环境

执行【文件】/【新建】/【库】/【原理图库】菜单命令，打开一新的原理图库文件，如图 1-24 所示。

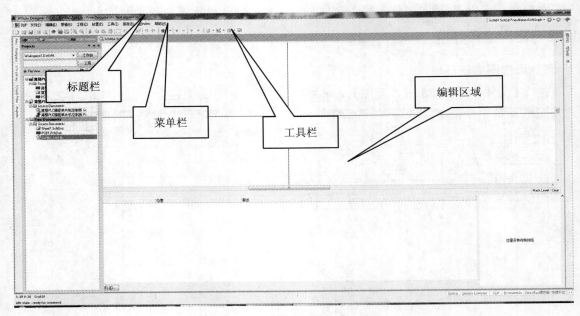

图 1-24　原理图库文件编辑环境

4．器件封装库文件编辑环境

执行【文件】/【新建】/【库】/【PCB 元件库】菜单命令，打开一新的器件封装库文件，如图 1-25 所示。

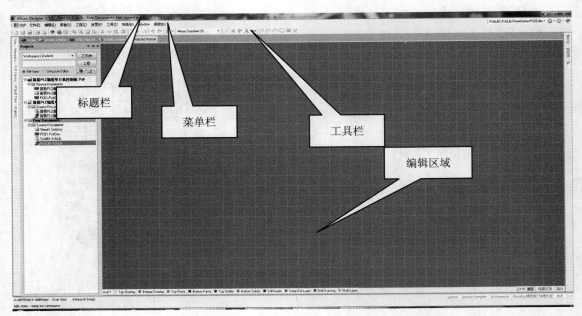

图 1-25　器件封装库文件编辑环境

14

1.5.3 各类面板初识

1. 文件面板——files

文件面板如图 1-26 所示,它属于系统左侧的面板组,在所有编辑界面中都存在,是进行打开和新建文件等操作的快捷通道。

2. 项目面板——Projects

项目面板如图 1-27 所示,它属于系统左侧的面板组,当打开一个项目或文件后,会自动将该面板切换为当前面板。项目面板是对已打开项目进行打开项目文件、关闭项目文件、为项目文件添加文件和保存项目文件等操作的首选。

3. 导航面板——navigator

导航面板如图 1-28 所示,它属于系统左侧的面板组,当选中面板中的一个对象(元件、网络或者管脚),会立即跳转至该对象。如果被选中对象位于其他图纸(层次原理图),则也会跳转至该图纸。借助于导航面板,设计者能够很方便地对图纸中所有对象进行查找和编辑等操作。

图 1-26　文件面板

图 1-27　项目面板

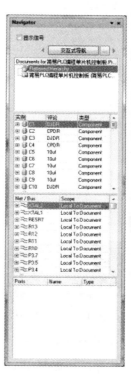

图 1-28　导航面板

4. PCB 面板——PCB

PCB 面板如图 1-29 所示,它属于系统左侧的面板组,是 PCB 编辑界面独有的面板。PCB 面板包括了 PCB 文件中的所有对象,单击顶端的下拉箭头,选择一个要显示的类别,包括网络类(Nets)、器件类(Components)、规则类(Rules)和焊盘类(Hole Size Editor)等。

5. 原理图元件库面板——SCH Library

原理图元件库面板如图 1-30 所示，它属于系统左侧的面板组，是原理图元件编辑界面中独有的面板。原理图元件库面板显示了属于该元件库中所有的元件。单击任何一个元件，可以查看属于该元件的所有管脚和模型信息。

6. PCB 元件库面板——PCB Library

PCB 元件库面板如图 1-31 所示，它属于系统左侧的面板组，是 PCB 元件编辑界面中独有的面板。PCB 元件库面板显示了属于该元件库的所有元件。单击任何一个元件，可以查看构成该元件的所有焊盘和图像信息。

图 1-29　PCB 面板

图 1-30　SCH Library 面板

图 1-31　PCB Library 面板

7. 元件库面板——Libraries

元件库面板如图 1-32 所示，它属于系统右侧的面板组，是项目开发中使用频率最高的面板之一。编译后的集成元件库，加载到该面板后，通过双击，可以把元件放置到原理图或者 PCB 中。

上述面板，都可以通过【察看】/【Workspace Panels】菜单命令中找到，如图 1-33 所示，如果某面板不小心被关闭，单击菜单中其相对应的名字便可以使其显示。或者通过【察看】/【桌面布局】/【Default】菜单命令，如图 1-34，可以使桌面布局恢复到默认状态。

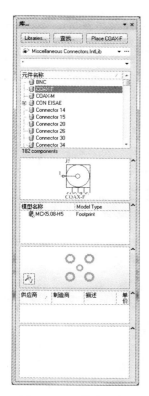

图 1-32　元件库面板

图 1-33　面板控制命令

图 1-34　恢复桌面初始状态

1.5.4　绘制原理图操作提示

1.　参数设置

参数的设定一般采取默认设置，需要改动的只在软件安装时设定一次，以后就可以沿用了，这里有两处需要设定。

在【Preferences】窗口中设置一些不需要经常修改的系统参数，例如单位的选择，环境字体的选择等。

【文档选项】窗口，执行【设计】/【文档选项】菜单命令，如图 1-35 所示。

在设计参数时应注意以下三点。

图纸的大小：默认值是 B 纸，15×9.5 英寸（1 英寸=2.54cm），鉴于 A4 纸适合大多数打印机，所以一般图纸选定都是 A4 纸，11.5×7.6 英寸，以免设计完成后却无法打印出来；

单位问题：最好使用英制单位，避免总是在英制和公制单位之间不停地换算。

图 1-35　【设计】/【文档选项】菜单命令

原理图部分或全部向 Word 的剪贴问题：在【DXP】/【Preferences】菜单命令中的【Schematic】/【Graphical Editing】选项卡里不选【添加模板到剪切板】复选框，这样，就不会在复制所选电路时将图纸的图边、标题栏等也复制过去了，如图 1-36 所示。

图 1-36　设置在剪贴方式

2．Tab 键的使用

放置元器件是绘制电路原理图一个重要的步骤，在放置元器件时按 Tab 键可以更改元器件的参数，包括元器件的名称、大小、封装等。通常在一个原理图中会有相同的元器件，如果在放置元器件时用 Tab 键更改属性，那么其他相同的元器件的属性系统会自动更改，特别是元器件的名称和封装，这样会很方便。还会减少不必要的错误，比如元器件的属性忘记更改等。如果等放完元器件再统一更改属性，这样既费时费力还容易出现错误。

3．开启"橡皮筋"

在 Protel 绘制原理图时，对于已完成连接的器件，拖动它时发现连接线就会断开。为了解决这一问题，Altium Designer 15 提供了"橡皮筋"功能，即拖拽完成连接的器件，不会发生短线，这一功能在【Schematic】/【Graphical Editing】选项卡中，选中复选框【一直拖拉】，如图 1-37 所示。

4．原理图布线

根据设计目标进行布线。布线应该用原理图工具栏上的（Wiring Tools）工具，不要误用了（Drawing Tools）工具。（Wiring Tools）工具包含有电气特性，而（Drawing Tools）工具不具备电气特性，会导致原理图出错。

图 1-37　开启"橡皮筋"功能

利用网络标号（Net Label）。网络标号表示一个电气连接点，具有相同网络标号的器件表明是电气连接在一起的。虽然网络标号主要用于层次式电路或多重式电路中各模块电路之间的连接，但若在同一张普通的原理图中也使用网络标号，则可通过命名相同的网络标号使它们在电气上属于同一网络（即连接在一起），从而不用电气接线就实现了各管脚之间的互连，使原理图简洁明了，不易出错，不但简化了设计，还提高了设计速度。

在设计中，有时会发生 PCB 图与原理图不相符，有一些网络没有连上的问题。这种问题的根源在原理图上。由于原理图的连线看上去是连上了，实际上没有连上。由于画线不符合规范，而导致生成的网络表有误，从而 PCB 图出错。

不规范的连线方式主要有：超过元器件的端点连线；连线的两部分有重复。

解决方法是在画原理图连线时，应尽量做到：在元件端点处连线；元件连线尽量一线连通，少出现直接将其端点对接上的方法来实现。

5．注解功能的使用

当原理图电路较复杂、或是元器件的数目较多时，用手动编号的方法不仅慢，而且容易出现重号或跳号，重号的错误会在 PCB 编辑器中载入网络表时表现出来， 跳号也会导致管理不便，所以 Altium Designer 15 提供了元件的注解功能，即【工具】/【注解】菜单命令，如图 1-38 所示，可实现元件的自动编号。注解功能在设计时应该充分加以利用，该命令的使用将在后续章节中介绍。

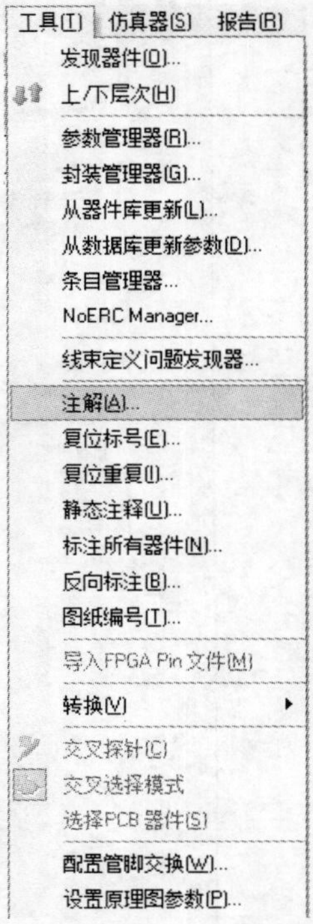

6. 层次电路图

对于一个庞大、复杂的电路原理图，建成项目后，不可能一次完成，也不可能将这个原理图画在一张图纸上，更不可能一个人完成。因此，在 Altium Designer 15 中提供了一个很好的项目设计工作环境。项目主管的工作是将整张原理图划分为若干个功能模块。这样，由于网络的应用，整个项目可以分层次进行并行设计，使得设计进程大大加快。

层次设计的方法为用户将系统划分为多个子系统，子系统下面又可以划分为若干功能模块，功能模块又可以在细划分为若干基本模块。设计好基本模块，定义好模块之间的连接关系，即可完成整个电路的设计过程。设计时，用户可以从系统开始逐级向下进行，也可以从基本的模块开始逐级向上进行，调用的原理图可以重复使用。

7. 网络表

Altium Designer 15 能提供电路图中的相关信息，如元件表、阶层表、交叉参考表、ERC 表、网络比较表等，最重要的还是网络表。网络表是连接原理图和 PCB 的桥梁，网络表正确与否直接影响着 PCB 的设计。对于复杂方案的设计文件，产生正确的网络表更是设计的关键。

图 1-38　菜单命令工具/注解

网络表的格式很多，通常为 ACLII 码文本文件。网络标的内容主要为原理图中各器件的数据以及元件之间网络连接的数据。Altium Designer 15 格式的网络表分两部分，第一部分为元件定义，第二部分为网络定义。

由于网络表是纯文本文件，所以用户可以利用一般的文本文件编辑程序自行建立或是修改存在的网络表。当用手工方式编辑网络时，文件必须以纯文本格式保存。

8. 光标类型

Altium Designer 15 提供了四种光标类型供用户选择使用，在原理图编辑环境中，执行【工具】/【设置原理图参数】菜单命令，打开参数选择窗口。选择【Graphical Editing】选项卡。

在【Graphical Editing】选项卡的右下方的【指针】区域中包含有一个下拉菜单，该下拉菜单中有 4 个可供选择项，即光标的类型，如图 1-39 所示。

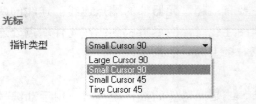

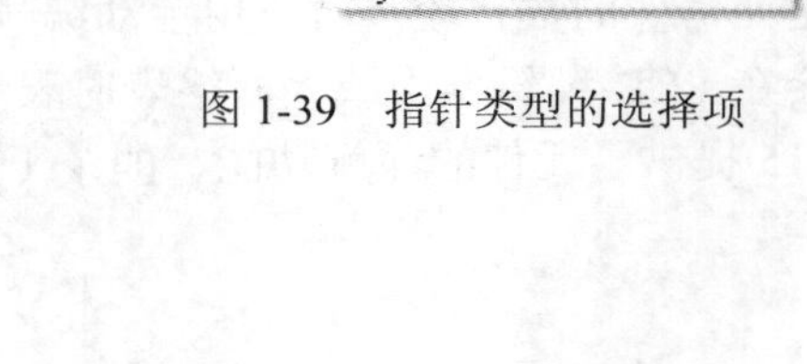

图 1-39　指针类型的选择项

用户可以根据设计习惯，选择相应的光标类型。

Large Cursor 90：大 90°光标，该类型的光标可以充满整个原理图文件，便于用户在连线时解决管脚对应的问题。

Small Cursor 90：系统默认的光标类型。

Small Cursor 45：小 45°光标。

Tiny Cursor 45：微小 45°光标。

第 2 章　PCB 设计基础

PCB 是在绝缘基础材料上，按预定设计，制成印制线路、印制元器件或由两者组合而成的导电图形制成的板；作为元器件的支撑，它提供系统电路工作所需要的电气连接，是实现电子产品小型化、轻量化、装配机械化和自动化的重要基础部件。PCB 被广泛应用于各种电子产品及硬件系统中，如电子玩具、手机、家电、计算机、工业控制系统等。学习 PCB 设计首先需要了解一些 PCB 的基本概念，如：PCB 的功能、PCB 的分类、PCB 的一些基本组件等。

2.1　PCB 概述

2.1.1　PCB 的构成

PCB 如图 2-1 所示，一块完整的 PCB 应包含以下几个部分。

（1）绝缘基材：一般由酚醛纸基、环氧纸基或环氧玻璃布制成。

（2）铜箔面：铜箔面为电路板的主体，它由裸露的焊盘和被绿油覆盖的铜箔电路所组成，焊盘用于焊接电子元器件。

（3）阻焊层：用于保护铜箔电路，由耐高温的阻焊剂制成。

（4）字符层：用于标注元件的编号和符号，便于 PCB 加工时的电路识别。

（5）孔：用于基板加工、元件安装、产品装配以及不同层面的铜箔电路之间的连接。

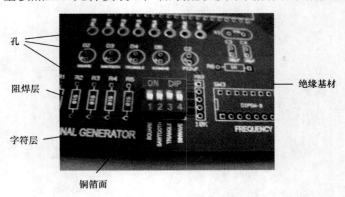

图 2-1　一块完整的 PCB

2.1.2　PCB 的功能

根据 PCB 的结构特点将 PCB 的功能总结如下。

（1）提供机械支撑：PCB 为集成电路等各种电子元器件固定、装配提供了机械支撑，如图 2-2 所示。

（2）提供电路的电气连接：PCB 实现了集成电路等各种电子元器件之间的布线和电气连接，如图 2-3 所示。

图 2-2　元器件提供机械支撑　　　　　　　图 2-3　实现电气连接

（3）提供元器件标注：用标记符号将板上所安装的各个元器件标注出来，便于元器件插装、检查及调试等，如图 2-4 所示。

图 2-4　提供识别字符

2.1.3　PCB 的分类

1．根据基板材料划分

1）刚性印制板

刚性印制板是指以刚性材料制成的 PCB，常见的 PCB 一般都是刚性的，如计算机中的板卡、家电中的印制板等，常见的刚性 PCB 如下。

纸基板：价格低廉，性能较差，一般用于低频电路和要求不高的场合。

玻璃布板：价格较贵，性能较好，常用于高频电路和高档家电产品中。

合成纤维板：价格较贵，性能较好，常用于高频电路和高档家电产品中。

当频率高于数百兆时，必须使用介电常数和介质损耗更小的材料，如聚四氟乙烯和高频陶瓷作基板。

2）柔性印制板

柔性印制板是以软性绝缘材料为基材的 PCB。由于它具有可进行折叠、弯曲和卷绕等特点，因此可以节省 60%~90% 的空间，为电子产品小型化、薄型化创造了条件，它在计算机、打印机、自动化仪表及通信设备中得到广泛应用。

3）刚—柔性印制板

刚—柔性印制板是指利用柔性基材，并在不同区域与刚性基材结合制成的 PCB，主要用于印制电路的接口部分。

2. 根据电路层数划分

1）单面板

单面板（Single-Sided Boards）在最基本的 PCB 上，零件集中在其中一面，导线则集中在另一面上。因为导线只出现在其中一面，所以这种 PCB 叫作单面板（Single-sided）。因为单面板在设计线路上有许多严格的限制（因为只有一面，布线间不能交叉而必须绕独自的路径），所以只有早期的电路才使用这类的板子。

2）双面板

双面板（Double-Sided Boards）这种电路板的两面都有布线，不过要用上两面的导线，必须要在两面间有适当的电路连接才行。这种电路间的"桥梁"叫做导孔（via）。导孔是在 PCB 上，充满或涂上金属的小洞，它可以与两面的导线相连接。因为双面板的面积比单面板大了一倍，而且因为布线可以互相交错（可以绕到另一面），它更适合用在比单面板更复杂的电路上。

3）多层板

多层板（Multi-Layer Boards）为了增加可以布线的面积，多层板用上了更多单或双面的布线板。用一块双面作内层、二块单面作外层或二块双面作内层、二块单面作外层的印刷线路板，通过定位系统及绝缘粘结材料交替在一起且导电图形按设计要求进行互连的印刷线路板就成为四层、六层 PCB 了，也称为多层印刷线路板。板子的层数就代表了有几层独立的布线层，通常层数都是偶数，并且包含最外侧的两层。大部分的主机板都是 4～8 层的结构，不过理论上可以做到近 100 层的 PCB。大型的超级计算机大多使用相当多层的主机板，不过因为这类计算机已经可以用许多普通计算机的集群代替，超多层板已经渐渐不被使用了。因为 PCB 中的各层都紧密地结合，一般不太容易看出实际数目，不过如果仔细观察主机板，还是可以看出来。

3. Altium Designer 的板层管理

对于 PCB 层结构的有关设置及调整，是通过图 2-5 所示的【层堆栈管理器】对话框来完成的。打开【层堆栈管理器】对话框可以采用两种方式。

（1）执行【设计】/【层叠管理】菜单命令，如图 2-6 所示。

（2）在编辑窗口内单击鼠标右键，在弹出的菜单中执行【选项】/【层叠管理】命令。其中各项目中的意义如下。

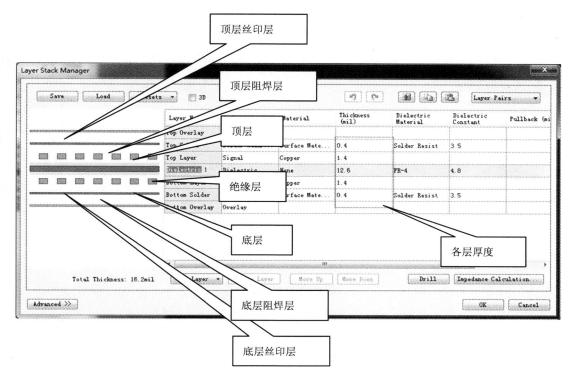

图 2-5　【层堆栈管理器】对话框

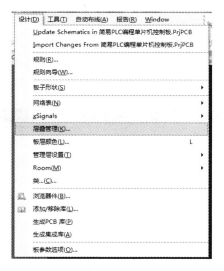

图 2-6　菜单命令【设计】/【层叠管理】

　　【save】按钮：单击该按钮，会弹出【Save Stack-up】对话框，如图 2-7 所示。用于保存用户所设计的板层结构，便于相似设计的板层调用。

　　【load】按钮，单击该按钮，会弹出【Load Stackup】对话提示框，如图 2-8 所示。提示用户是否要将以打开的板层结构移除，单击【是（Y）】将打开【Load Stack-up】对话框，用户可以通过该对话框打开之前所保存的半层结构，不需要重新设计板层结构，提高设计效率。

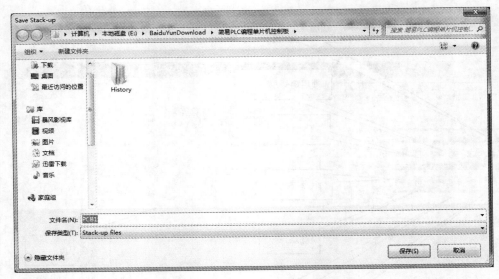

图 2-7 【Save Stack-up】对话框

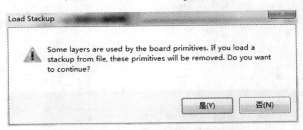

图 2-8 【Load Stackup】对话提示框

【Presets】下拉选择菜单：该菜单会显示出系统所提供的若干种具有不同结构的电路板层样式，如图 2-9 所示。用户可以选择使用，而不需要重新进行设置。

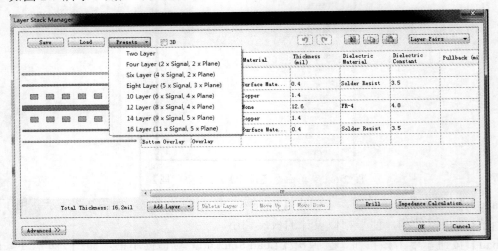

图 2-9 【Presets】下拉选择菜单

其中各选项意义如下。

Two Layer：双层板，如图 2-10 所示。

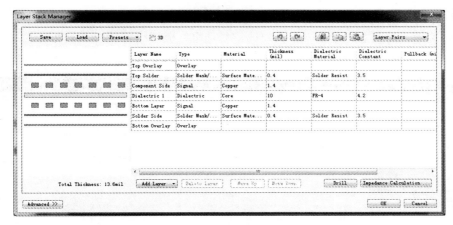

图 2-10　双层板

Four Layer（2×Signal，2×Plane）：四层板包含两个信号层，两个内层电源/接地层如图 2-11 所示。

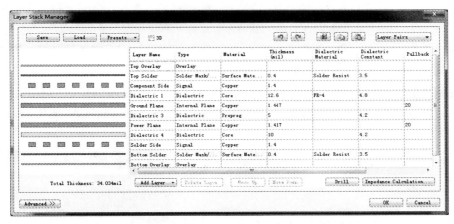

图 2-11　四层板，两个信号层，两个内层电源/接地层

Six Layer（4×Signal，2×Plane）：六层板包含四个信号层，两个内层电源/接地层如图 2-12 所示。

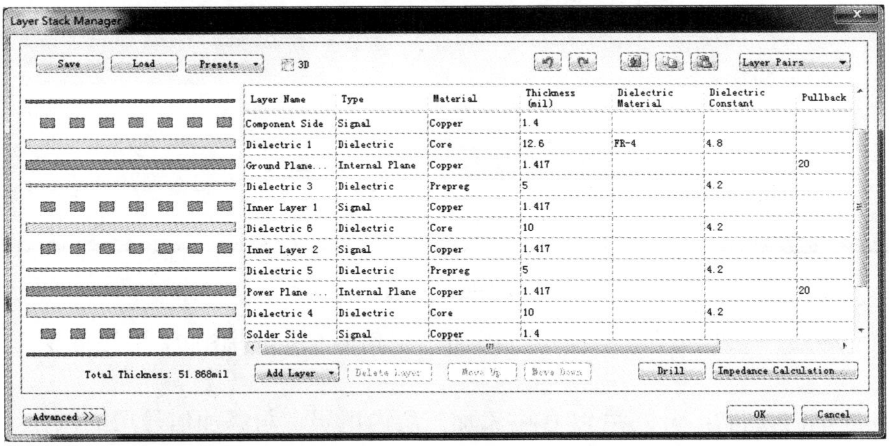

图 2-12　六层板，四个信号层，两个内层电源/接地层

该菜单中还有几种多层板的定义，这里就不做重复介绍了。

【3D】复选框：勾选【3D】复选框，勾选该复选框，板层结构就以 3D 效果显示如图 2-13 所示。

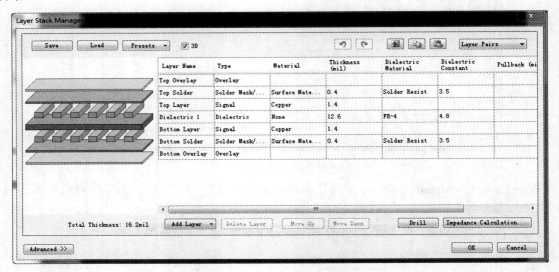

图 2-13　板层结构 3D 显示

【Add Layer】下拉菜单：该下拉菜单中提供三种板层结构的添加选择，分别是"Add Layer" "Add Internal Plane" "Add Overlays"，对应的是"信号层的添加""内层电源/接地层的添加" "丝印层的添加"，如图 2-14 所示。

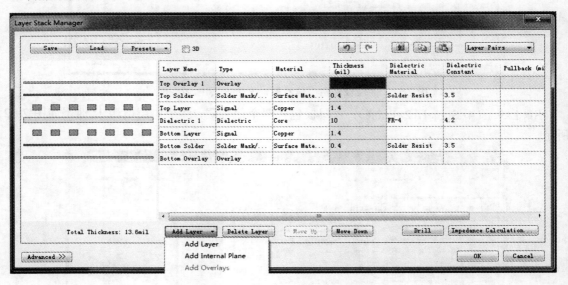

图 2-14　【Add Layer】下拉菜单

"Add Layer"：可以在板层结构中方添加一层信号层同时添加一层绝缘层，如图 2-15 所示。

"Add Internal Plane"：可以在 PCB 中添加一层内电层，与添加信号层的操作一样同时添加一层绝缘层。添加一层内电层后，如图 2-16 所示。

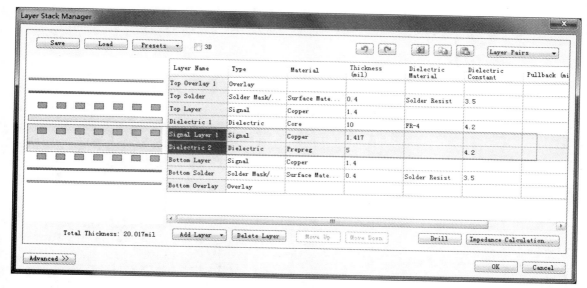

图 2-15　进行了添加信号层操作

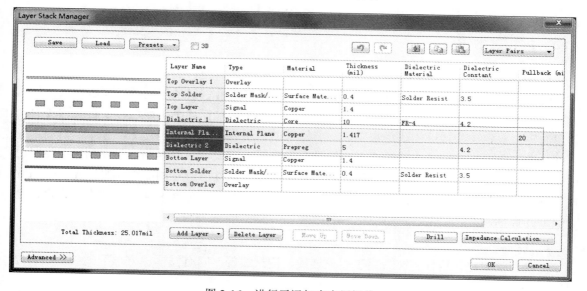

图 2-16　进行了添加内电层操作

　　"Add Overlays"：如果板层结构中具有上下丝印层，该选项处于禁用状态。

　　【Move Up】按钮：单击该按钮，可将选中的工作层向上移一层。

　　【Move Down】按钮：单击该按钮，可将选中的工作层向下移一层。

　　【Delete Layer】按钮：单击该按钮，可删除选中的工作层。

　　【Drill】按钮：单击该按钮，则进入【钻孔对管理器】对话框，如图 2-17 所示

　　【Impedance Calculation】按钮：单击该按钮，则进入【阻抗公式编辑器】对话框，如图 2-18 所示。可以根据导线的宽度、高度、距离电源层的距离等参数来计算 PCB 的阻抗。

　　进行了有关设置后，单击【层堆栈管理器】中的【确认】按钮加以保存。

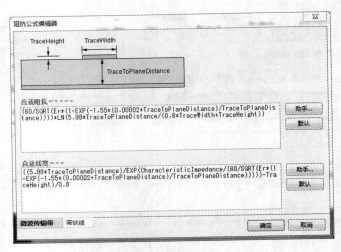

图 2-17　【钻孔对管理器】对话框　　　　图 2-18　【阻抗公式编辑器】对话框

2.1.4　PCB 基本组件

1．板层

板层分为敷铜层和非敷铜层，平常所说的几层板是指敷铜层的层面数。一般在敷铜层上放置焊盘、线条等完成电气连接；在非敷铜层上放置元器件描述字符或注释字符等；还有一些层面用来放置一些特殊的图形来完成一些特殊的作用或指导生产。

对于一个批量生产的电路板而言，通常在电路板上铺设一层阻焊剂，阻焊剂一般是绿色或棕色，除了要焊接的地方外，其他地方根据电路设计软件所产生的阻焊图来覆盖一层阻焊剂，这样可以快速焊接，并防止焊锡溢出引起短路；而对于要焊接的地方，通常是焊盘，则要涂上助焊剂。

2．焊盘

焊盘用于固定元器件管脚或用于引出连线、测试线等，它有圆形、方形等多种形状。焊盘的参数有焊盘编号、x 方向尺寸、y 方向尺寸、钻孔孔径尺寸等。

焊盘可分为插针式及表面贴片式两大类，其中插针式焊盘必须钻孔，而表面贴片式焊盘无需钻孔。

3．元器件的封装

元器件的封装是指实际元器件焊接到电路板时所指示的外观和焊盘位置。不同的元器件可以使用同一个元器件封装，同种元器件也可以有不同的封装形式。

在电路板设计时要分清楚原理图和印制板中的元器件，电原理图中的元器件指的是单元电路功能模块，是电路图符号；PCB 设计中的元器件则是指电路功能模块的物理尺寸，是元器件的封装。

4．金属化孔

金属化孔也称过孔，在双面板和多层板中，为连通各层之间的印制导线，通常在各层需要连通的导线交汇处钻上一个公共孔，即过孔，在工艺上，过孔的孔壁圆柱面上用化学沉积的方法镀上一层金属，用以连通中间各层需要连通的铜箔，而过孔的上下两面做成圆形焊盘形状，过孔的参数主要有孔的外径和钻孔尺寸。

5. 连线

连线是指有宽度、有位置方向（起点和终点）、有形状（直线或弧线）的线条。在敷铜面上的线条一般用来完成电气连接，称为印制导线或铜膜导线；在非敷铜面上的连线一般用做元器件描述或其他特殊用途。

6. 网络和网络表

从一个元器件的某个管脚上到其他管脚或其他元器件的管脚上的电气连接关系称为网络。每一个网络均有唯一的网络名称，有的网络名是人为添加的，有的是系统自动生成的，系统自动生成的网络名由该网络内两个连接点的管脚名称构成。

网络表描述电路中元器件特征和电气连接关系，一般可以从原理图中获取，它是原理图设计和 PCB 设计之间的纽带。

7. 飞线

飞线是指电路进行自动布线时供观察用的类似橡皮筋的网络连线，网络飞线不是实际连线。通过网络表调入元器件并进行布局后，就可以看到该布局下的网络飞线交叉状况，不断调整元器件的位置，使网格飞线的交叉最少，以提高自动布线的布通率。

2.2 PCB 设计基本步骤

PCB 设计的流程一般为：

前期准备→PCB 结构设计→PCB 布局布线→布线优化→丝印网络→DRC 检查→结构检查制版。

2.2.1 前期准备

前期准备包括创建工程文件、准备元件库和绘制原理图。

创建 PCB 工程文件，就是相当于在计算机中创建一个文件夹，将与 PCB 设计相关的文件统一规整到该工程文件下，便于日后的管理、更改等操作。想成为一个优秀的 PCB 设计员，不论项目的大小，都应养成创建工程文件的习惯。

接下来就要准备好项目中所需要库文件，包括原理图的元件库和 PCB 的元件库。当然元件库可以用 Altium Designer 自带的库，但一般情况下很难找到合适的，最好是自己根据所选器件的标准尺寸资料自己做元件库。原则上先做 PCB 的元件库，再做原理图的元件库。PCB 的元件库要求较高，它直接影响器件的定位和安装；原理图的元件库要求相对比较松，只要注意定义好管脚属性和与 PCB 元件的对应关系就可以了。PCB 元件库的制作界面如图 2-19 所示。

在该界面中，我们可以根据自身电路板的需求，制作元器件的封装。如何创建和制作 PCB 库将在后续章节中给出介绍。原理图库文件的制作界面如图 2-20 所示。

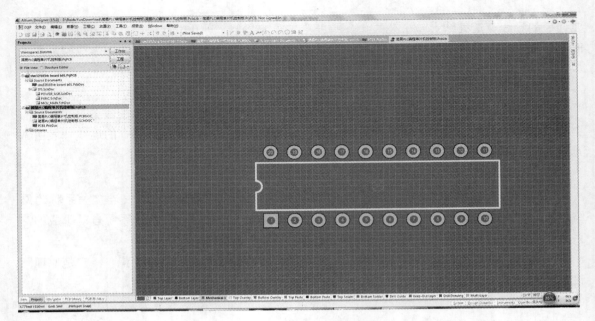

图 2-19　PCB 库文件制作界面

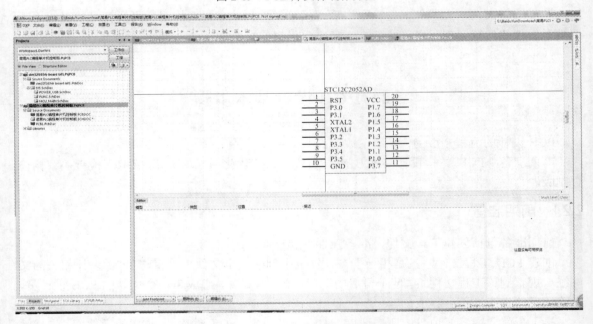

图 2-20　原理图库文件制作界面

在该界面中可以绘制在原理图中所显示的元器件、定义这些元器件的管脚属性、对应 PCB 库文件中的封装形式等。具体的操作过程将在后续章节中给出介绍。

要做出一块好的 PCB，除了要设计好原理之外，原理图还要画得好。这里所说的图画得好，就是指在绘制原理图时，应注意各元器件的放置位置及在连线时适当的使用一些处理技巧，比如总线的连线方式、使用网络标签的连线方式等，这些内容会在后面的章节中有所介绍。原理图绘制界面如图 2-21 所示。

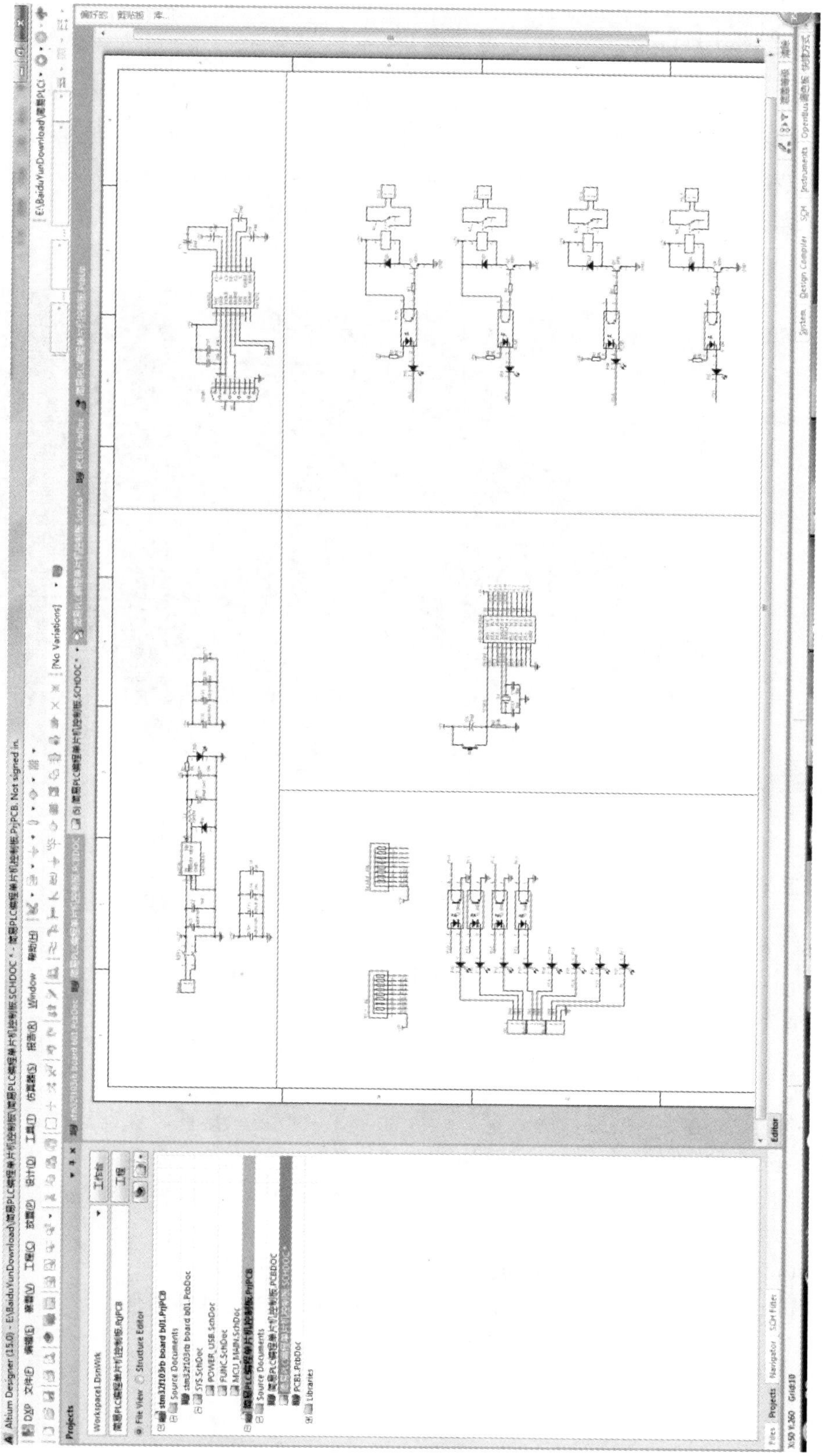

图 2-21 原理图绘制界面

33

2.2.2 PCB 结构设计

PCB 结构设计包括创建 PCB 文件、确定电路板尺寸和各项机械定位。在 PCB 设计环境下绘制 PCB 面，并按定位要求放置所需的接插件、按键/开关、螺丝孔、装配孔等。充分考虑和确定布线区域和非布线区域（如螺丝孔周围多大范围属于非布线区域）。完成的 PCB 文件，如图 2-22 所示。

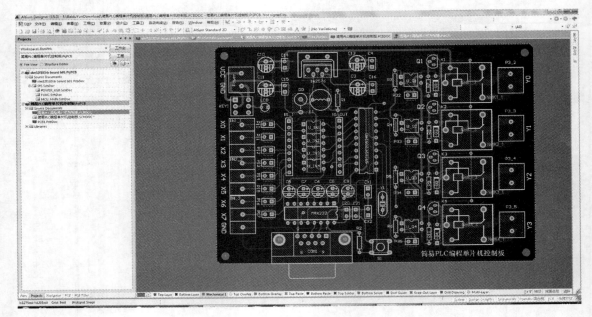

图 2-22　PCB 绘制界面

2.2.3 PCB 布局

布局说白了就是在板子上放置元器件。这时如果前面讲到的准备工作都做好的话，就可以在原理图上生成网络表（Design Create Netlist），之后在 PCB 图上导入网络表（Design Load Nets）。一般布局按以下原则进行。

（1）按电气性能合理分区，一般分为：数字电路区（即怕干扰、又产生干扰）、模拟电路区（怕干扰）、功率驱动区（干扰源）。

（2）完成同一功能的电路，应尽量靠近放置，并调整各元器件以保证连线最为简洁；同时，调整各功能块间的相对位置使功能块间的连线最简洁。

（3）对于质量大的元器件应考虑安装位置和安装强度；发热元件应与温度敏感元件分开放置，必要时还应考虑热对流措施。

（4）I/O 驱动器件尽量靠近印刷板的边、靠近引出接插件。

（5）时钟产生器（如：晶振或钟振）要尽量靠近用到该时钟的器件。

（6）在每个集成电路的电源输入脚和地之间，需要加一个去耦电容（一般采用高频性能好的独石电容）；电路板空间较密时，也可在几个集成电路周围加一个钽电容。

（7）继电器线圈处要加放电二极管（1N4148 即可）。

（8）布局要求要均衡，疏密有序，不能头重脚轻或一头沉 ——需要特别注意，在放置元器件时，一定要考虑元器件的实际尺寸大小（所占面积和高度）、元器件之间的相对位置，以保证电路板的电气性能和生产安装的可行性和便利性同时，应该在保证上面原则能够体现的前提下，适当修改器件的摆放，使之整齐美观，如同样的器件要摆放整齐、方向一致，不能摆得错落有致。这个步骤关系到板子整体形象和下一步布线的难易程度，所以一定要花大力气去考虑。布局时，对不太肯定的地方可以先作初步布线，充分考虑。

2.2.4　PCB布线

布线是整个 PCB 设计中最重要的工序。这将直接影响着 PCB 的性能好坏。在 PCB 的设计过程中，布线一般有三种境界的划分：首先是布通，这时 PCB 设计时的最基本的要求。如果线路都没布通，搞得到处是飞线，那将是一块不合格的板子，可以说还没入门。其次是电器性能的满足。这是衡量一块 PCB 是否合格的标准。这是在布通之后，认真调整布线，使其能达到最佳的电器性能。接着是美观，即使布线布通了，也没有影响电器性能的地方，但看过去杂乱无章，也不是一块合格的 PCB 并且给测试和维修带来极大的不便，因此布线要整齐划一，不能纵横交错毫无章法。布线时应按以下原则进行。

（1）在一块 PCB 中有三种连线，信号线、电源线和地线。一般情况下，首先应对电源线和地线进行布线，以保证电路板的电气性能。在条件允许的范围内，尽量加宽电源、地线宽度，最好是地线比电源线宽。这三种连线的关系是：地线＞电源线＞信号线。通常信号线宽为：0.2～0.3mm，最细宽度可达 0.05～0.07mm，电源线和地线一般为 1.2～2.5mm。对数字电路的 PCB 可用宽的地导线组成一个回路，即构成一个地网来使用（模拟电路的地则不能这样使用）。

（2）预先对要求比较严格的线（如高频线）进行布线，输入端与输出端的边线应避免相邻平行，以免产生反射干扰。必要时应加地线隔离，两相邻层的布线要互相垂直，平行容易产生寄生耦合。

（3）振荡器外壳接地，时钟线要尽量短，而且不能引得到处都是。时钟振荡电路下面、特殊高速逻辑电路部分要加大地的面积，而不应该走其他信号线，以使周围电场趋近于零。

（4）任何信号线都不要形成环路，如不可避免，环路应尽量小；信号线的过孔要尽量少。

（5）关键的线尽量短而粗，并在两边加上保护地。

（6）关键信号应预留测试点，以方便生产和维修检测用。

（7）原理图布线完成后，应对布线进行优化；同时，经初步网络检查和 DRC 检查无误后，对未布线区域进行地线填充，用大面积铜层作地线用，在印制板上把没被用上的地方都与地相连接作为地线用；或是做成多层板，电源、地线各占用一层。

2.2.5　布线优化和丝印

不管你怎么挖空心思的去设计，原理画完之后，再去看一看，还是会觉得很多地方可以修改的。一般设计的经验是：优化布线的时间是初次布线的时间的两倍。感觉没什么地方需要修改之后，就可以敷铜了（PlacepolygonPlane）。敷铜一般铺地线（注意模拟地和数字地的分离），多层板时还可能需要铺电源。对于丝印，要注意不能被器件挡住或被过孔和焊盘去掉。同时，设计时正视元件面，底层的字应做镜像处理，以免混淆层面。

2.2.6 网络和 DRC 及结构检查

首先，在确定电路原理图设计无误的前提下，将所生成的 PCB 网络文件与原理图网络文件进行物理连接关系的网络检查（NETCHECK），并根据输出文件结果及时对设计进行修正，以保证布线连接关系的正确性；网络检查正确通过后，对 PCB 设计进行 DRC 检查，并根据输出文件结果及时对设计进行修正，以保证 PCB 布线的电气性能。最后需进一步对 PCB 的机械安装结构进行检查和确认。

2.2.7 制版

在制板之前，最好还要有一个审核的过程。 PCB 设计是一个考心思的工作，谁的心思密，经验高，设计出来的 PCB 就好。所以设计时要极其细心，充分考虑各方面的因数（例如便于维修和检查这一项很多人都不去考虑），精益求精，就一定能设计出一个好板子。

2.3　元器件的封装

2.3.1　元器件的封装形式

元件器的封装分为直插式封装和表面贴片式封装。其中将零件安置在板子的一面，并将管脚焊接在另一面上，这种技术称为直插式（Through Hole Technology，THT）封装；而将管脚焊接在与零件同一层面上，不用为每个管脚的焊接而在 PCB 上钻洞，这种技术称为表面贴片式（Surface Mounted Technology，SMT）封装。使用 THT 封装的元件需要占用大量的空间，并且要为每只接脚钻一个洞，因此它们的接脚实际上占掉两面的空间，而且焊接点也比较大；SMT 元件也比 THT 元件要小，因此使用 SMT 技术的 PCB 上零件要密集很多；SMT 封装元件也比 THT 元件要便宜，所以现今的 PCB 上大部分都是 SMT。但 THT 元件和 SMT 元件比起来，更便于手工焊接，元件封装形式如下。

1. SOP/SOIC 封装

小外形封装（Small Outline Package，SOP）技术由 Philips 公司开发成功，以后逐渐派生出 SOJ（J 型管脚小外形封装）、TSOP（薄小外形封装）、VSOP（甚小外形封装）、SSOP（缩小型 SOP）、TSSOP（薄的缩小型 SOP）及 SOT（小外形晶体管）、SOIC（小外形集成电路）等。以 SOP 封装为例，SOP-12 封装如图 2-23 所示。

2. DIP 封装

双列直插式封装（Double In-line Package，DIP）属于插装式封装，管脚从封装两侧引出，构成该封装的材料有塑料和陶瓷两种。DIP 是最普及的插装型封装，应用范围包括标准逻辑 IC、存储器 LSI 及微机电路。以 DIP-12 为例，DIP-12 封装如图 2-24 所示。

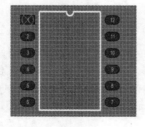
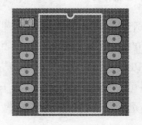

图 2-23　SOP-12 封装　　　　图 2-24　DIP-12 封装

3. LCC 封装

塑封 J 引线封装（Leaded Chip Carrier，LCC）方式，外形呈正方形，四周都有管脚，外形尺寸比 DIP 封装小的多。LCC 封装适合用 SMT 表面安装技术在 PCB 上安装布线，具有外形尺寸小，可靠性高的优点。以 LCC20 为例，LCC-20 封装如图 2-25 所示。

4. QUAD 封装

陶瓷四角扁平封装（Quad Packs，QUAD）的芯片管脚之间距离很小，管脚很细，一般大规模或超大规模集成电路采用这种封装形式。以 QUAD40 为例，QUAD40 封装如图 2-26 所示。

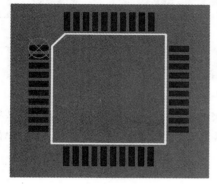
图 2-25　LCC-20 封装

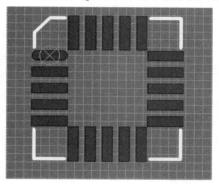
图 2-26　QUAD40 封装

5. BGA 封装

球栅阵列封装（Ball Grid Array Package，BGA）的 I/O 端子以圆形或柱状焊点按阵列形式分布在封装下面，BGA 技术的优点是 I/O 管脚数虽然增加了，但管脚间距并没有减小反而增加了，从而提高了组装成品率；虽然它的功耗增加，但 BGA 能用可控塌陷芯片法焊接，从而可以改善它的电热性能；厚度和重量都较以前的封装技术有所减少；寄生参数减小，信号传输延迟小，使用频率大大提高；组装可用共面焊接，可靠性高。以 BGA10_25_1.5 封装为例，BGA10_25_1.5 封装如图 2-27 所示。

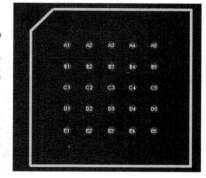
图 2-27　BGA10_25_1.5 封装

2.3.2　Altium Designer 15 的元件及封装

Altium Designer 15 中提供了许多元件模型极其封装形式，如电阻、电容、二极管、三极管等。

1. 电阻

电阻是电路中最常用的元件，电阻实物如图 2-28 所示。

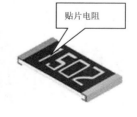

贴片电阻

图 2-28　　电阻

Altium Designer 15 中的电阻的标识为 RES1、RES2、RES3 等，其封装属性为 AXIAL 系列，而 AXIAL 的中文意义就是轴状的。Altium Designer 15 中电阻如图 2-29 所示，电阻封装 AXIAL 系列如图 2-30 所示。

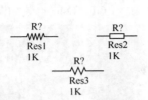

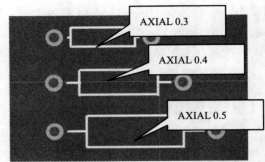

图 2-29　Altium Designer 15 中的电阻　　　图 2-30　Altium Designer 15 中电阻封装

图 2-30 中所列出的电阻封装为 AXIAL0.3、AXIAL0.4 及 AXIAL0.5，其中 0.3 是指该电阻在 PCB 上焊盘间的间距为 300mil（1mil=0.00254cm），0.4 是指该电阻在 PCB 上焊盘间的间距为 400mil，依次类推。

2. 电位器

电位器实物如图 2-31 所示。Altium Designer 15 中的电阻的标识为 RPOT 等，其封装属性为 VR 系列，Altium Designer 15 中电位器如图 2-32 所示。

Altium Designer 15 中提供的电位器封装 VR 系列如图 2-33 所示。

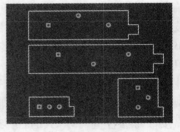

图 2-31　电位器　　　图 2-32　Altium Designer 15 中　　　图 2-33　Altium Designer 15
　　　　　　　　　　　　　　 的电位器　　　　　　　　　　　　中的电位器封装

3. 电容（无极性电容）

电路中的无极性电容元件实物如图 2-34 所示。

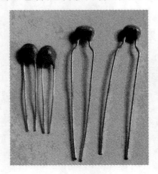

图 2-34　无极性电容

Altium Designer 15 中无极性电容的标识为 CAP 等，其封装属性为 RAD 系列。Altium Designer 15 中电容如图 2-35 所示。

Altium Designer 15 中提供的无极性电容封装 RAD 系列如图 2-36 所示。

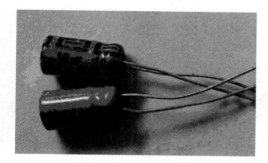

图 2-35　Altium Designer 15 中的无极性电容　　　图 2-36　无极性电容封装 RAD 系列

图 2-36 中自左向右依次为：RAD0.1、RAD0.2、RAD0.3、RAD0.4。其中 0.1 是指该电阻在 PCB 上焊盘间的间距为 100mil，0.2 是指该电阻在 PCB 上焊盘间的间距为 200mil，依次类推。

4．极性电容

电路中的极性电容元件（如电解电容）实物如图 2-37 所示，Altium Designer 15 中电解电容的标识为 CAP POL，其封装属性为 RB 系列。Altium Designer 15 中电解电容如图 2-38 所示。

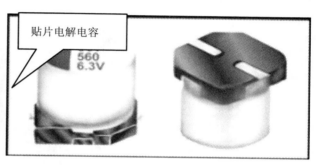

图 2-37　电解电容

Altium Designer 15 中提供的电解电容封装 RB 系列如图 2-39 所示。

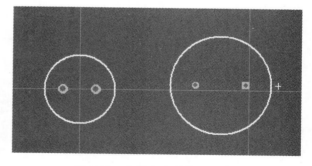

图 2-38　Altium Designer 15 中的电解电容　　　图 2-39　电解电容封装 RB 系列

图 2-39 中从左到右分别为：RB5-10.5、RB7.6-15。其中 RB5-10.5 中的 5 表示焊盘间的距离是 5mm，10.5 表示电容圆筒的外径为 10.5mm，RB7.6-15 的含义同上。

5．二极管

二极管的种类比较多，其中常用的有整流二极管 1N4001 和开关二极管 1N4148，如图 2-40 所示。

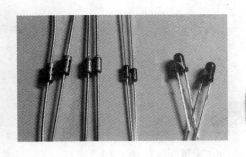
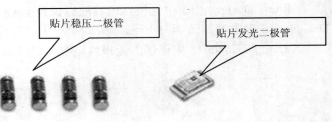

贴片稳压二极管

贴片发光二极管

图 2-40　二极管

Alitum Designer 15 中二极管的标识为 DIODE（普通二极管）、D Schottky（肖特基二极管）、D Tunnel（隧道二极管）、D Varactor（变容二极管）及 DIODE Zener（稳压二极管），其封装属性为 DIODE 系列。Altium Designer 15 中二极管如图 2-41 所示。

Altium Designer 15 中提供的二极管封装 DIODE 系列如图 2-42 所示。

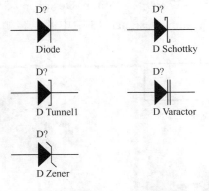

图 2-41　Alitum Designer 15 中的二极管　　　图 2-42　二极管封装 DIODE 系列

图 2-42 中从左到右依次为：DIODE-0.4、DIODE-0.7。其中 DIODE-0.4 中的 0.4 为焊盘间距 400mil；而 DIODE-0.7 中的 0.7 为焊盘间距 700mil。后缀数字越大，表示二极管的功率越大。

而对于发光二极管，Altium Designer 15 中的标识符为 LED，元件符号如图 2-43 所示。

通常发光二极管使用 Atlium Designer 15 中提供的 LED-0、LED-1 封装，如图 2-44 所示。图中从左到右依次为：LED-1、LED-0 封装形式。

D?

LED

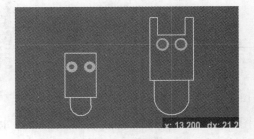

图 2-43　Altium Designer 15 中的发光二极管　　　图 2-44　发光二极管封装

6．三极管

三极管分为 PNP 型和 NPN 型，三极管的三个管脚为别为 E、B 和 C，如图 2-45 所示。

图 2-45 三极管

Altium Designer 15 中三极管的标识为 NPN、PNP，其封装属性为 TO 系列。Altium Designer 15 中三极管如图 2-46 所示。Altium Designer 15 中提供的三极管封装 TO92A 如图 2-47 所示。

图 2-46 Altium Designer 15 中的三极管   图 2-47 三极管封装形式

7. 集成 IC 电路

常用集成电路如图 2-48 所示。集成电路 IC 有双列直插封装形式 DIP，也有单排直插封装形式 SIP，目前更多的是贴片形式的封装。

图 2-48 常用集成电路

Atlium Designer 15 中提供的集成电路 IC 封装 DIP 和 SIP 系列如图 2-49 所示，上方的是 SIP 封装形式，下方的是 DIP 封装形式。

8. 单排多针插座

单排多针插座的实物如图 2-50 所示。

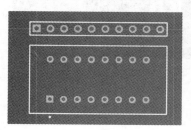

图 2-49 集成电路封装 DIP 和 SIP 系列   图 2-50 单排多针插座

Altium Designer 15 单排多针插座标称为 Header，Altium Deisnger 15 中的单排多针插座元件如图 2-51 所示。Header 后的数字表示单排插座的针数，如 Header12，即为 12 脚单排插座。

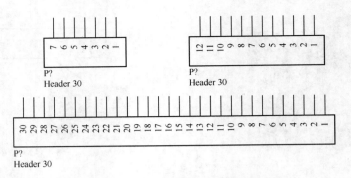

图 2-51　Altium Designer 15 中的单排多针插座

Altium Designer 15 中提供的单排多针插座封装为 SIP 系列，如图 2-52 所示。

图 2-52　单排多针插座封装形式

9. 整流桥

整流桥的实物如图 2-53 所示。

Altium Designer 15 整流桥标称为 Bridge，Altium Designer 15 中的整流桥元件如图 2-54 所示。

Altium Designer 15 中提供的整流桥封装为 D 系列，如图 2-55 所示。

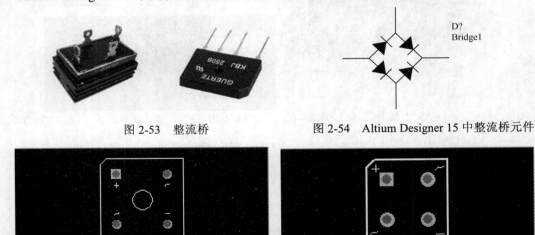

图 2-53　整流桥　　　　　　　　　图 2-54　Altium Designer 15 中整流桥元件

（a）整流桥 D-38 封装　　　　　　　　　（b）整流桥 D-46_6A 封装

图 2-55　整流桥封装

10. 数码管

数码管的实物如图 2-56 所示。

Altium Designer 15 数码管标称为 Dpy Amber，Altium Designer 15 中的数码管元件如图 2-57 所示，Altium Designer 15 中提供的数码管封装为 LEDDIP 系列，如图 2-58 所示。

图 2-56　数码管

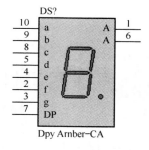

图 2-57　数码管图

图 2-58　数码管封装形式

第3章 原理图设计基础

在电子产品设计过程中，电路原理图的设计是设计最根本的基础。如何将硬件的电路原理图用通用的工程表达方式呈现出来，也即如何将原理图绘制出来，这是 PCB 设计首先要解决的问题。设计者需要掌握原理图绘制最基本的技能，如：新建原理图文件、原理图纸的设置、原理图库的加载与卸载、元器件的放置及属性操作等。

3.1 绘制原理图的原则及步骤

将已完成的电子设计方案呈现出来的最好的方法就是绘制出清晰、简洁、正确的电路原理图。根据设计需要选择合适的元器件，并把所选用的元器件和相互之间的连接关系明确的表达出来，这就是原理图的设计过程。

绘制电路原理图时应当注意，首先，应该保证电路原理图的电气连接正确，信号流向清晰；其次应该使元器件的整体布局合理、美观、精简。电路原理图的绘制，可以按照图 3-1 所示流程图完成。

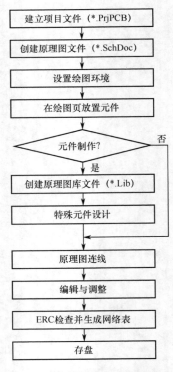

图 3-1　绘制电路原理图流程图

3.2 对原理图的操作

对原理图的操作是绘制电路原理图的前期工作，其中包括：创建原理图文件、原理图编辑环境、原理图纸的设置、原理图画面管理、元器件库的操作。更好地完成这些操作，可以方便对电路原理图的绘制。

3.2.1 创建原理图文件

对于 Altium Designer 15 文档的保存，虽然其允许在计算的任意存储空间建立和保存。但是，为了保证设计的顺利进行和管理方便，建议在进行电路设计之前，先选择合适的路径建立一个专属于该项目的文件夹，用于专门存放和管理该项目所有的相关设计文件，包括元件库文件、原理图文件和 PCB 文件等。

建立原理图文件的操作步骤如下。

（1）执行【文件】/【新建】/【Project】命令，如图 3-2 所示。弹出【New Project】对话框，如图 3-3 所示。在该对话框中可以选择新建工程的类型，这里选择"PCB Project"，可以定义工程的名称和存储路径等，如果没有特殊要求，单击【OK】按钮即默认设置建立新的工程。

在【Projects】面板中，系统创建一个默认名为"PCB_Project.PrjPCG"的项目，如图 3-4 所示。

（2）在"PCB_Project1.PrjPCB"工程名上单击鼠标右键，执行【另存项目为】命令，根据用户需求将工程重命名。

（3）再次单击鼠标右键执行菜单中的【给工程添加新的】/

图 3-2　新建原理图的操作

【Schematic】命令，则在该项目中添加了一个新的空白原理图文件，系统默认名为"Sheet1.SchDoc"，同时打开了原理图的编辑环境。在该默认名上单击鼠标右键，执行【另存为】命令，可对其进行重命名，完成上述操作后，结果如图 3-5 所示。

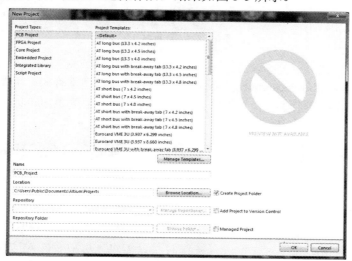

图 3-3　【New Project】对话框

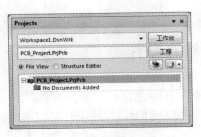
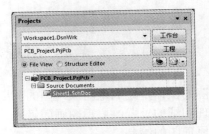

图 3-4　PCB 工程创建　　　　　　　图 3-5　为工程添加新的原理图文件

3.2.2　原理图编辑环境

原理图编辑环境主要由主菜单栏、标准工具栏、配线工具栏、实用工具箱、编辑窗口、元器件库面板、仿真工具栏、面板控制中心几大部分组成。了解这些部分的用途，可以更有效地完成原理图的绘制，编辑环境如图 3-6 所示。

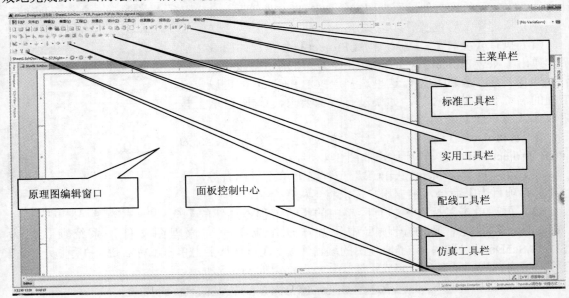

图 3-6　原理图编辑环境

1．主菜单栏

这里需要强调，Altium Designer 15 系统对于处理不同类型文件时，主菜单内容会发生相应的变化。在原理图编辑环境中，主菜单如图 3-7 所示。在主菜单中可以完成所有的对原理图的编辑操作。

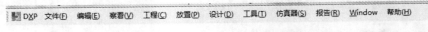

图 3-7　原理图编辑环境中的主菜单栏

2．标准工具栏

该工具栏可以使用户完成对文件的操作，如打印、复制、粘贴、查找等。与其他 Windows 操作软件一样，使用该工具栏对文件进行操作时，只需将光标放置在对应操作的按钮图标上并单击左键即可完成操作。标准工具栏如图 3-8 所示。

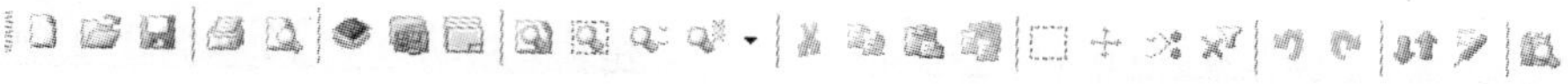

图 3-8　标准工具栏

如果需要关闭该工具栏，执行【察看】/【工具栏】/【原理图标准】命令即可。

3．配线工具栏

该工具栏主要完成对于放置原理图中的元器件、电源、地、端口、图纸符号、网络标号等操作；同时给出了元件之间的连线、总线绘制的工具按钮。配线工具栏，如图 3-9 所示。

图 3-9　配线工具栏

通过执行【察看】/【工具栏】/【布线】命令，可完成对工具栏的打开或关闭。

4．实用工具栏

该工具栏包括了六个实用高效的工具箱，实用工具箱、排列工具箱、电源工具箱、数字器件工具箱、仿真源工具箱、栅格工具箱。高效工具栏，如图 3-10 所示（从左向右依次为实用工具箱、排列工具箱、电源工具箱、数字器件工具箱、仿真源工具箱、栅格工具箱）。

图 3-10　高效工具栏

实用工具箱：用于在原理图中绘制所需要的标注信息，不代表任何电气关系。
排列工具箱：用于对原理图中的元器件位置进行调整、排列。
电源工具箱：给出了原理图绘制中可能用到的各种电源。
数字器件工具箱：给出了一些常用的数字器件，如与门、或门等。
仿真源工具箱：给出了仿真过程中，需要用到的仿真激励源。
栅格工具箱：用于完成对栅格的操作。
执行【察看】/【工具栏】/【实用】命令，可以打开或关闭这个工具栏。

5．编辑窗口

在编辑窗口中，用户可以新绘制一个电路原理图，并完成该设计的元器件的放置，元器件之间的电气连接等工作。也可以在原有的电路原理图中进行编辑和修改。该编辑窗口是由一些网格组成，这些网格可以帮助用户对元器件进行定位。组合键[Ctrl+鼠标滑轮滑动]可以对该窗口进行放大或缩小，方便用户的设计。

6．仿真工具栏

该工具栏具有运行混合信号仿真，设置混合信号仿真参数，生成 XPICE 网络表几个工作按钮。该工具栏主要是应用在对原理图绘制完成后，对原理图进行必要的仿真。以确保原理图的准确性，减少电子设计的开发周期。

7．面板控制中心

面板控制中心是用来开启或关闭各种工作面板。中心控制面板如图 3-11 所示。

图 3-11　面板控制中心

该面板控制中心与集成开发环境中的面板控制中心相比，增加了一项【SCH】标签页。这个标签可以用来开启或关闭在原理图编辑环境中在用到的【过滤波】（Filter）面板、【检查器】（Inspector）面板、【列表】（List）面板以及【图纸】面板等。

3.2.3 原理图纸的设置

为了更好地完成电路原理图的绘制，符合绘制的要求，要对原理图纸进行相应的设置。包括：图纸参数设置、图纸设计信息设置。

1. 图纸参数设置

进入电路原理图编辑环境后，系统会给出一个默认的图纸相关参数，但在多数情况下，这些默认的参数不适合用户的要求，如图纸的尺寸大小。用户应当根据所设计的电路复杂度来对图纸的相关参数进行重新的设置，为设计创造最优的环境。

下面就给出改变新建原理图图纸的大小、方向、标题栏、颜色、网格大小等的参数。在新建的原理图文件中，执行【设计】/【文档选项】菜单命令，如图 3-12 所示，则会打开【文档选项】窗口，如图 3-13 所示。

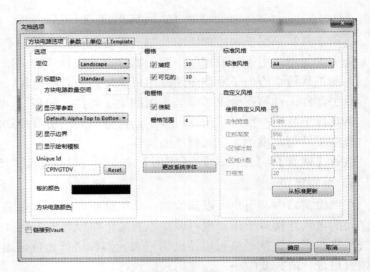

图 3-12　菜单命令【设计】/【文档选项】　　　　图 3-13　【文档选项】对话框

可以看到，图 3-13 中有四个标签页，即【方块电路选项】、【参数】、【单位】和【Template】。上图为【方块电路选项】标签页，主要用于设置图纸的大小、方向、标题栏和颜色等参数。

单击【标准风格】栏右边的下拉按钮，在下拉列表框中可以选择已定义好的标准图纸尺寸，有公制图纸尺寸（"A0"~"A4"）、英制图纸尺寸（"A"~"E"）、OrCAD 标准尺寸（"OrCAD A"~"OrCAD E"），还有一些其他格式（"Letter"、"Legal"、"Tabloid"）等，如图 3-14 所示。

单击【自定义风格】区域中的【从标准更新】按钮，即可对当前编辑窗口中的图纸尺寸进行更新。若选中该区域中的【使用自定义风格】复选框，则可以在五个文本框中分别输入自定义的图纸尺寸，包括自定义宽度、自定义高度、X 区域计数、Y 区域计数、刃带宽，如图 3-15 所示。窗口左侧的【选项】区域如图 3-16 所示。

图 3-14 系统标准图纸　图 3-15 【自定义风格】区域　图 3-16 【选项】区域

　　单击【定位】右侧的下拉菜单按钮，可设置图纸的放置方向，系统提供了两种选择，即 "Landscape"（横向）或 "Portrait"（纵向）。单击标题块右侧的下拉按钮，可对明细表即标题栏的格式进行设置，有两种选择，"Standard"（标准格式）和 "ANSL"（美国国家标准格式）。选中【标题块】复选框后，相应的【方块电路数量空间】文本编辑栏也被激活。

　　单击选项区域中的【板的颜色】或【方块电路颜色】的颜色框条，则会打开【选择颜色】窗口，如图 3-17 所示。

　　在这个窗口中，提供了三种颜色的设置方式，分别为基本的颜色配置方式、标准的颜色配置方式和定制的颜色配置方式。图 3-17 是基本的颜色配置方式界面，该界面中提供了所有颜色的颜色条以供选择。

　　单击要选定的颜色，会在【新的】栏中相应的显示出来，然后单击确认按钮，完成相应颜色的设置。标准的颜色配置方式界面和定制的颜色配置方式界面，如图 3-18 所示。

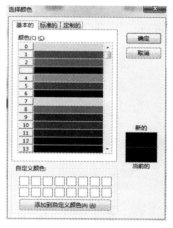

图 3-17 【选择颜色】对话框

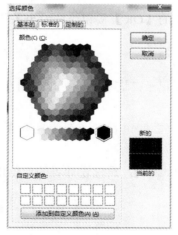

（a）标准颜色配置

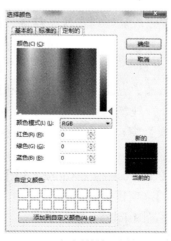

（b）定制颜色配置

图 3-18 颜色配置方式界面

在【选项】区域中还提供了几种复选框：【显示零参数】【显示边界】【显示绘制模版】。分别的功能是：

【显示零参数】：选中，图纸会显示边框中的参考点坐标。

【显示边界】：选中，编辑窗口中会显示图纸边框。

【显示绘制模版】：选中，编辑窗口中会显示模板上的图形、文字等。

在文档选项对话框中的【栅格】区域中，可对网格进行具体的设置。【捕捉】网格值是光标每次移动时的距离大小；【可见的】网格值是在图纸上可以看到的网格的大小；在【电栅格】区域选中【使能】复选框，意味着启动了系统自动寻找电气节点功能。

栅格方便了元器件的放置和线路的连接，用户可以轻松地完成排列元器件和布线的整齐化，极大地提高了设计速度和编辑效率。设定的栅格值不是一成不变的，在设计过程中执行【察看】/【栅格】命令，可以在弹出的菜单中，随意地切换三种栅格的启用状态或重新设定捕获栅格的网格范围。栅格菜单见图 3-19 所示。

单击【电栅格】区域下方的【更改系统字体】按钮，则会打开相应的【字体】对话框，可对原理图中所用的字体进行设置，如图 3-20 所示。

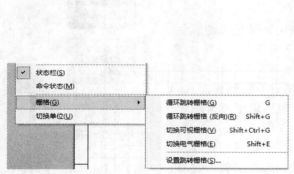

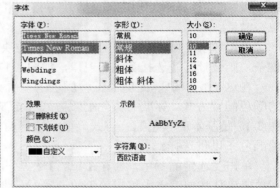

图 3-19 栅格菜单   图 3-20 字体设置

所有参数设置完成后，单击【文档选项】中的【OK】按钮，同时也关闭了【文档选项】窗口。

2．图纸信息设置

图纸的信息记录了电路原理图的信息和更新记录，这项功能可以使用户更系统、更有效地对电路图纸进行管理。

在【文档选项】窗口中打开【参数】标签页，即可看到图纸信息设置的具体内容，如图 3-21 所示。

【Address 1】【Address 2】【Address 3】【Address 4】：设置设计者的通信地址；

【ApprovedBy】：项目负责人；

【Author】：设置图纸设计者姓名；

【Checkedby】：设置图纸检验者姓名；

【CompanyName】：设置设计公司名称；

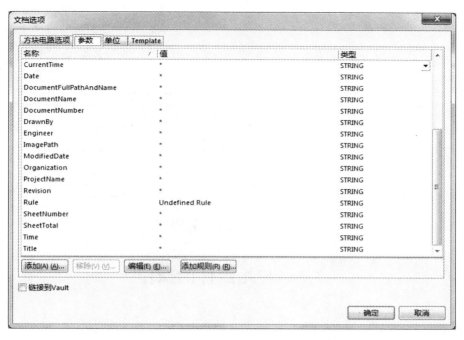

图 3-21　图纸信息管理界面

【CurrentDate】：设置当前日期；

【CurrentTime】：设置当前时间；

【Date】：设置日期；

【DocumentFullPathAndName】：设置项目文件名和完整路径；

【DocumentName】：设置文件名；

【DocumentNumber】：设置文件编号；

【DrawnBy】：设置图纸绘制者姓名；

【Engineer】：设置设计工程师；

【ImagePath】：设置影像路径；

【ModifiedDate】：设置修改日期；

【Orgnization】：设置设计机构名称 ；

【Revision】：设置设计图纸版本号；

【Rule】：设置设计规则；

【SheetNumber】：设置电路原理图编号；

【SheetTotal】：设置整个项目中原理图总数；

【Time】：设置时间；

【Title】：设置原理图标题。

　　双击某项待设置的设计信息或在选中某项待设置的设计信息后单击【编辑】按钮则会打开相应的【参数属性】对话框，则可在【值】文本编辑栏内输入具体信息值，并可以设置方向、位置、颜色等。【参数属性】对话框如图 3-22 所示。当设置完成后，单击【确定】按钮即可关闭【参数】标签页界面。

图 3-22 【参数属性】对话框

3.3 对元器件的操作

3.3.1 元器件的放置

在原理图绘制过程中，将各种元器件的原理图符号放置到原理图纸中是很重要的操作之一。系统提供了两种放置元器件的方法：一种是利用菜单命令来完成原理图符号的放置，一种是使用【库】面板来实现对原理图符号的放置。

使用【库】面板可以直观、快捷地进行元器件的放置。所以本书以使用【库】面板为例来完成对元器件放置的操作。至于第一种放置的方法，这里就不做过多的介绍。

打开【库】面板，先在库文件下拉列表中选中所需元器件所在的元器件库，之后在相应的【元器件名称】列表框中选择需要的元器件。如，选择元器件库"Miscellaneous Devices.IntLib"，选择该库的元器件"Res1"，此时【库】面板右上方的【Place Res1】按钮被激活，如图 3-23 所示。

单击【Place Res1】按钮，或者直接双击选中的元器件"Res1"，相应的元器件符号就会自动出现在原理图编辑窗口内，并随米字光标移动，如图 3-24 所示。

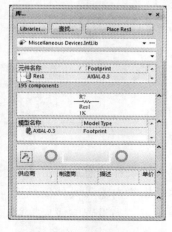

图 3-23 选中需要的元器件

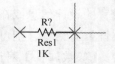

图 3-24 放置元器件

到达放置位置后，单击鼠标左键即可完成一次该元器件的放置，同时系统会保持放置下一个相同元器件的状态。连续操作，可以放置多个相同的元器件，单击鼠标右键可以退出放置状态。

3.3.2 编辑元器件的属性

在原理图上放置的所有元器件都具有自身的特定属性如，标识符、注释、位置、所在库名等，在放置好每一个元器件后，都应对其属性进行正确的编辑和设置，以免在后面生成网络表和 PCB 的制作带来错误。

1. 手动对元器件加标注

下面以一个电阻的属性设置为例介绍元器件属性如何设置。

执行【编辑】/【改变】命令，此时在编辑窗口内光标变为"十"字形状，将光标移到需要改变属性的元器件如电阻元器件"Res"上，单击鼠标左键，系统会弹出相应的【Properties for Schematic Component in Sheet】对话框，如图 3-25 所示。

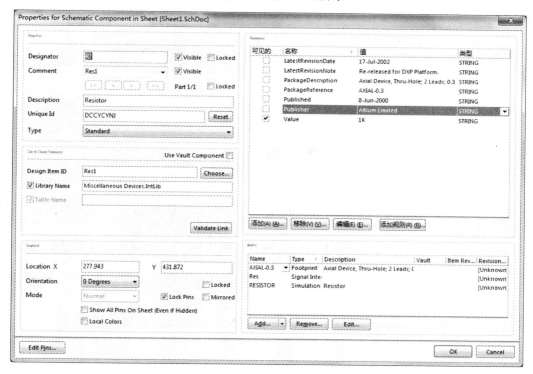

图 3-25　【Properties for Schematic Component in Sheet】对话框

该对话框包括【Properties】【Link to Library Component】【Graphical】【Parameters】和【Models】区域。

【Properties】区域包括标识器、注释等文档编辑栏。【Designator】文档编辑栏是用来对原理图中的元器件进行标识，对元器件进行区分，方便 PCB 的制作。【Comment】文档编辑栏是用来对元器件进行注释，其有多个参数用于显示，包括 Latest Revision Date 是最新版本的日期、Latest Revision Note 是最新版本记录、Package Description 是包装描述、Package Reference 是参考包装等。【Description】文档编辑栏是用来对元器件进行说明。一般的，应选中

【Designator】后面的【Visible】复选框，禁止【Description】后面的【Visible】复选框。这样在原理图中只是显示该元器件的标识，而不显示其注释内容，便于原理图的布局。该区域中其他属性均采用系统的默认设置。

【Link to Library Component】区域，主要显示该元器件所在的器件库名称和该元器件的名称。

【Graphical】区域，用来显示元器件的坐标位置及设置元器件的颜色。选中【Graphical】区域下部的【Local Colors】复选框，其右边就会给出三个颜色设置的按钮，如图 3-26 所示，分别是对元器件填充色的设置、对元器件边框色的设置、对元器件管脚色的设置。单击颜色区域，进入设置界面，如图 3-27 所示。

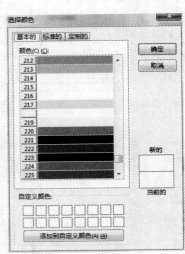

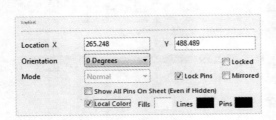

图 3-26　【Graphical】区域　　　　　　图 3-27　颜色设置界面

此外，在【Parameters】区域中，设置参数项【Value】的值为 "1K"，其余项为系统的默认设置。

单击对话框左下方的【Edit Pins】按钮，打开如图 3-28 所示的【元件管脚编辑器】对元器件管脚进行编辑设置。

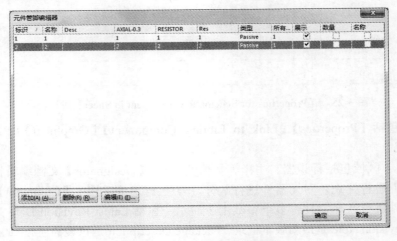

图 3-28　【元件管脚编辑器】

完成上述属性设置后，单击【确认】按钮关闭【元件属性】对话框，设置后的元器件如图 3-29 所示。

图 3-29 设置后的元器件

2．自动给元器件添加标注

有的电路原理图比较复杂，由许多的元器件构成，如果用手动的标注方式对元器件逐个进行操作，不仅效率很低，而且容易出现标志遗漏、标注号不连续、重复标注的错误现象。为了避免上述错误的发生，可以使用系统提供的自动标注功能来轻松完成对元器件的标注编辑。

执行【工具】/【注解】命令，系统会弹出【注释】对话框，如图 3-30 所示。

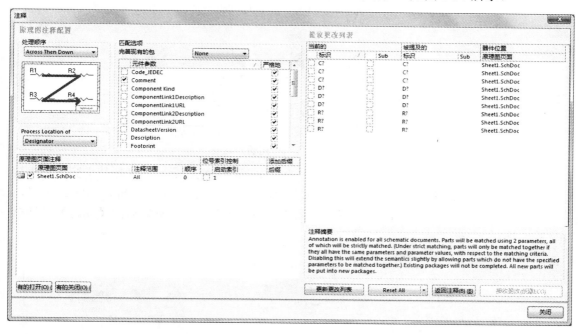

图 3-30 【注释】对话框

由图可以看到，该对话框包含四块部分内容，分别是：处理顺序、匹配选项、原理图注解、提交变化列表。

（1）【处理顺序】：用于设置元器件标志的处理顺序，单击其列表框的下拉按钮，系统给出了四种可供选择的标注方案。

"Up Then Across"：按照元器件在原理图中的排列位置，先按从下到上、再按从左到右的顺序自动标注。

"Down Then Across"：按照元器件在原理图中的排列位置，先按从上到下、再按从左到右的顺序自动标注。

"Across Then Up"：按照元器件在原理图中的排列位置，先按从左到右、再按从下到上的顺序自动标注。

"Across Then Down"：按照元器件在原理图中的排列位置，先按从左到右、再按从上到下的顺序自动标注。

（2）【匹配选项】：用于选择元器件的匹配参数，在下面的列表框中列出了多种元器件参数供用户选择。

（3）【原理图页面注释】：用来选择要标注的原理图文件并确定注释范围、起始索引值及后缀字符等。

（4）【提议更改列表】：用来显示元器件的标志在改变前后的变化，并指明元器件所在原理图名称。

以下用一个简单的例子，说明如何使用自动标注给元器件进行标注，所要进行标注的原理图文件为"Sheet1.SchDoc"，如图 3-31 所示。

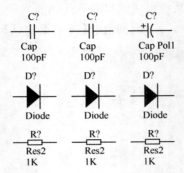

图 3-31　需要自动标注的元器件

打开【注解】对话框，设置【处理顺序】为"Down Then Across"（先按从上到下、再按从左到右的顺序），在【匹配选项】列表中选中两项："Comment"与"Library Reference"，【注释范围】为"All"，【顺序】为 1，【启动索引】也设置为 1，设置好后的【注解】对话框如图 3-32 所示。

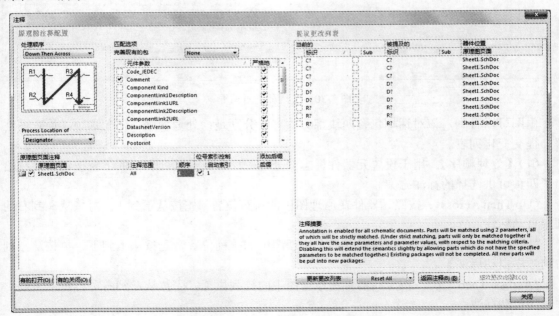

图 3-32　自动标注设置

56

设置完成后，单击【更新更改列表】按钮，系统弹出提示框如图3-33所示，提醒用户元器件状态要发生变化。

单击提示框的【OK】按钮，系统会更新要标注元器件的标号，并显示在【提议更改列表】中，同时【注释】对话框右下角的【接收更改】按钮，处于激活状态，如图3-34所示。

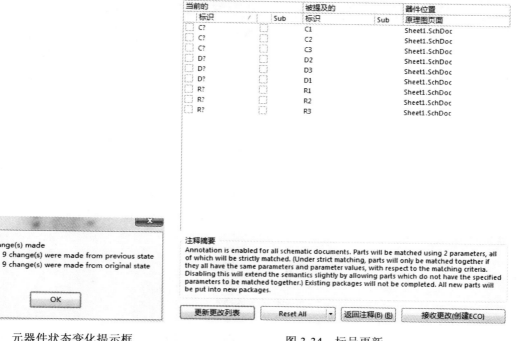

图 3-33　元器件状态变化提示框

图 3-34　标号更新

单击【接收更改】按钮，系统自动弹出【工程更改顺序】对话框，如图3-35所示。

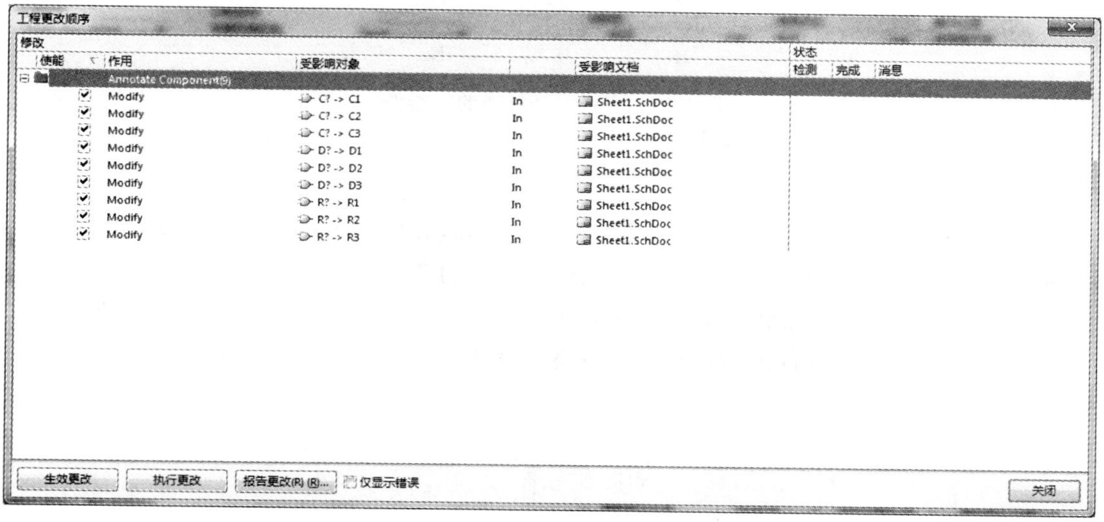

图 3-35　【工程更改顺序】对话框

单击【生效更改】按钮，可使标号变化有效，但此时原理图中的元器件标号并没有显示出变化，单击【执行更改】按钮，【工程更改顺序】对话框如图 3-36 所示。

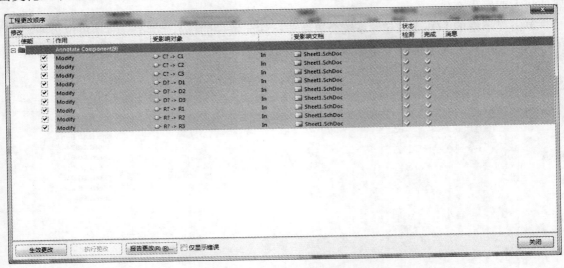

图 3-36　变化生效后【工程更改顺序】对话框

依次关闭【工程更改顺序】对话框和【注释】对话框，可以看到标注后的元器件，如图 3-37 所示。

图 3-37　完成自动标注的元器件

3.3.3　调整元器件的位置

放置元器件时，其位置一般是大体估计的，并不能满足设计要求的清晰和美观。所以需要根据原理图的整体布局，对元器件的位置进行一定的调整。

元器件位置的调整主要包括对元器件的移动、元器件方向的设定、元器件的排列等操作。以下说明如何对元器件进行排列，对如图 3-38 所示的多个元器件进行位置排列，使其在水平方向均匀分布。

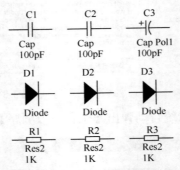

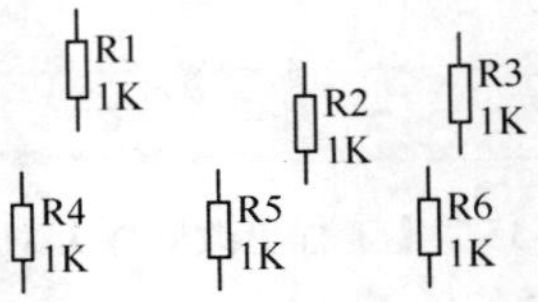

图 3-38　待排列的元器件

单击【标准】工具栏中的图标(选中图标)，光标变成“十”字形状，单击并拖动鼠标将要调整的元器件包围在选择矩形框中，再次单击鼠标后选中这些元器件，如图 3-39 所示。

执行【编辑】/【对齐】/【顶对齐】命令，或者在编辑窗口中按键盘中的 A 键则在系统中弹出如图 3-40 所示的菜单。

R1
1K
R2
1K
R3
1K
R4
1K
R5
1K
R6
1K

图 3-39　已选中待调整的元器件

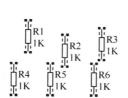

对齐(A)...
左对齐(L) Shift+Ctrl+L
右对齐(R) Shift+Ctrl+R
水平中心对齐(C)
水平分布(D) Shift+Ctrl+H
顶对齐(T) Shift+Ctrl+T
底对齐(B) Shift+Ctrl+B
垂直中心对齐(V)
垂直分布(I) Shift+Ctrl+V
对齐到栅格上(G) Shift+Ctrl+D

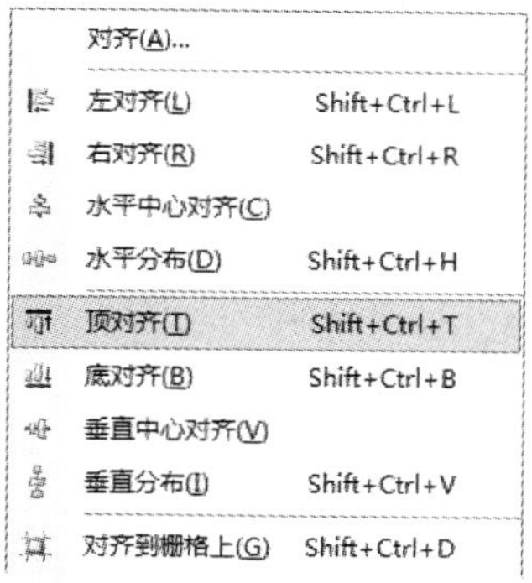

图 3-40　对齐命令菜单

执行【顶对齐】命令，则选中的元器件以最上边的元器件为基准顶端对齐，如图 3-41 所示。

再按键盘的 A 键，在对齐命令菜单中执行【水平分布】命令，使选中的元器件在水平方向上均匀分布，单击【标准】工具栏中的图标，取消元器件选中状态，操作完成后，如图 3-42 所示。

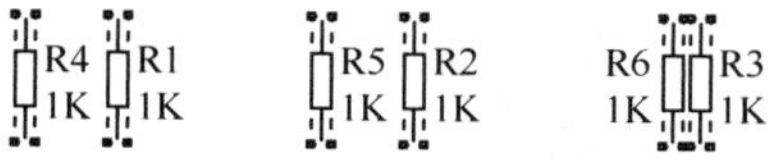

R4
1K
R1
1K
R5
1K
R2
1K
R6
1K
R3
1K

图 3-41　调整后的元器件

R4
1K
R1
1K
R5
1K
R2
1K
R6
1K
R3
1K

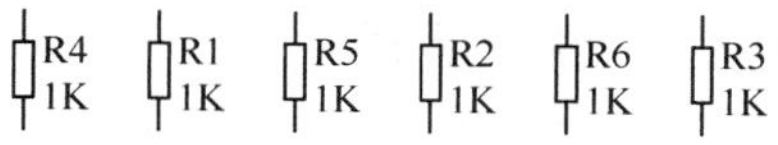

图 3-42　操作完成后的元器件排列

3.4　绘制电路原理图

在原理图中放置好需要的元器件并编辑好它们的属性后，就可以着手连接各个元器件，以建立原理图的实际连接。这里所说的连接，实际上就是电气意义的连接。

电气连接有两种实现方式，一种是直接使用导线将各个元器件连接起来，称为“物理连接”；另一种是不需要实际的相连操作，而是通过设置网络标号使得元器件之间具有电气连接关系。

3.4.1　原理图连接工具的介绍

系统提供了三种对原理图进行连接的操作方法：使用菜单命令、使用【配线】工具栏、使用快捷键。由于使用快捷方式，需要记忆各个操作的快捷组合方式，容易混乱，不易应用到实际操作中，所以这里就不再介绍。

1．使用菜单命令

执行【放置】命令，系统弹出如图 3-43 所示的菜单。

在该菜单中，包含放置各种原理图元器件的命令，也包括了对总线、总线进口、导线、网络标号等连接工具，以及文本字符串、文本框的放置。其中，【指示】中还包含若干项子菜单命令，如图 3-44 所示，常用到的有【No ERC】（放置忽略 ERC 检查符号）和【PCB 布局】（放置 PCB 布局标志）等。

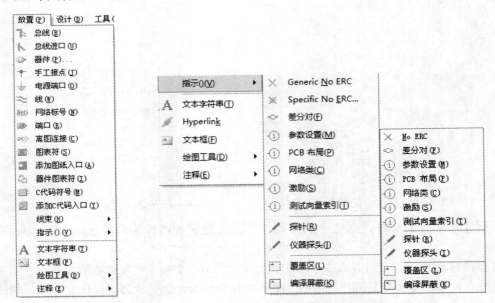

图 3-43　【放置】菜单　　　　　图 3-44　【放置】菜单的【指示】子菜单

2．使用【配线】工具栏

【放置】菜单中的各项命令分别与【配线】工具栏中的图标一一对应，直接单击该工具栏中的相应图标，即可完成相应的功能操作。

3.4.2　元器件的电气连接

元器件之间的电气连接，主要是通过导线来完成的。导线具有电气连接的意义，不同于一般的绘图连线，后者没有电气连接的意义。

1．绘制导线

执行绘制导线命令，有两种方法。

（1）执行【放置】/【线】命令；

(2)单击【配线】工具栏中的绘制导线图标≈。

执行【放置】/【线】命令后，光标变为"十"字形状。移动光标到将放置导线的位置，会出现一个红色"米"字标志，表示找到了元器件的一个电气节点，如图 3-45 所示。

在导线起点处单击鼠标左键，拖动鼠标，随之绘制出一条导线，拖动到待连接的另外一个电气节点处，同样会出现一个红色"米"字标志，如图 3-46 所示。

如果要连接的两个电气节点不在同一水平线直线上，则在绘制导线过程中需要单击鼠标左键确定导线的折点位置，拖动鼠标完成导线的绘制。找到导线的终点位置后，再次单击鼠标左键，完成两个电气节点之间的连接。单击鼠标右键或按键盘的【Esc】键退出导线的绘制状态。完成连接后的效果，如图 3-47 所示。

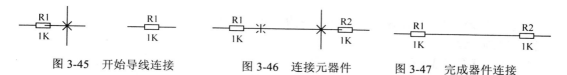

图 3-45　开始导线连接　　　图 3-46　连接元器件　　　图 3-47　完成器件连接

2．绘制总线

总线是一组具有相同性质的并行信号线的组合，如数据总线、地址总线、控制总线等。在原理图的绘制中，用一根较粗的线条来清晰方便地表示为总线。其实在原理图编辑环境中的总线没有任何实质的电气连接的意义，仅仅是为了绘制原理图和查看原理图的方便而采取的一种简化连线的表现形式。

执行绘制总线命令，有两种方法。

（1）执行【放置】/【总线】命令；

（2）单击【配线】工具栏中的绘制总线图标 。

执行【绘制总线】命令后，光标变成"十"字形状，移动光标到待放置总线的起点位置，单击鼠标左键，确定总线的起点位置，然后拖动光标进行对总线的绘制，如图 3-48 所示。

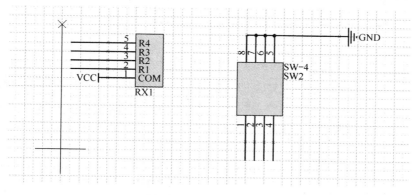

图 3-48　开始绘制总线

在每个拐点位置都单击鼠标左键确认，到达适当位置后，再次单击鼠标左键确定总线的终点。单击鼠标右键或按键盘的【Esc】键退出总线的绘制状态。完成总线绘制，如图 3-49 所示。

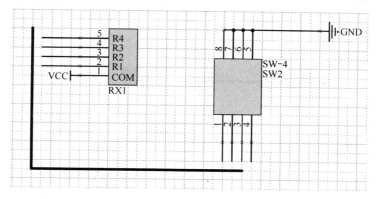

图 3-49　完成绘制总线

3．绘制总线进口

总线进口是单一导线与总线的连接线。与总线一样，总线进口也不具有任何电气连接的

61

意义。使用总线进口，可以使电路原理图更为美观和清晰。

执行绘制总线进口命令，有两种方法：

（1）执行【放置】/【总线进口】命令；

（2）单击【配线】工具栏中的绘制总线进口图标 。

执行【绘制总线进口】命令后，光标变为"十"字形状，并带有总线进口符号"/"或"\"，如图 3-50 所示。

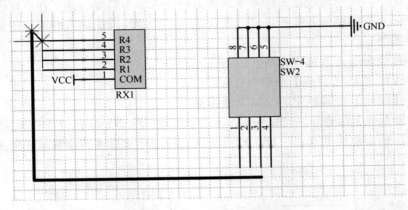

图 3-50　开始绘制总线进口

在导线与总线之间单击鼠标左键，即可放置一段总线进口。同时在放置总线进口的状态下，按键盘中的【空格】键可以调整总线进口线的方向，每按一次，总线进口线逆时针旋转90°。单击鼠标右键或按键盘的【Esc】键退出总线进口的绘制状态。绘制完成的总线进口如图 3-51 所示。

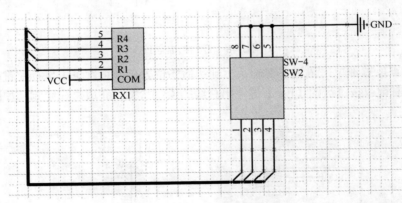

图 3-51　完成绘制总线进口

3.4.3　放置电气节点

在 Altium Designer 15 系统中，默认情况下会在导线"T"形交叉点处自动放置电气节点，表示所绘制线路在电气意义上是连接的。但在十字交叉点处，系统无法判别在该处导线是否连接，所以不会自动放置电气节点。如果该处导线确实是连接的，就需要自己来放置电气节点。

执行【放置】/【手工接点】命令，光标变成为"十"字形状，并带有一个电气节点符号，如图 3-52 所示。

移动光标到需要放置的位置处，单击鼠标左键即可完成放置工作，如图 3-53 所示。

图 3-52　开始放置电气接点　　　　图 3-53　完成接点放置

单击鼠标右键或按键盘的【Esc】键退出电气节点的绘制状态。

3.4.4　放置网络标号

在绘制过程中，元器件之间的连接除了可以使用导线外，还可以通过网络标号的方法来实现。

具有相同网络标号名的导线或元器件管脚，无论在图上是否有导线连接，其电气关系都是连接在一起的。使用网络标号代替实际的导线连接可以大大简化原理图的复杂度。比如在连接两个距离较远的电气节点，使用网络标号就不必考虑走线的困难。这里还要强调，网络标号名是区分大小写的。相同的网络标号名是指形式上的完全一致。

执行放置网络标号命令，有两种方法：

(1)执行【放置】/【网络标号】命令；

(2)单击【配线】工具栏中的放置网络标号图标 。

执行【放置网络标号】命令后，光标变为"十"字形状，并附有一个初使标号为"Net Label*"，如图 3-54 所示。

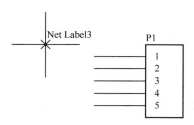

图 3-54　放置网络标号

将光标移动到需要放置网络标号的导线处，当出现红色"米"字标志时，表示光标已连接到该导线，此时单击鼠标左键即可放置一个网络标号，如图 3-55 所示。

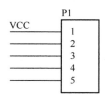

图 3-55　完成放置的网络标号

将光标移动到其他位置处，单击鼠标左键可连续放置，单击鼠标右键或按键盘的【Esc】键退出网络标号的绘制状态。双击已经放置的网络标号，可以打开【网络标签】对话框。在其属性区域中的【网络】文本编辑栏内可以更改网络标号的名称，并设置放置方向及字体，如图 3-56 所示。【锁定】复选框，如果勾选这一选项，该网络标签在图纸中将不能被直接移动，每次移动需要进行确认操作。单击【确认】按钮，保存设置并关闭该对话框。

图 3-56　网络标号的属性设置

3.4.5　放置输入/输出端口

实现两点间的电气连接，也可以使用放置输入/输出端口来实现。具有相同名称的输入/输出端口在电气关系上是相连在一起的，这种连接方式一般只是使用在多层次原理图的绘制过程中。

执行放置输入/输出端口命令，有两种方法：

（1）执行【放置】/【端口】命令；

（2）单击【配线】工具栏中的放置输入/输出端口图标 。

执行【输入/输出端口】命令后，光标变为"十"字形状，并附带有一个输入/输出端口符号，如图 3-57 所示。

移动光标到适当位置处，当出现红色"米"字标志时，表示光标已连接到该处。单击鼠标左键确定端口的一端位置，然后拖动光标调整端口大小，再次单击鼠标左键确定端口的另一端位置，如图 3-58 所示。

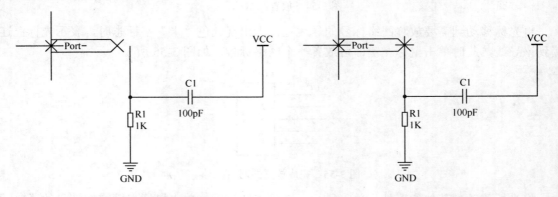

图 3-57　放置输入/输出端口　　　　　　　　　　　图 3-58　完成放置

单击鼠标右键或按键盘的【Esc】键退出输入/输出端口的绘制状态。双击所放置的输入/输出端口图标，可以打开【端口属性】对话框，如图 3-59 所示。

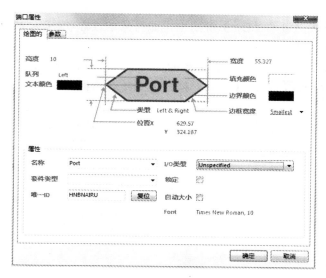

图 3-59 【端口属性】对话框

在该属性对话框中可以对端口名称、端口类型进行设置。端口类型包括 Unspecified（未指定类型）、**Input**（输入端口）、**Output**（输出端口）等。设置完成后，单击【确认】按钮关闭该对话框。

3.4.6 放置电源或地端口

作为一个完整的电路，电源符号和接地符号都是其不可缺少的组成部分。系统给出了多种电源符号和接地符号的形式，且每种形式都有其相应的网络标号。

执行放置电源和接地端口命令，有两种方法。

（1）执行【放置】/【电源端口】命令；

（2）单击【配线】工具栏中的放置电源端口 ￦ 或放置接地端口 ￦。

执放置电源或接地端口命令，光标变为"十"字形状，并带有一个电源或接地的端口符号，如图 3-60 所示。

移动光标到需要放置的位置处，单击鼠标左键即可完成放置，再次单击鼠标左键可实现连续放置。放置好后，如图 3-61 所示。

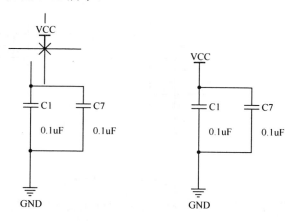

图 3-60 开始放置电源符号   图 3-61 完成放置电源符号

单击鼠标右键或按键盘的【Esc】键退出电源符号的绘制状态。双击放置好的电源符号，打开【电源端口】对话框，如图 3-62 所示。

在该对话框中可以对电源的名称、电源的样式进行设置，该窗口中包含的电源样式，如图 3-63 所示。设置完成后，单击【确认】按钮关闭该对话框。

图 3-62 【电源端口】对话框   图 3-63 电源样式

3.4.7 放置忽略电气规则(ERC)检查符号

在电路设计过程中系统进行电气规则检查（ERC）时，有时会产生一些非错误的错误报告。如电路设计中并不是所有管脚都需要连接，而在 ERC 检查时，认为悬空管脚是错误的，则会给出错误报告，并在悬空管脚处放置一个错误标志。

为了避免用户为查找这种"错误"而浪费资源，可以使用忽略 ERC 检查符号，让系统忽略对此处的电气规则检查。

执行放置忽略 ERC 命令，有两种方法。

（1）执行【放置】/【指示】/【Generic NO ERC】命令；

（2）单击【配线】工具栏中的放置忽略 ERC 检查图标×。

执行放置忽略 ERC 检查图标命令后，光标变为"十"字形状，并附有一个红色的小叉，如图 3-64 所示。

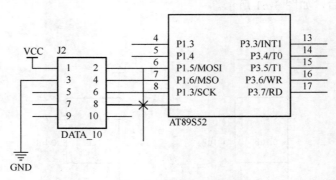

图 3-64 开始放置忽略 ERC 检查符号

移动光标到需要放置的位置处，单击鼠标左键即可完成放置，如图 3-65 所示。单击鼠标右键或按键盘的【Esc】键退出忽略 ERC 检查的绘制状态。

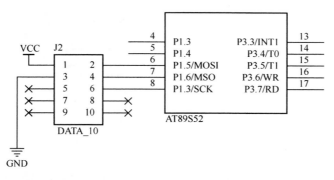

图 3-65 完成放置忽略 ERC 检查符号

3.4.8 放置 PCB 布局标志

用户绘制原理图的时候，可以在电路的某些位置处放置 PCB 布局标志，以便预先规划指定该处的 PCB 布线规则。这样，由原理图创建 PCB 的过程中，系统会自动引入这些特殊的设计规则。

以下说明用 PCB 标志设置导线拐角。执行【放置】/【指示】/【PCB 布局】命令，在选定位置处放置 PCB 布局标志，如图 3-66 所示。

双击所放置的 PCB 布局标志，系统弹出相应的【参数】对话框，此时在【值】参数栏中显示的是"Undefined（未定义）"，如图 3-67 所示。单击【编辑】按钮，打开【参数属性】对话框，如图 3-68 所示。

单击该对话框中的【编辑规则值】按钮，进入【选择设计规则类型】对话框，选中【Routing】规则下的"Width Constraint"，如图 3-69 所示。

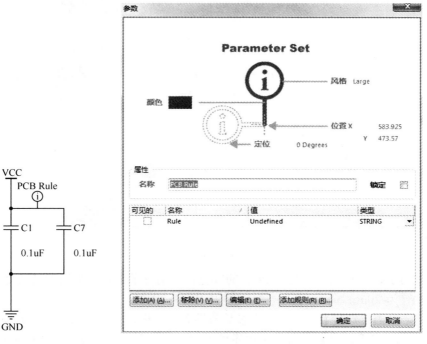

图 3-66 放置 PCB 布局标志   图 3-67 【参数】对话框

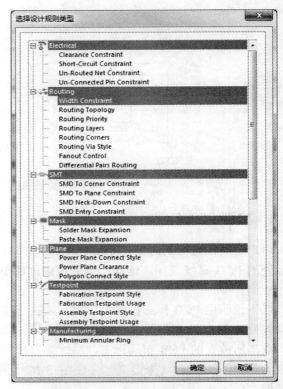

图 3-68　【参数属性】对话框　　　　图 3-69　【选择设计规则类型】对话框

单击【确认】按钮后，则相应的【Edit PCB Rule】对话框会打开，如图 3-70 所示。

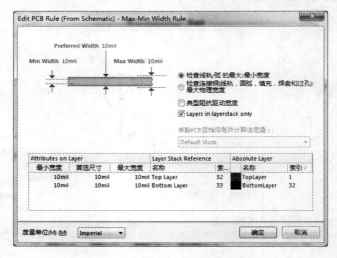

图 3-70　【Edit PCB Rule】对话框

　　该对话框用于设置布线时，此处 PCB 的线宽，分别有最大、最小和默认线宽。这里将这三个值全部设置为 20mil。

　　设置完毕，单击【确认】按钮返回【参数属性】对话框，再次单击【确认】按钮返回【参数】对话框，此时在【数值】参数栏中显示的是已经设置的数值，如图 3-71 所示。

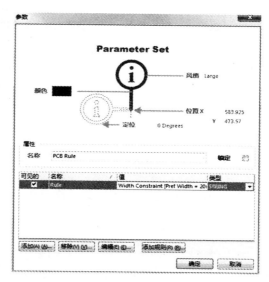

图 3-71　设置完成后【数】参数

选中【可见】复选框，单击【确定】按钮，关闭【参数】对话框。此时在 PCB 布局标志的附近显示出了所设置的具体规则，如图 3-72 所示。

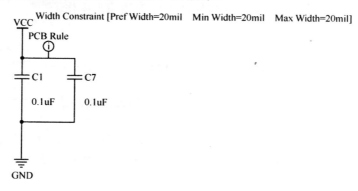

图 3-72　完成后的 PCB 布局标志

3.5　原理图绘制的技巧

在电路原理图绘制过程中，如果使用一些小技巧则可以更加快捷、方便地绘制原理图，往往会起到事半功倍的效果。

3.5.1　页面缩放

在进行原理图设计时，用户不仅要绘制电路图的各个部分，而且要把它们连接成电路图。在设计复杂电路时，往往会遇到当设计某一部分时，需要观察整张电路图，那么用户就必须使用缩放功能；在绘制电路原理图时，有时还需要仅仅对于某一区域实行放大，以便更清晰地观察到各元件之间的关联，此时需要使用放大功能。因此用户熟练掌握缩放功能，可加快电路原理图图绘制。

用户可选择以下三种方式缩放页面：使用键盘、使用菜单命令或使用鼠标滑轮进行页面缩放。

1．用键盘缩放绘图页面

当系统处于其他命令下、用户无法用鼠标进行操作时，此时要放大或缩小显示页面，必须采用功能键。

（1）放大：按 PageUp 键，可以放大绘图区域。

（2）缩小：按 PageDown 键，可以缩小绘图区域。

（3）居中：按 Home 键，可以从原光标处的位置，移到工作区域的中心位置。

（4）更新：按 End 键，对绘图区域的图形进行更新，恢复正确显示状态。

2．用菜单缩放绘图页面

Altium Designer 15 系统提供了察看菜单来控制图形区域的放大和缩小，【察看】菜单如图 3-73 所示，单击相应的缩放命令即可实现绘图页面的缩放。

3．用鼠标缩放绘图页面

键盘 Ctrl 键+鼠标滑轮向上滚动，可以完成对图纸的放大操作。

键盘 Ctrl 键+鼠标滑轮向下滚动，可以完成对图纸的缩小操作。

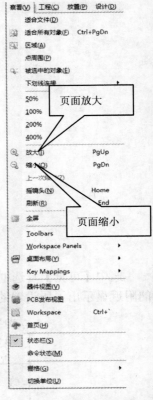

图 3-73　【察看】菜单

3.5.2　工具栏的打开与关闭

有效地利用工具栏可以大大减少工作量，因此适时打开或关闭工具栏可提高绘图效率。

单击【察看】/【Toolbars】菜单命令，此时系统将弹出级联菜单，如图 3-74 所示。

单击相应的工具栏，则工具栏打开。以打开"布线"工具栏为例，单击【察看】/【Toolbars】菜单命令中的"布线"选项，则系统则会打开布线工具栏，如图 3-75 所示。

图 3-74　工具条级连菜单

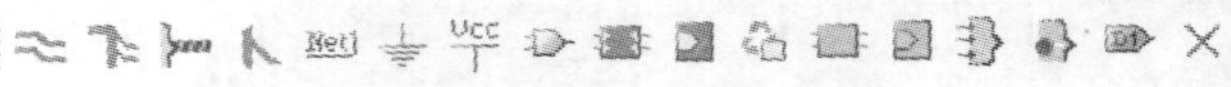

图 3-75　开启布线工具栏

3.5.3　元件的复制、剪切、粘贴与删除

在原理图绘图页有一个电阻元件，如图 3-76 所示。使用鼠标左键拖动出一选择框，选中 Res2 元件，如图 3-77 所示。放开鼠标右键，既选中 Res2，如图 3-78 所示。

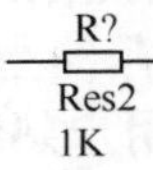

R?
Res2
1K

图 3-76　包含一个阻的原理图

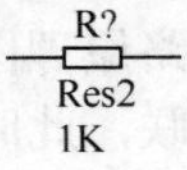

R?
Res2
1K

图 3-77　拖动鼠标选择 Res2

70

执行【编辑】/【复制】菜单命令，如图 3-79 所示。

图 3-78　已选中器件 Res2　　　　图 3-79　【编辑】/【复制】菜单命令

　　或使用组合键< Ctrl >+C 亦可实现复制功能。然后执行【编辑】/【粘贴】命令，或单击工具栏中的粘贴图标 ，或使用组合键< Ctrl >+V，此时在鼠标下跟随一电阻元件，如图 3-80 所示。在期望放置元件的位置单击鼠标左键即可放置元件，如图 3-81 所示。

图 3-80　鼠标下跟随一电阻元件　　图 3-81　采用粘贴方式放置元件

　　剪切命令的使用同上，单击工具栏剪切图标 或使用组合键< Ctrl >+X 也可实现剪切功能。Altium Designer 15 系统为用户提供了阵列粘贴功能。按照设定阵列粘贴能够一次性地将某一对象或对象组重复地粘贴到图纸中，在原理图中需要放置多个相同对象时，该功能可以很方便地完成操作。选中要进行复制的元器件，执行【编辑】/【灵巧粘贴】命令，打开【智能粘贴】对话框，如图 3-82 所示。

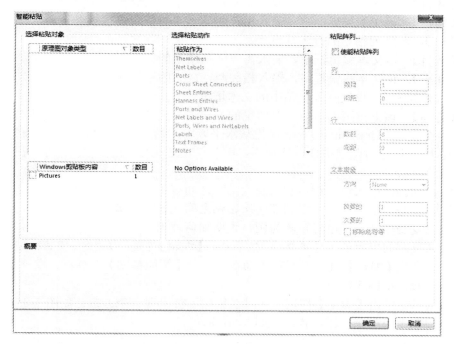

图 3-82　【智能粘贴】对话框

由图可以看到，在【智能粘贴】对话框的右侧有一个【粘贴阵列】区域。选中【使能粘贴阵列】复选框，则阵列粘贴功能被激活，如图3-83所示。

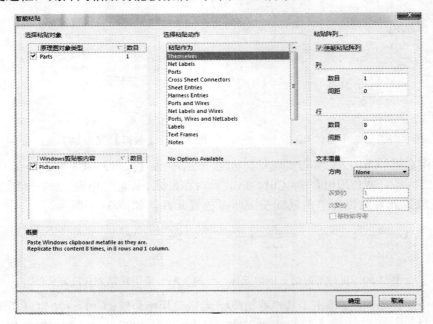

图3-83　阵列粘贴功能被激活

由图3-83可知，如要进行阵列粘贴，需要对如下参数进行设置。

（1）【列】：对阵列粘贴的列进行设置。

【数目】：该文本编辑框中，输入需要阵列粘贴的列数。

【间距】：该文本编辑框中，输入相邻两列之间的空间偏移量。

（2）【行】：对阵列粘贴的行进行设置。

【数目】：该文本编辑框中，输入需要阵列粘贴的行数。

【间距】：该文本编辑框中，输入相邻两行之间的空间偏移量。

（3）【文本增量】：设置阵列粘贴中的文本增量。

【方向】：该下拉菜单是用来对增量的方向进行设置。系统给出了三种选择，分别是"None"（不设置）、"Horizontal First"（先从水平方向开始递增）、"Vertical First"（先从垂直方向开始递增）。选中后两项中任意选项后，其下方的文本编辑栏被激活，可以在其中输入具体的增量数值。

【首要的】：用来设置指定相邻两次粘贴之间有关标志的数字递增量。

【次要的】：用来设置指定相邻两次粘贴之间元器件管脚号的数字递增量。

以下就以复制得到一个电阻矩阵为例，说明如何使用阵列粘贴功能。

首先使被复制的电阻处于选中状态，然后执行【编辑】/【复制】命令，使其粘贴在Windows粘贴板上。再执行【编辑】/【灵巧粘贴】命令，打开【智能粘贴】对话框。设置【智能粘贴】区域中各项参数，如图3-84所示。

设置完成后，单击【确定】按钮。此时在鼠标下会出现一个方框，如图3-85所示。单击鼠标左键，放置电阻阵到合适位置，如图3-86所示。

由图可以看到，被复制的电阻与电阻矩阵的第一个电阻下方各有一条波纹线，这是系统给出的重名错误提示。需要删除这两个电阻中的任意一个。当用户需要删除某一元件时，单击需要删除的元件，则在待删除的元件周围出现虚线框，如图3-87所示。

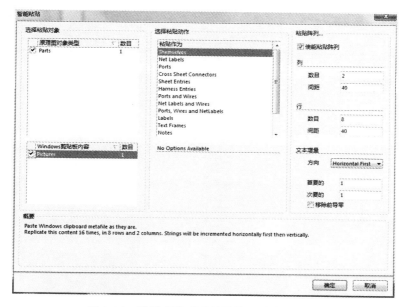

图 3-84 设置【阵列式粘贴】区域中的参数

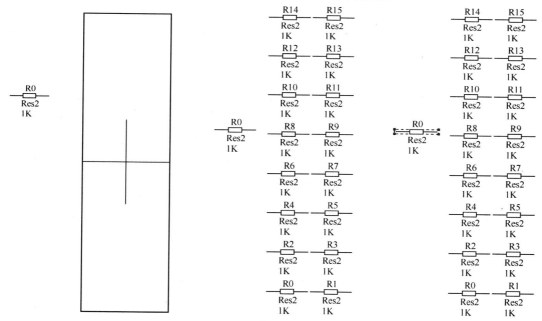

图 3-85 寻找电阻阵的合适位置　　　图 3-86 放置电阻矩阵　　　图 3-87 选择元件

单击键盘的<Del>键即可删除元件。或使用选择框选中元件，单击工具栏剪切图标即可删除元件。

3.6 实例介绍

为了更好的掌握上述的绘制原理图的方法，下面就以一个综合实例来说明整个绘制原理图过程，设计好的电路原理图，如图 3-88 所示。

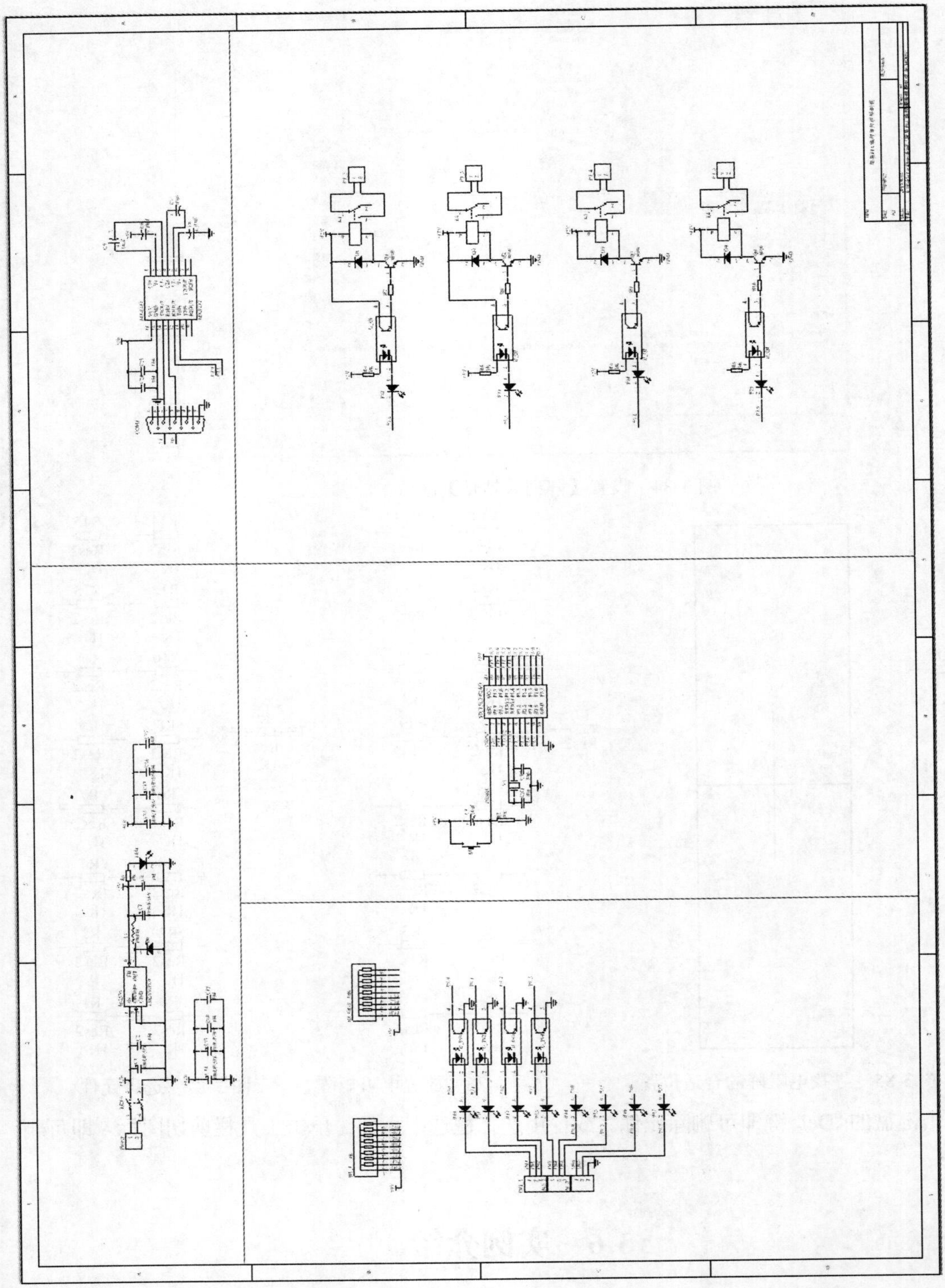

图 3-88 已设计好的电路原理图

74

双击运行 Altium Designer 15，执行【文件】/【新】/【工程】/【PCB 工程】命令，在【Projects】面板中出现了新建的项目文件，系统给出默认名"PCB-Project1.PrjPCB"。在项目文件"PCB-Project1.PrjPCB"上单击鼠标右键，执行项目菜单中的【另存项目为】命令。在弹出的保存文件对话框中输入自己喜欢或与设计相关的名字，如"简易 PLC 编程单片机控制板.PrjPCB"，如图 3-89 所示。在项目文件"简易 PLC 编程单片机控制板.PrjPCB"上单击鼠标右键，执行【给项目添加新的】/【Schematic】命令，则在该项目中添加了一个新的原理图文件，系统给出的默认名为"Sheet * .SchDoc"。在该文件上单击鼠标右键，执行菜单命令【另存为】，将其保存为"简易 PLC 编程单片机控制板.SchDoc"，如图 3-90 所示。

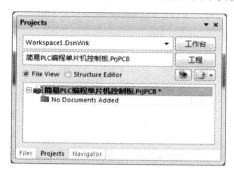

图 3-89　新建项目文件

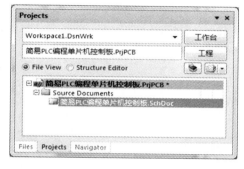

图 3-90　新建原理图文件

在绘制原理图的过程中，首先应放置电路中的关键元器件，之后再放置电阻、电容等外围器件。本例中用到的核心芯片"STC12C2052AD"，在系统提供的集成库中不能找到该元器件，因此需要用户自己绘制它的原理图符号，再进行放置。对于库元器件的制作，这里暂时不做介绍，在后面的章节会给出详细的描述。

放置芯片"STC12C2052AD"，并对其进行属性编辑，如图 3-91 所示。

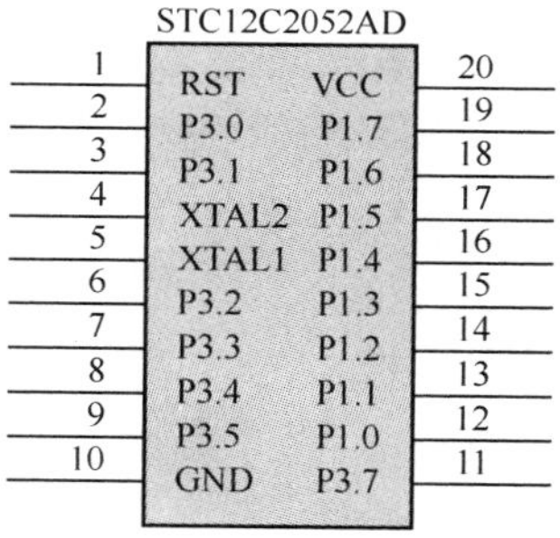

在【器件库】面板的当前元器件库栏中选择"Miscellaneous Devices.IntLib"库，在元器件列表中分别选择电容、电阻、晶振等，并一一进行放置，并在各个元器件相应的【元件属性】对话框中进行参数设置，完成标注工作后，如图 3-92 所示。

图 3-91　放置 STM32F103RBT6 芯片

单击【配线】工具栏上的放置电源图标，放置电源。

单击【配线】工具栏上的放置接地图标，放置接地符号。

放置好电源和接地符号的原理图如图 3-93 所示。

对元器件的位置进行调整，使其合理放置。单击【配线】工具栏中的导线图标，完成元器件之间的电气连接。单击【配线】工具栏中的绘制总线图标和总线进口图标，完成电路原理图中总线的绘制。完成所有连接后的电路原理图，如图 3-94 所示，单击【保存】按钮，对绘制好的原理图加以保存。

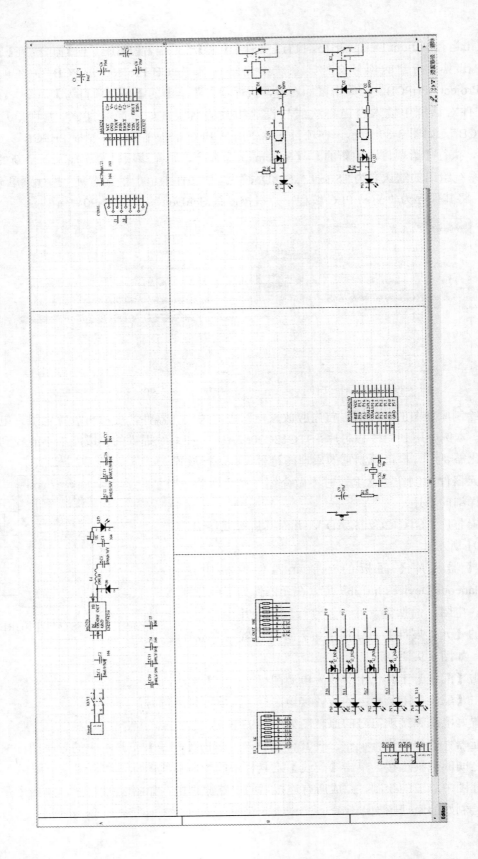

图 3-92　所有元器件放置完成

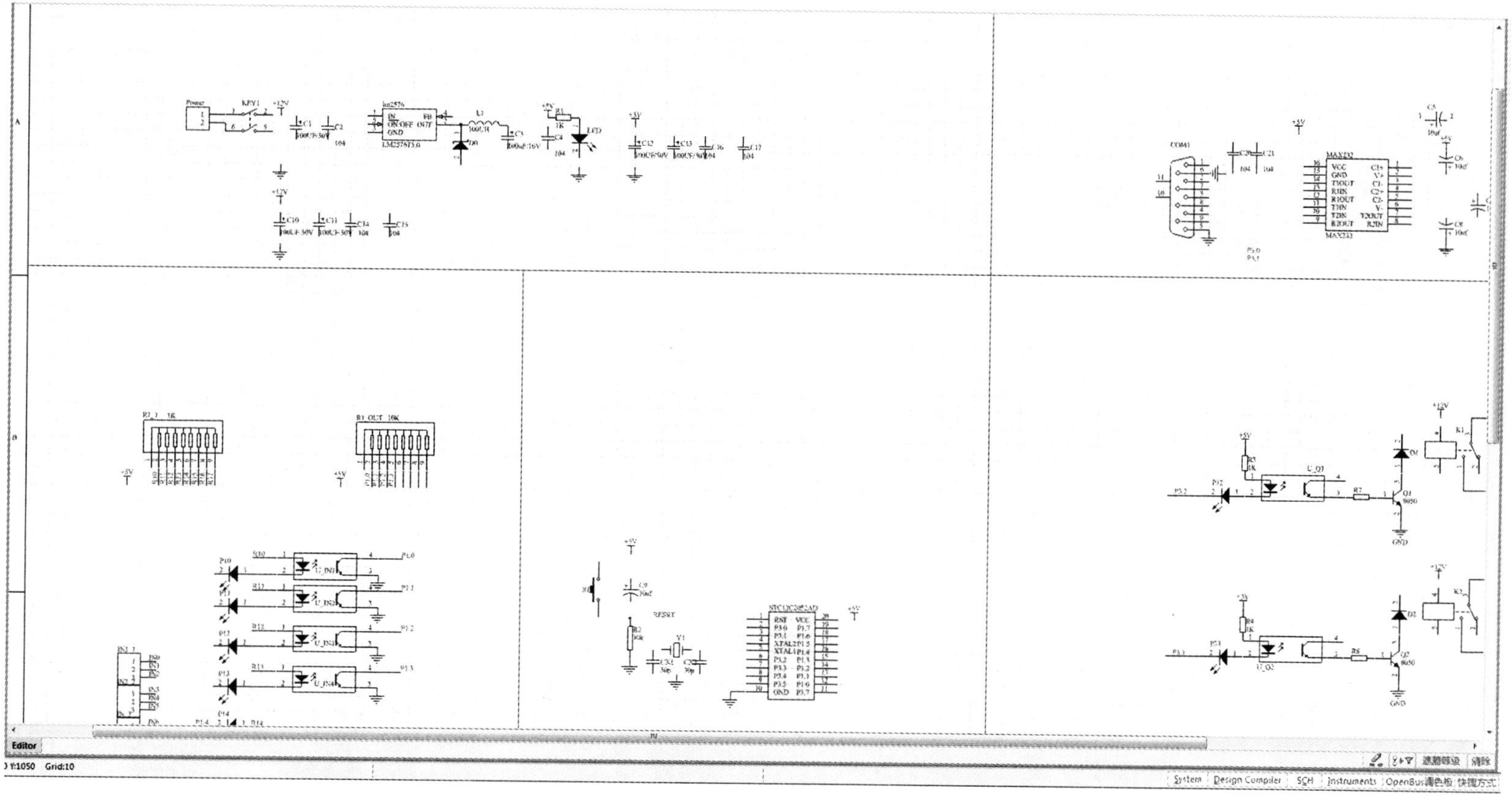

图 3-93　放置好电源和接地符号的原理图

77

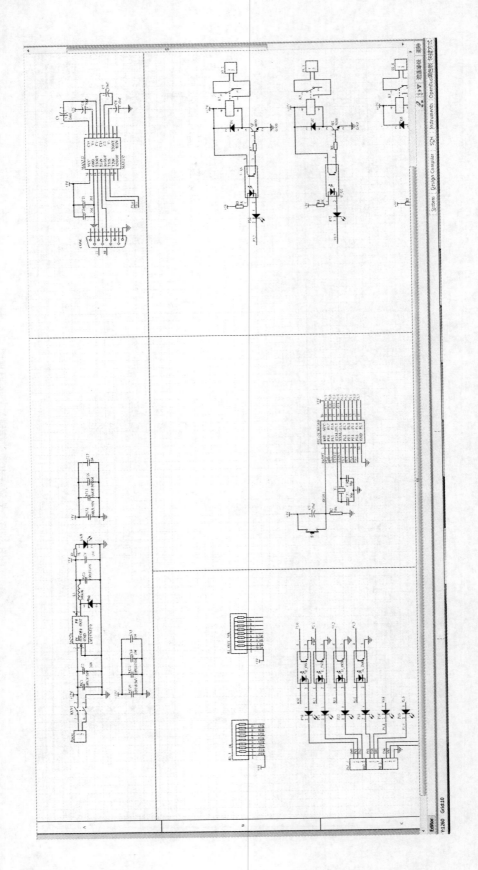

图 3-94　完成电路原理图的绘制

3.7 编译项目及查错

在使用 Altium Designer 15 进行设计过程中，编译项目是一个很重要的环节。编译时，系统将会根据用户的设置检查整个项目。对于层次原理图来说，编译的目的就是将若干个子原理图联系起来。编译结束后，系统提供相关的网络构成、原理图层次、设计文件包含的错误类型及分布等报告信息。

3.7.1 设置项目选项

选中项目中的设计文件（就以综合实例为例），执行【工程】/【工程参数】菜单命令，如图 3-95 所示。

图 3-95　【工程】/【工程参数】菜单

打开【Option for PCB Project】对话框，如图 3-96 所示。

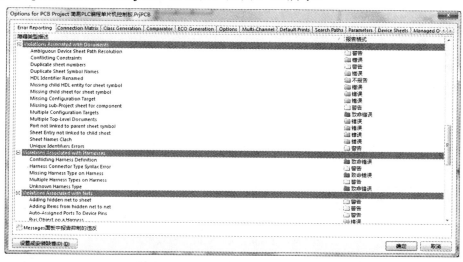

图 3-96　【Option for PCB Project】对话框

在 Error Reporting（错误报告类型）选项卡中，可以设置所有可能出现错误的报告类型。报告类型分为"错误""警告""致命错误""不报告"四种级别。单击【报告格式】栏中的报告类型，会弹出一个下拉菜单，如图 3-97 所示，用来设置类型的级别。

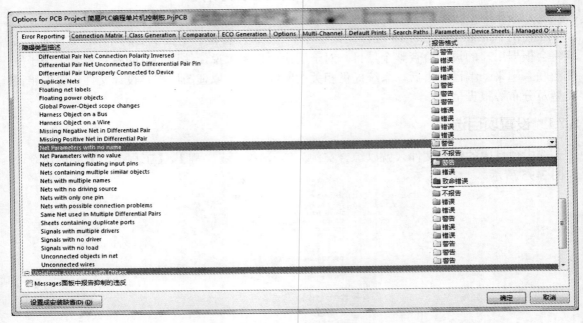

图 3-97　设置报告类型

Connection Matrix 选项卡，用来显示设置的电气连接矩阵，如图 3-98 所示。

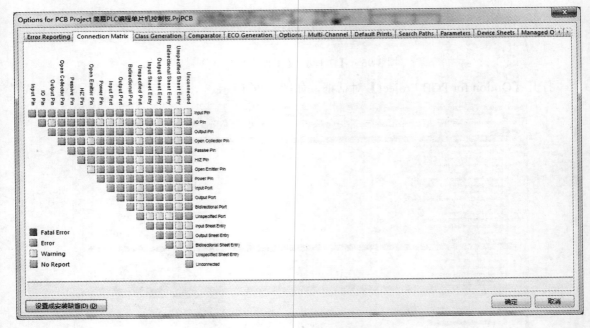

图 3-98　Connection Matrix 选项卡

当要设置当 IO Pin（输入/输出管脚）未连接时是否产生警告信息，可以在矩阵的右侧找到其所在的行，在矩阵的上方找到 Unconnected（未连接）列。行和列的交点表示 IO Pin Unconnected，如图 3-99 所示。

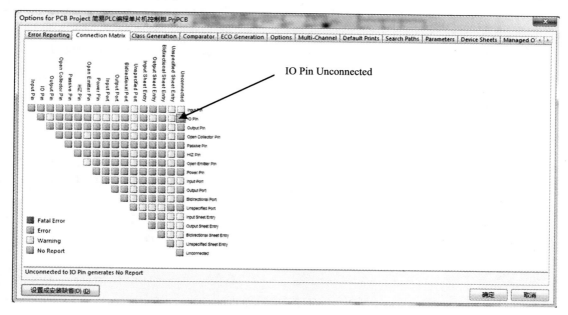

图 3-99　确定 IO Pin Unconnected 交点

移动光标到该点处，此时鼠标光标成手型，连续单击该点，可以看到该点处的颜色在绿、黄、橙、红之间循环变化。其中绿色代表不报告，黄色代表警告，橙色代表错误，红色代表严重错误。此处设置当输入/输出管脚未连接时系统产生警告信息，即设置为黄色。

Comparator 选项卡用于显示比较器，如图 3-100 所示。

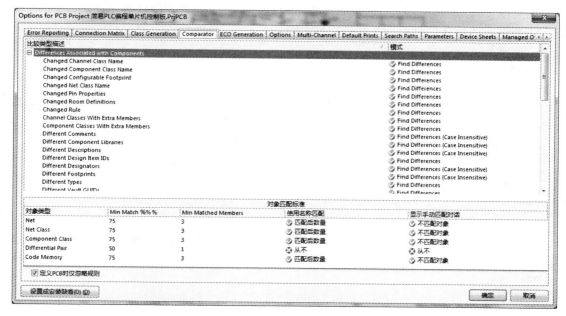

图 3-100　Comparator 选项卡

如果希望改变元器件封装后系统在编译时有信息提示，则找到元器件封装（Different Footprint）一行，如图 3-101 所示。

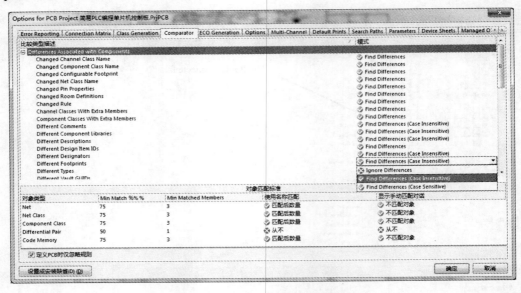

图 3-101　找到 Different Footprint

单击其右侧的【模式】栏，在下拉列表中选择"Find Differences"表示改变元器件封装后系统在编译时有信息提示；选择"Ignore Differences"表示忽略该提示。

当设置完所有信息后，单击【确定】按钮，退出该对话框。

3.7.2　编译项目同时查看系统信息

在完成项目选项后，执行【工程】/【Compile PCB Project*.PrjPCB】菜单命令，如图 3-102 所示。系统生成编译信息报告，如图 3-103 所示。

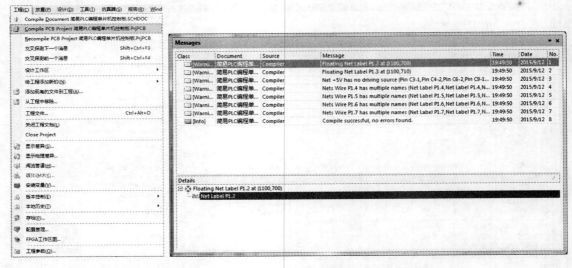

图 3-102　【工程】/【Compile
PCB Project*.PrjPCB】菜单

图 3-103　【Messages】提示框

不难看出，该实例中的警告有两种类型构成所造成的，第一种"Floating Net Label *"，既网络标号没有放在正确的位置上；第二种"* has multiple names"，即一点中存在多个不同名字的网络标号。

第一种警告类型是说明有的网络标号没有放置好，还悬浮在导线或者管脚上面，双击该条警告信息，则【Messages】的【Details】区域如图 3-104 所示。

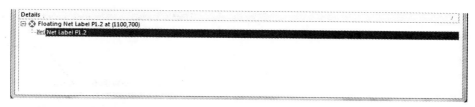

图 3-104 【Details】提示区域

双击【Details】提示区域中的"Net Label P1.2"，则系统会自动定位到错误位置，如图 3-105 所示。

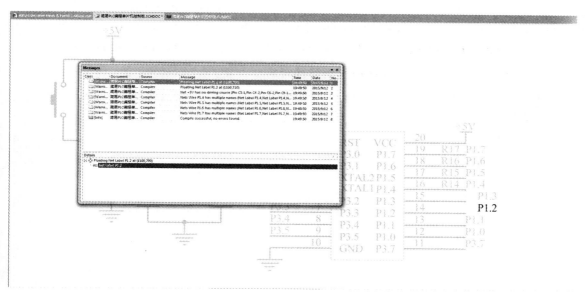

图 3-105 定位错误位置

由图 3-105 可以看到出错位置以高亮的形式显示，这样很方便我们对原理图中的错误做出修改。第二种警告类型，是一点中存在多个不同名字的网络标号，这里不是什么问题，不影响原理图的电气关系。

3.8 生成原理图网络表文件

在原理图编辑环境中执行【设计】/【工程的网络表】/【PCAD】菜单命令，如图 3-106 所示。

则在该项目中生成一个与项目同名的网络表文件，如图 3-107 所示。

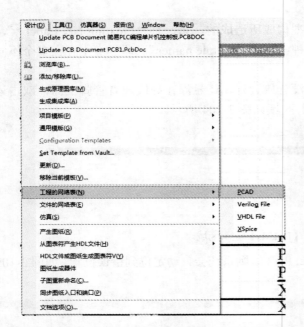

图 3-106　菜单命令【设计】/【工程的网络表】/【PCAD】

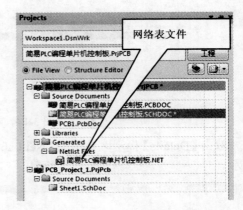

图 3-107　网络表文件

双击该文件，打开如图 3-108 所示的文件。

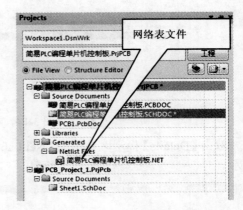

图 3-108　网络表文件

该文件主要分成两个部分，前一部分描述元件的属性参数（元件序号、元件的封装形式和元件的文本注释），一个器件的标志是方括号。以"["为起始标志，其后为元件序号、元件封装和元件注释，最后以"]"标志结束该元件属性的描述。

后一部分描述原理图文件中电气连接，标志为圆括号。该网络以"（"为起始，首先是网络号名，其后按字母顺序依次列出与该网络标号相连接的元件管脚号，最后以"）"结束该网络连接的描述。

3.9 生成和输出各种报表和文件

原理图设计完成后，除了保存有关的项目文件和设计文件以外，还要输出和整个设计项目相关的信息，并以表格的形式保存。在 Altium Designer 15 中除了可以生成电路网络表以外，还可将整个项目中的元器件类别和总数以多种格式输出保存和打印。

3.9.1 输出元器件报表

以综合实例的电路为例，执行【报告】/【Bill of Materials】菜单命令，如图 3-109 所示。

图 3-109 菜单命令【报告】/【Bill of Materials】

系统会弹出【Bill of Material For Project】对话框，如图 3-110 所示。

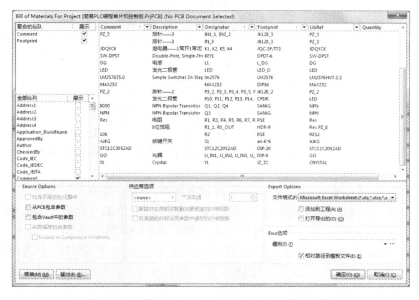

图 3-110 【Bill of Material For Project】对话框

该对话框中列出了整个项目中所用到的元器件，单击表格中的标题按钮如：【Comment】按钮、【Description】按钮等，可以使表格中的内容按照一定的次序排列。

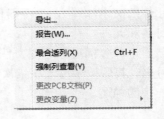

在【Bill of Material For Project】对话框中单击【菜单】按钮，系统将弹出一个如图 3-111 所示的菜单。

执行该菜单中的【报告】菜单命令，显示【报告预览】窗口，如图 3-112 所示。

图 3-111　菜单按钮包含的菜单命令

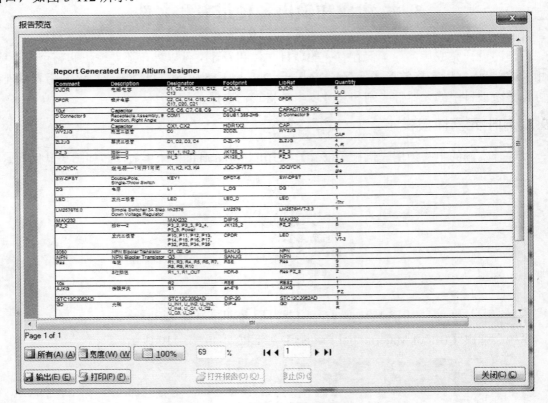

图 3-112　【报告预览】窗口

单击该窗口中的【全部】【宽度】【100%】按钮，可以改变预览方式，还可以通过在显示比例文本编辑框中输入合适的比例，使报表按一定的比例显示出来。

单击【打印】按钮，系统使用已安装的打印机打印元器件表单。

单击【报告预览】窗口中的【输出】按钮，系统将会弹出【Export Report From Project】窗口，如图 3-113 所示。

在"文件名"下拉列表中输入保存文件的名字，在"保存类型"下拉列表中选择保存文件的类型，一般选择"Microsoft Excel Worksheet（*.xls）"。单击【保存】按钮将元器件报表以"Excel"表格格式保存，同时系统会打开该文件，如图 3-114 所示。

在【Export Report From Project】窗口中的"保存类型"下拉列表中选择"Web Page（*.htm;*.html）"选项，单击【保存】按钮，系统将用浏览器保存并打开文件，如图 3-115 所示。

86

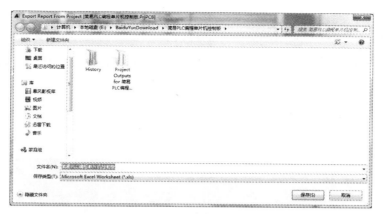

图 3-113 【Export Report From Project】窗口

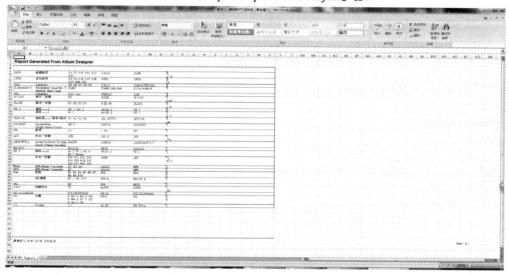

图 3-114 用 Excel 显示元器件报表

图 3-115 用浏览器显示元器件报表

3.9.2 输出整个项目原理图的元器件报表

如果一个设计项目由多个原理图组成，那么整个项目所用的元器件还可以根据它们所处原理图的不同分组显示。执行【报告】/【Comment Cross Reference】菜单命令，如图 3-116所示。

图 3-116 菜单命令【报告】/【Comment Cross Reference】

输出结果如图 3-117 所示。

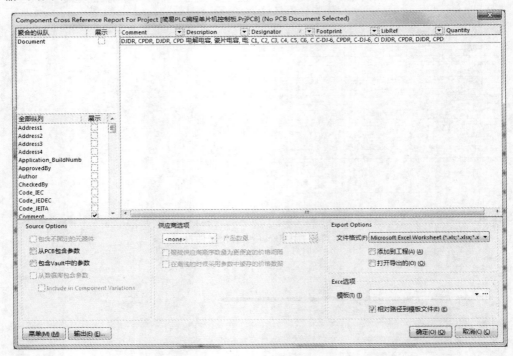

图 3-117 按原理图分组输出报表

对于图 3-117 示对话框的操作，与前面的操作方式相同，在此，就不再做重复介绍了。

第 4 章　创建元件库

Altium Designer 15 自带的元件库中包含了全世界众多厂商的多种元件，但由于电子技术的不断发展，导致元件的种类也在不断更新，因此 Altium Designer 15 元件库不可能完全包含项目所需要的元件。不过，即使存在这样的问题，用户也不必为找不到元件而忧虑，因为在 Altium Designer 15 软件中提供了用户创建新元件的功能。当然，用户在创建自己的元件库时应当注意以下几点。

（1）首先要保证 Altium Designer 15 系统自带的元件库的完整性，用户不应对此文件随便进行修改或删除。

（2）尽量生成集成元件库，保证元件的原理图元件库与 PCB 元件库（封装）的对应关系，这样就可以使用同步器进行原理图和 PCB 图间的同步更新。

（3）自制的元件应单独放在一个元件库中，不要与系统自带的元件库混淆。

（4）最好为每一个 PCB 项目建立其单独的元件库文件，这样便于用户对 PCB 项目的管理。

4.1　创建元件库的步骤

创建元件库是进行 PCB 设计的前期工作，一般分为以下几个步骤。

（1）用户需要选定项目所用的元器件（大到处理器芯片，小到一个电阻）；

（2）通过技术资料或者通过对实物的测量得到选定元器件的实际尺寸；

（3）就要新建用户的元件库项目并为元件库项目添加新的原理图元件库和 PCB 元件库；

（4）为原理图元件库和 PCB 元件库添加新的元器件；

（5）编译新建的元件库项目，生成你所创建的集成元件库。

4.2　对元件库项目的操作

4.2.1　创建元件库项目

执行【文件】/【新建】/【Project】命令，如图 4-1 所示。

弹出【New Project】对话框，如图 4-2 所示。在该对话框中可以选择新建工程的类型，这里选择"Integrated Library"，可以定义工程的名称和存储路径等，如果没有特殊要求，单击【OK】按钮即默认设置建立新的元件库工程。

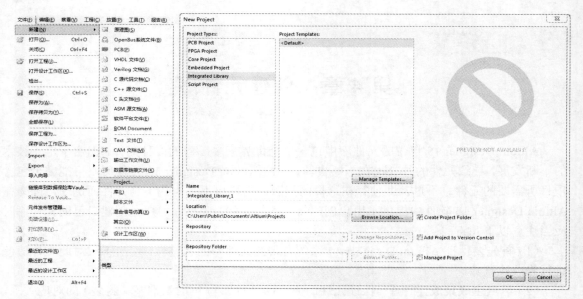

图 4-1 【文件】/【新建】/
【Project】命令

图 4-2 创建元件库工程

这时在【Projects】面板中，系统创建一个默认名为"Integrated_Library*.LibPkg"的项目，如图 4-3 所示。其中"*"表示系统自动分配的一个数字，每新建一个这样的项目，"*"数字就会加一。

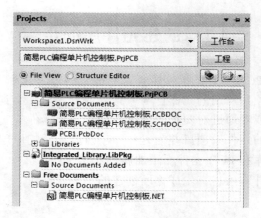

图 4-3 创建的元件库工程

4.2.2 为元件库项目添加文件

可以看到，刚刚创建的元件库项目是不包含任何文件的。这里就需要我们来添加原理图元件库文件和 PCB 元件库（封装）文件。添加文件的方式有两种：可以添加已有的库文件，也可以添加全新的库文件。这里我们就介绍一下如何添加全新的库文件。在元件库项目上单击鼠标右键，会弹出一个快捷菜单，如图 4-4 所示

在该菜单中，将鼠标移动到【给工程添加新的】选项，向右会弹出可以添加的新文件的列表，如图 4-4 所示。

将鼠标移动到【Schematic Library】选项，单击鼠标左键，这样就为元件库项目添加了一

90

个原理图元件库文件，系统会自动将该文件命名为"SCH*.SchLib"；同理如果将鼠标移动到【PCB Library】选项，单击鼠标左键，就可以为元件库项目添加一个名字为"PCB*.PcbLib"的 PCB 元件库文件。添加好新的原理图元件库和 PCB 元件库后，【Projects】面板显示效果如图 4-5 所示。

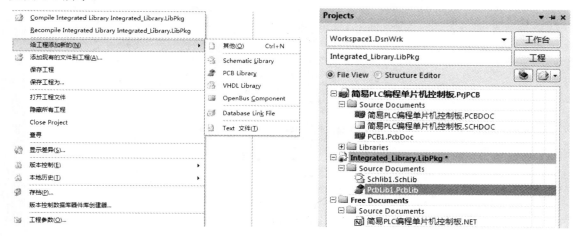

图 4-4　添加文件列表　　　　　　　　图 4-5　原理图元件库及 PCB 元件库的添加完成

4.2.3　重命名元件库项目

上述创建的元件库项目、原理图文件库及 PCB 文件库都是采用系统默认的命名方式。采用系统自动分配的名称，不便于元件库项目的管理。因此，需将系统默认名更改为元件库项目名称及元件库文件名称。

将鼠标移动到需要更改名称的元件库项目上，单击鼠标右键，弹出如图 4-3 所示的【右键快捷菜单】。单击【保存工程为】选项，就会弹出【Save [PcbLib*.PcbLib] As】对话框，如图 4-6 所示。

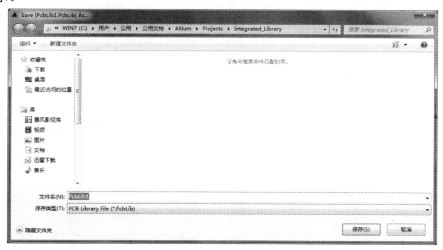

图 4-6　【Save [PcbLib*.PcbLib] As】对话框

这里首先保存该元件库项目下面的 PCB 元件库文件，可以通过【保存在】列表框，选择该文件的保存路径。在【文件名】输入框中，输入新的 PCB 元件库文件名称。单击保存按钮，系统会弹出【Save [SchLib*.SchLib] As】对话框。同理在该对话框中可以选择保存路径和重命名原理图元件库文件。单击保存按钮后，系统会弹出【Save [Integrated_Library*.LibPkg] As】对话框，选择保存路径和重命名元件库项目。单击保存按钮，这样元件库项目重命名就完成了。完成后的效果如图 4-7 所示。

图 4-7　元件库项目重命名完成

4.3　为原理图元件库文件添加元件

4.3.1　原理图元件库文件编辑界面

在【Projects】面板中双击 4.2 节中添加的"简易 PLC 编程单片机控制板.SchLib"文件，就会启动原理图元件库文件的编辑环境，如图 4-8 所示。

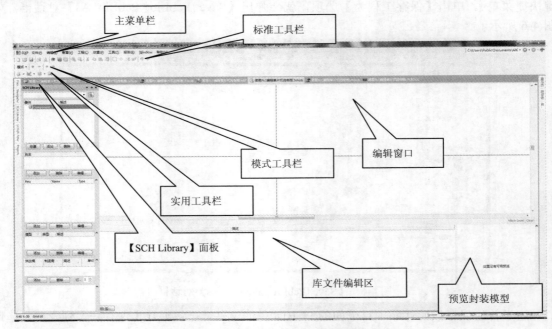

图 4-8　原理图元件库文件编辑环境

1. 主菜单栏

在原理图元件库文件编辑环境中，主菜单栏如图 4-9 所示。

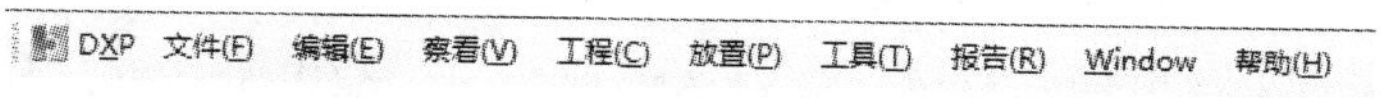

DXP 文件(F) 编辑(E) 察看(V) 工程(C) 放置(P) 工具(T) 报告(R) Window 帮助(H)

图 4-9 原理图元件库文件编辑环境中的主菜单栏

在该菜单中，可以完成对原理图元件库文件的一些基本操作，包括文件的打开、关闭、保存；查找、替换文本；放置器件符号、管脚标记等。

2. 标准工具栏

该工具栏可以使用用户完成对文件的操作，如打印、复制、粘贴、查找等。与其他 Windows 操作软件一样，使用该工具栏对文件进行操作时，只需将光标放置在对应操作的按钮图标上并单击右键即可完成操作。标准工具栏如图 4-10 所示。如果需要关闭或打开该工具栏，执行【察看】/【工具栏】/【原理图库标准】命令即可。

图 4-10 标准工具栏

3. 模式工具栏

该工具栏是用于控制当前元器件的显示模式，其用法将在下一节介绍。模式工具栏如图 4-11 所示。

模式 ▼ ⬌ ⎯ ⎯ ⬌ ⬌

图 4-11 模式工具栏

4. 实用工具栏

该工具栏提供了两个重要的工具箱，即原理图符号绘制工具箱和 IEEE 符号工具箱，用于完成原理图符号的绘制。实用工具栏如图 4-12 所示。

图 4-12 实用工具栏

5. 编辑窗口

编辑窗口是被"十"字坐标轴划分的四个象限，坐标轴的的交点即窗口的原点。一般制作元件时，将器件的原点放置在窗口的原点，而绘制的器件放置到坐标轴的第四象限。

6.【SCH Library】面板

该控制面板用于对原理图元件库的编辑进行管理。【SCH Library】面板，如图 4-13 所示。

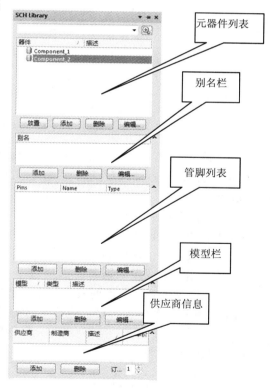

图 4-13 【SCH Library】面板

（1）元器件列表：在该栏中列出了当前所打开的原理图元件库文件中的所包含的元器件，

包括元器件的名称及相关的描述，选中某一库元器件后，单击【放置】按钮即可将该元器件放置在打开的原理图纸上。单击【添加】按钮可以往该库中加入新的元器件。选中某一器件，单击【删除】按钮，可以将选中的元器件从该原理图元件库文件中删除。选中某一器件，单击【编辑】按钮或双击该器件都可以进入对该器件的属性编辑对话框，如图 4-14 所示。

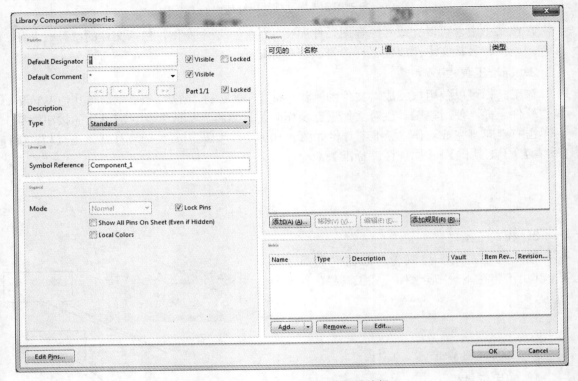

图 4-14　原理图元件库文件属性编辑

在该对话框中，可以编辑元器件的一些属性，例如元器件的默认标识（Default Designator）、元器件的默认名称（Default Comment）；还可以控制默认标识与默认名称是否在放置元器件时，被显示出来；还可以添加封装形式等。

（2）别名栏：在该栏中可以对来自同一库元器件的原理图符号设定其他的名称。有些库元器件的功能、封装和管脚形式都完全相同，只是由于产自不同的厂家，其元器件的型号并不完全一致。对于这样的库元器件，不需要在创建新的原理图符号，只需为已创建好的原理图符号添加一个或多个别名。

（3）管脚列表：在该列表中列出了选中库元器件的所有管脚及其属性。通过【添加】【删除】【编辑】三个按钮，可以完成对管脚的相应操作。

（4）模型栏：该栏用于列出库元器件的其他模型，如 PCB 封装模型、信号完整性分析模型、VHDL 模型等。

4.3.2　工具栏应用介绍

1．绘制原理图工具箱

在实用工具栏中包含有两个重要的工具箱，单击图标，则会弹出相应的原理图符号绘制工具箱，如图 4-15 所示。

其各个按钮功能与【放置】下拉菜单中的各项命令有相对应的关系，【放置】下拉菜单如图 4-16 所示。该工具箱包括绘制直线、矩形框、放置曲线、放置文本框等功能。

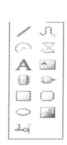

图 4-15　绘制原理图符号工具箱　　　　　图 4-16　【放置】下拉菜单

2．IEEE 符号工具箱

单击实用工具中的图标 ，则会弹出相应的 IEEE 符号工具箱，如图 4-17 所示，是符合 IEEE 标准的一些图形符号。

同样，该工具箱的各个按钮功能与执行【放置】/【IEEE 符号】命令弹出的菜单中的各项命令有相对应的关系，其菜单如图 4-18 所示。该工具箱主要用于放置信号方向符号、阻抗状态符号、数字电路基本符号等。

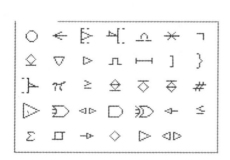

图 4-17　IEEE 符号工具箱　　　　　图 4-18　【IEEE 符号】菜单

3．模式工具栏

一种元器件可以有多种的符号表示方式，这里就需要使用模式工具栏，来为已有元件符号添加新的显示形式。模式工具栏如图 4-11 所示，其各个按钮的功能如下。

模式· ：单击该图标可以为当前编辑的元器件选择一种显示模式，在没有添加任何显示模式，该元器件只有一种默认显示模式"Normal"。

＋ ：单击图标中的"+"号按钮，可以为当前元器件添加一种新的显示模式；单击图标中的"-"号按钮，可以删除当前元器件的显示模式。

◆ ▶ ：单击该图标中向左的箭头，可以切换元器件的显示模式；单击图标中向左的箭头，可以切换到元器件的前一种显示模式。单击图标中向右的箭头，可以切换到元器件的后一种显示模式。

4.3.3 为原理图元件库添加元器件

为原理图元件库添加元器件有三种方法，分别是创建全新的元器件、使用复制系统元件库中已有的元器件到自定义元件库以及为已有元件添加子元件。这三种方法各有各的特点，一般需要灵活掌握。如果真的可以做到灵活应用这三种方法，在为原理图元件库添加元器件时就会事半功倍。

1. 创建全新的元器件

如果用户使用到一些比较特殊的元器件，在系统自带的元件库中根本找不到相类似的元件，一般就需要采用这种方法来创建元器件了。例如在设计时需要采用"STC12C2052AD"这个元器件，在 Altium Designer 15 所提供的库中无法找到该元器件，如图 4-19 所示。

双击【projects】面板中我们在 4.2 小节中创建原理图元件库文件"简易 PLC 编程单片机控制板.SchLib"。打开原理图元件库文件编辑界面。执行命令【工具】/【文档选项】命令，打开【库编辑器工作台】对话框，如图 4-20 所示。

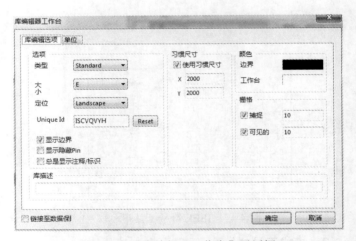

图 4-19　查找"STC12C2052AD"　　　　图 4-20　【库编辑器工作台】对话框
　　　　　结果显示

在该对话框中有两个标签页，分别是【库编辑选项】和【单位】标签页，主要是设置原理图元件库文件的一些属性。

在【库编辑选项】标签页中有包含五大块选项区域，分别为【选项】【习惯尺寸】【颜色】【栅格】和【库描述区域】。

【选项】区域，在该选项区域中用来按照一定的标准设置图纸的类型及大小，并包含一个【显示掩藏 Pin】复选框，用来设置是否显示库元器件的隐藏管脚。当该复选框处于选中状态，则元器件的隐藏管脚将被显示出来。

【习惯尺寸】区域，是用户来设置图纸的自定义大小。选中该复选框，可以在该区域中的"X"、"Y"文本栏中输入自定义图纸的高度和宽度。

【库描述】文本编辑栏，用来输入对原理图库文件的说明。用户根据自己创建的库文件的特性，在该本文编辑栏中输入必要的说明，以便在进行元器件库查找时，提供相应的帮助。

【颜色】区域，用来设置图纸的边界颜色和背景颜色。

【栅格】区域，用来设置图纸网格的大小。

【单位】标签页，如图 4-21 所示。

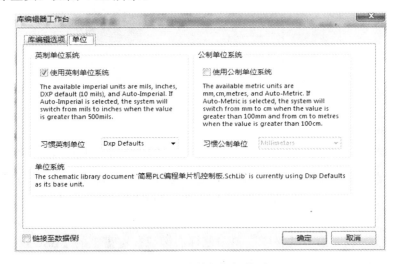

图 4-21　【单位】标签页

在该标签页中主要完成图纸所有单位的设置，这里用户可以选用英制单位和公制单位。

在完成对【库编辑器工作台】对话框的设置后，就可以开始绘制需要的元器件了。

"STC12C2052AD"采用 20 脚的 DIP 封装，绘制其原理图符号时，将其绘制成矩形。并且矩形的长应该长一点，方便管脚的放置。在放置所有管脚后，可以再调整矩形的尺寸，美化图形。

单击原理图符号绘制工具箱 中的放置矩形功能按钮，鼠标光标变为"十"字形状，并在旁边附有一个矩形框，调整鼠标位置，将矩形的左上角与原点对齐，单击鼠标左键，如图 4-22 所示。

拖动鼠标到合适位置，再次单击鼠标左键。这样就在编辑窗口的第四象限内绘制了一个矩形，如图 4-23 所示。绘制好后，单击鼠标右键或按键盘上的【ESC】按钮，就可以退出绘制状态。

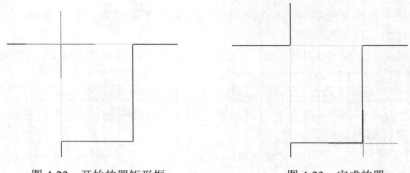

图 4-22　开始放置矩形框　　　　　　　　　图 4-23　完成放置

　　放置好矩形框后，就要开始放置元器件的管脚。单击原理图符号绘制工具箱 中的放置管脚功能按钮 ，则光标变为"十"字形状，并附有一个管脚符号，如图 4-24 所示。

　　移动鼠标将该管脚移动到矩形边框处，单击鼠标左键即完成一个管脚的放置，如图 4-25 所示。

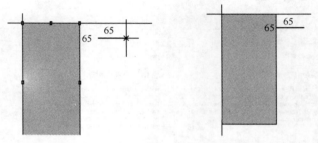

图 4-24　准备放置管脚　　　　　　　图 4-25　完成一个管脚的放置

　　需要强调，在放置管脚时，应确保具有电气特性的一端朝外。这可以通过在放置管脚时按【空格】键，旋转管脚来实现。在图 4-25 中，管脚的放置是正确的，管脚的错误放置如图 4-26 所示。

　　重复上述过程，放完所有的管脚，单击鼠标右键或按键盘上的【ESC】按钮，就可以退出绘制状态，绘制好的器件模型如图 4-27 所示。

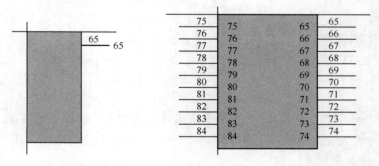

图 4-26　管脚的错误放置　　　　　　图 4-27　完成所有管脚的放置

　　双击放置好的管脚，则系统会弹出如图 4-28 所示的【Pin 特性】对话框，在该对话框中可以完成管脚的各项属性设置。

98

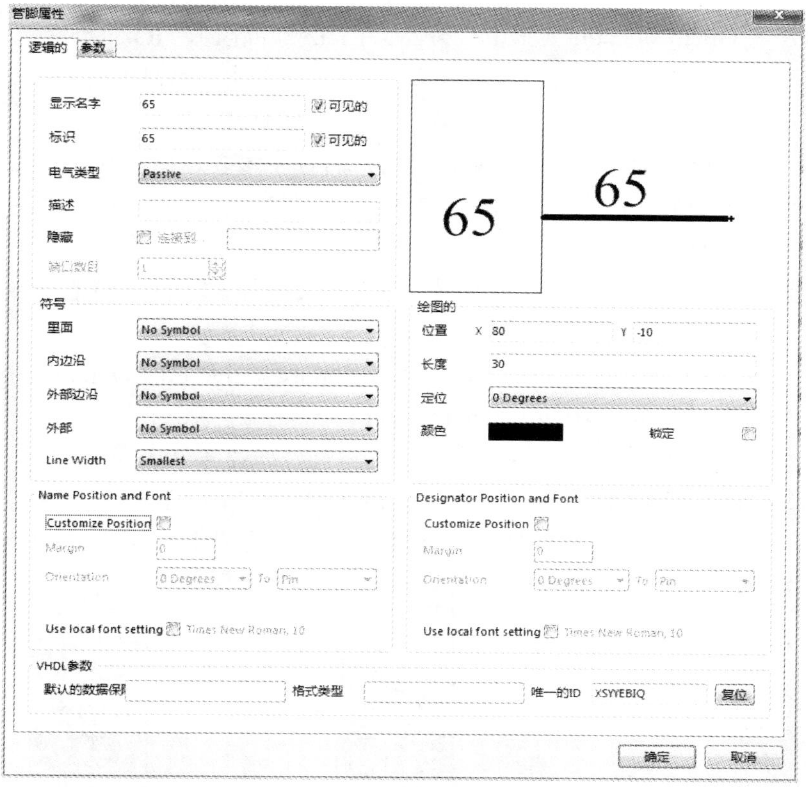

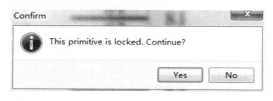

图 4-28　【Pin 特性】对话框

现在介绍该对话框各属性的含义。

【显示名称】：用于对库元器件管脚命名，在该文本编辑栏中输入其管脚的功能名称。

【标识】：用于设置管脚的编号，其编号应与实际的管脚编号相对应。

在这两项属性后，各有一个【可视】复选框，选中：【显示名称】【位号】所设置的内容将会在图中显示出来。

【绘图的】：该区域用于设置该管脚位置、长度、颜色和是否锁定该管脚。选中【锁定】复选框后，该管脚被锁定。在编辑窗口中，要移动该管脚时，系统将会弹提示框，如图 4-29 所示。

图 4-29　系统提示框

单击【Yes】按钮，可以在编辑窗口中移动该管脚。

以上三个属性是必须进行设置的。

【电气类型】：用于设置库元器件管脚的电气特性。单击右侧下拉菜单按钮可以进行选择设置。其中包括："Input"（输入管脚）、"Output"（输出管脚）、"Power"（电源管脚）、"Emitter"

（三极管发射极）、"OpenCollector"（集电极开路）、"HiZ"（高阻）、"IO"（数据输入）、"Passive"（不设置电气特性）。这里一般选择"Passive"，表示不设置电气特性。

【描述】：该文本编辑框用于输入描述库元器件管脚的特性信息。

【隐藏】：该复选框用于设置是否隐藏该管脚。若选中该复选框，则表示隐藏该管脚，即该管脚在原理图中不会显示出来。同时，其右侧的【连接到】文本编辑栏被激活。在其中应输入与该管脚连接的网络名称。

在符号设置区域中，包含五个选项设置，分别是【里面】【内边沿】【外部边沿】【外部】【Line Width】。每项设置都包含一个下拉菜单。

常用的符号设置包括：Clock、Dot、Active Low Input、Active Low Output、Right Left Signal Flow、Left Right Signal Flow、Bidirectional Signal Flow。

【Clock】：表示该管脚输入为时钟信号。其管脚符号如图 4-30 所示。

【Dot】：表示该管脚输入信号取反。其管脚符号如图 4-31 所示。

【Active Low Input】：表示该管脚输入有源低信号。其管脚符号如图 4-32 所示。

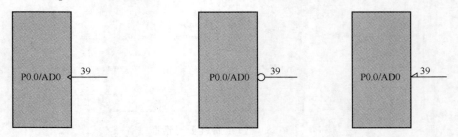

图 4-30　时钟信号管脚符号　　图 4-31　Dot 管脚符号　　图 4-32　有源低输入信号管脚符号

【Active Low Output】：表示该管脚输出有源低信号。其管脚符号如图 4-33 所示。

【Right Left Signal Flow】：表示该管脚的信号流向是从右到左的。其管脚符号如图 4-34 所示。

【Left Right Signal Flow】：表示该管脚的信号流向是从左到右的。其管脚符号如图 4-35 所示。

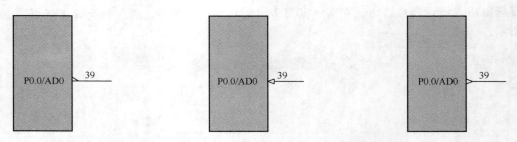

图 4-33　有源低输出信号管脚符号　图 4-34　信号流向从右到左管脚符号　图 4-35　信号流向从左到右管脚符号

【Bidirectional Signal Flow】：表示该管脚的信号流向是双向的。其管脚符号如图 4-36 所示。

需要指出，设置管脚名称时，若引线名上带有横线（如 $\overline{RESET}$），则设置时应在每个字母后面加反斜杠，表示形式"R\E\S\E\T"，设置效果如图 4-37 所示。

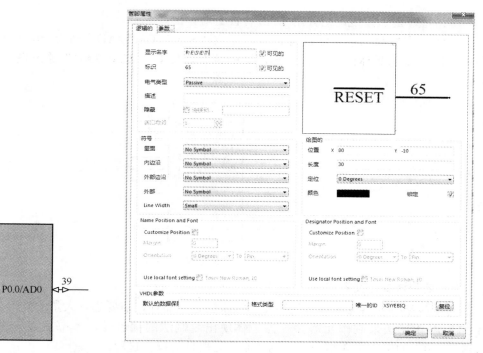

图 4-36 信号流向为双向的管脚符号 　　　图 4-37 设置带有取反符号的管脚

这里以"STC12C2052AD"元器件的管脚一为例，完成管脚特性设置后，【Pin 特性】对话框如图 4-38 所示。

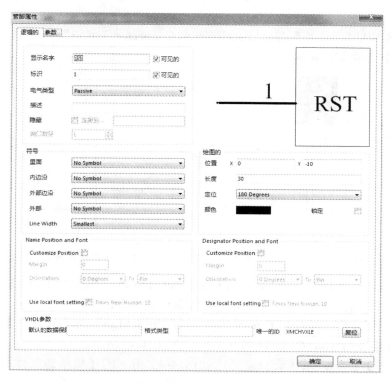

图 4-38 完成设置的【Pin 特性】对话框

101

单击【确定】按钮，则关闭【Pin 特性】对话框。

其他管脚按照上述方法进行设置，完成"STC12C2052AD"所有 20 个管脚设置后，并根据原理图的具体情况进行管脚位置的调整，"STC12C2052AD"原理图符号如图 4-39 所示。

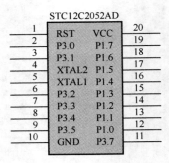

图 4-39 绘制完成的库元器件

2．复制法制作元器件

对于复杂的元器件来说，使用复制法来创建元器件，需要进行大量的修改工作。这样还不如使用新建法来制作元器件。为了体现出复制法的优越性，本书就以一个简单元器件（DS18B20）的例子来介绍一下复制法制作元器件的操作过程。

"DS18B20"是一个温度测量元件，它可以将模拟温度量直接转换成数字信号量输出，便于其与其他设备相连。广泛应用于工业测温系统。首先看一下 DS18B20 的元件外观，如图 4-40 所示。其采用 TO-29 封装。其中 1 脚接地，2 脚为数据输入/输出端口，而 3 脚为电源管脚。

经观察 DS18B20 元件外观与"Miscellaneous Connectors.IntLib"中的"Header 3"相像，"Header 3"元件外观如图 4-41 所示。

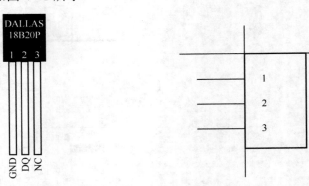

图 4-40   DS18B20 元件外观　　　　　　图 4-41   元件"Header 3"外观

把系统给出的库文件"Miscellaneous Connectors.IntLib"中的"Header 3"复制到所创建的原理图库文件"简易 PLC 编程单片机控制板.SchLib"中。

打开原理图库文件"简易 PLC 编程单片机控制板.SchLib"。执行【文件】/【打开】命令，找到库文件"Miscellaneous Connectors.IntLib"，如图 4-42 所示。

单击【打开】按钮，系统会自动弹出如图 4-43 所示的【摘录源文件或安装文件】提示框。

102

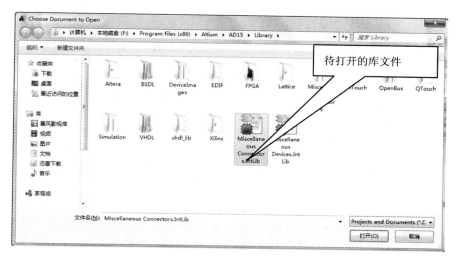

图 4-42　打开现有库文件

图 4-43　【摘录源文件或安装文件】提示框

单击【摘取源文件】按钮，在【Projects】面板上将会显示出该库所对应的原理图库文件"Miscellaneous Connectors.IntLib"，如图 4-44 所示。双击【Projects】面板上的原理图库文件"Miscellaneous Connectors.IntLib"，则该库文件被打开。

图 4-44　打开现有的原理图库文件

在【SCH Library】面板的元器件栏中显示出了库文件"Miscellaneous Connectors.IntLib"的所有库元器件，如图 4-45 所示。

选中库元器件"Header 3"，执行【工具】/【复制器件】命令，如图 4-46 所示，则系统弹出【Destination Library】选择对话框，如图 4-47 所示。

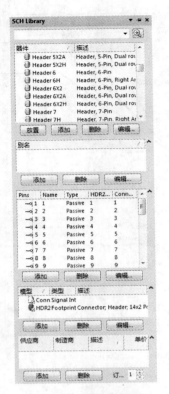

图 4-45　库文件器件列表

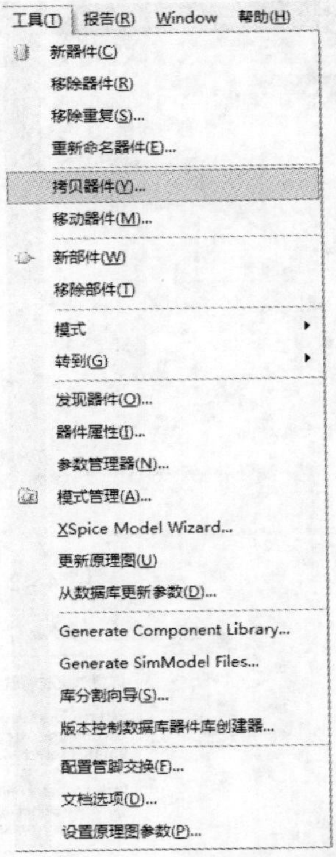

图 4-46　【工具】/【复制器件】命令

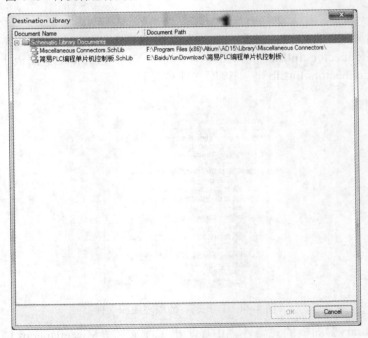

图 4-47　【Destination Library】选择对话框

选择原理图库文件"简易 PLC 编程单片机控制板.SchLib",单击【OK】按钮,关闭选择对话框。打开原理图库文件"简易 PLC 编程单片机控制板.SchLib",可以看到库元器件"Header

3"已被复制到该原理图库文件中，如图 4-48 所示。

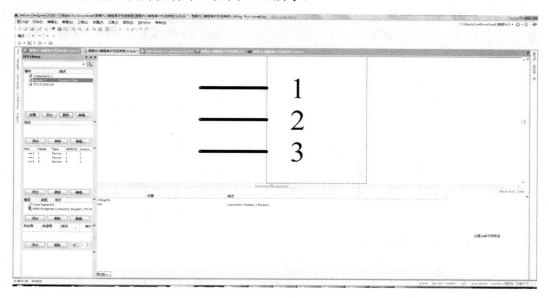

图 4-48　完成库元器件的复制

执行【工具】/【重新命名器件】命令，系统会弹出【Rename Component】对话框，如图 4-49 所示。

在文本编辑栏内写入器件的新名称。更改名称后，再将原来器件的描述信息删除。通过【SCH Library】面板可以看到，修改名称后的库元器件。如图 4-50 所示。

单击鼠标左键，选中元件绘制窗口的矩形框，则在矩形框的四周出现如图 4-51 所示的拖动框。

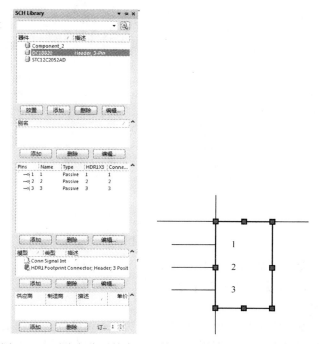

图 4-49　【Rename Component】对话框　　　图 4-50　更改名称后的库元器件　　图 4-51　改变矩形框的大小

改变矩形框到合适尺寸，如图 4-52 所示。

接着调整管脚的位置。将鼠标放置到管脚上，拖动鼠标，在期望放置管脚的位置释放鼠标，即可改变管脚的位置，如图 4-53 所示。双击 1 号管脚，将弹出【管脚特性】对话框，如图 4-54 所示。

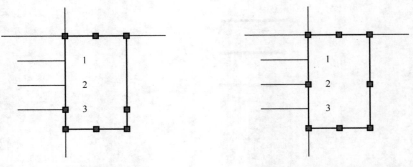

图 4-52　更改矩形框尺寸　　　　　　　　图 4-53　改变管脚位置

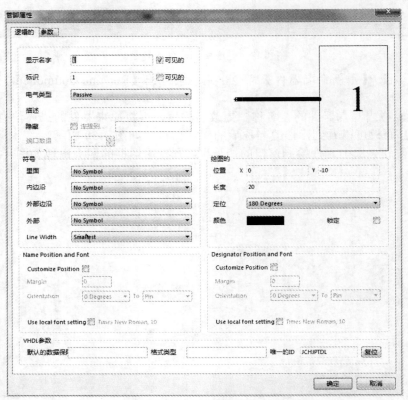

图 4-54　【管脚特性】对话框

设置【显示名字】为 GND，设置【标识】为 1，设置管脚的电气类型为 Power，设置【显示名字】、【标识】均为可见的，管脚长度为 30，其他选项采用系统默认设置，如图 4-55 所示。

设置完成后，单击【确定】按钮完成设置。编辑后的管脚如图 4-56 所示。

按照上述方法编辑其他管脚，完成所有编辑后如图 4-57 所示。

106

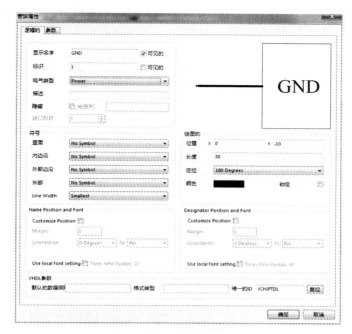

图 4-55　设置【管脚特性】对话框

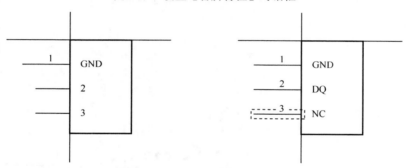

图 4-56　编辑后的管脚　　　　　　图 4-57　编辑好的元件管脚

单击图标，将绘制好的原理图符号进行保存。

3．创建复合元器件

有时一个集成电路会包含多个门电路，比如 7400 芯片集成了四个与非门电路。这一小节将介绍如何创建这种元器件。在原理图库文件编辑环境，执行【工具】/【新器件】菜单命令，如图 4-58 所示。

系统会弹出【New Component Name】对话框，默认的器件名为"Component_2"。输入器件名称"7400"如图 4-59 所示。单击【确认】按钮，在原理图库文件中，添加了该新器件，如图 4-60 所示。

在 IEEE 工具箱中选中一个与门逻辑符号，将其放置到原理图库文件的编辑环境中，如图 4-61 所示。

双击该符号，系统会弹出【IEEE 符号】对话框，如图 4-62 所示。

对该符号进行修改，改变其线宽为"Small"，如图 4-63 所示。

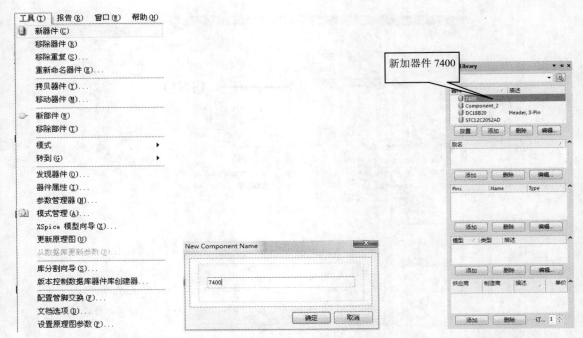

图 4-58　菜单命令【工具】　图 4-59　【New Component Name】对话框　图 4-60　【SCH Library】面板
　　　/【新器件】

图 4-61　放置与门符号　　　图 4-62　【IEEE 符号】对话框　　图 4-63　设置 IEEE 符号线宽

用前面介绍的方法，为器件添加五个管脚，如图 4-64 所示。

设置这些管脚的管脚名都为不可见。管脚 1 和管脚 2 的电气类型为"Input"，管脚 3 的电气类型为"Output"，同时其符号类型为"Dot"。电源管脚（管脚 14）和接地管脚（管脚 7）都是隐藏的管脚。这两个管脚对所有的功能模块是共用的，因此只需设置一次。这里以 7 管脚为例说明如何设置隐藏的管脚。

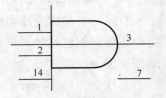

图 4-64　添加器件管脚

双击打开管脚 7 的属性对话框，在显示名称栏中输入管脚名称"GND"。在电气类型下拉菜单中选中"Power"选项，选中【隐藏】复选框，在【连接到】文本编辑框中输入"GND"。设置好的管脚属性对话框，如图 4-65 所示。

管脚 14 的设置方法一样，只需将管脚名称改成"VCC"，连接到改成"VCC"即可。创建完成的原理图库文件，如图 4-66 所示。

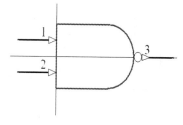

图 4-65　设置好的管脚属性对话框　　　　　　图 4-66　创建的与非门电路

为创建新的器件部件，选中新创建的器件"7400"，后执行【编辑】/【选中】/【全部】菜单命令。然后执行【编辑】/【复制】菜单命令，将所选定的内容复制到粘贴板中。

执行【工具】/【新部件】菜单命令，如图 4-67 所示。

原理图库文件编辑环境，将切换到一个空白的元件设计区。同时在【SCH Library】面板的器件库中自动创建 Part A 和 Part B 两个子部件，如图 4-68 所示。

图 4-67　【工具】/【新部件】菜单

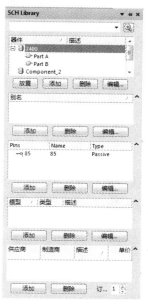

图 4-68　【SCH Library】面板

在【SCH Library】面板中选中 Part B 部件，执行【编辑】/【粘贴】菜单命令，光标变

109

成所复制的器件轮廓，如图 4-69 所示。

在新建器件 Part B 中重新设置管脚属性，设置完成的 Part B 如图 4-70 所示。按照上述步骤，分别创建 Part C 和 Part D 部件，结果如图 4-71 所示。

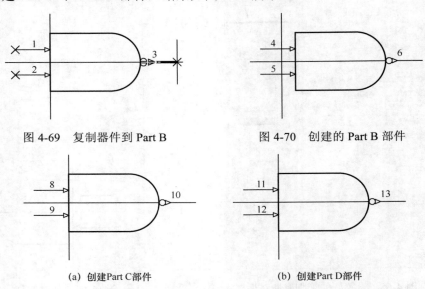

图 4-69　复制器件到 Part B　　　　　图 4-70　创建的 Part B 部件

（a）创建Part C部件　　　　　　　（b）创建Part D部件

图 4-71　创建 Part C 和 Part D 部件

在【SCH Library】面板中单击所创建的器件 7400，单击【编辑】按钮。系统会弹出【Library Component Properties】对话框，在【Default Designator】文本编辑栏中输入"U?"如图 4-72 所示。

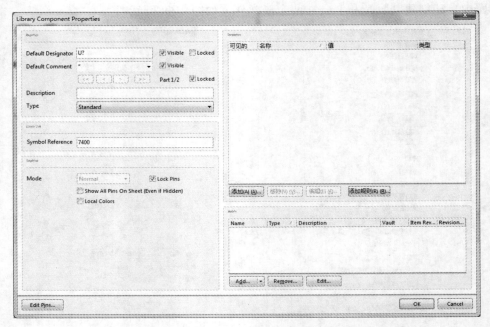

图 4-72　【Library Component Properties】对话框

单击 按钮，保存创建的器件。

4.4 为 PCB 元件库添加元器件

4.4.1 PCB 元件库文件编辑界面

在【Projects】面板中双击 4.2 节中添加的"简易 PLC 编程单片机控制板.PcbLib"文件，就会启动 PCB 元件库文件的编辑环境，如图 4-73 所示。

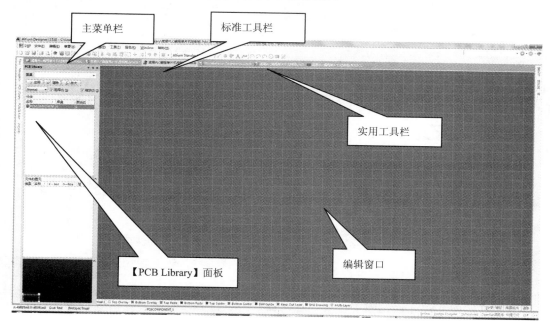

图 4-73　PCB 元件库文件编辑环境

通过与原理图元件库文件的编辑环境相比较，不难发现二者除了在编辑窗口有很大差别外，最大的不同就是在实用工具栏和【PCB Library】面板。由于前面已经对主菜单和标准工具栏做过详细的介绍，这里主要介绍实用工具栏和【PCB Library】面板。

1. 实用工具栏

在该工具栏中主要包含了制作 PCB 元件库时所需要的图形表达方式，包括 PCB 元件的边框线的绘制、焊盘的放置、文本标识的放置和各种曲线边框的放置等，具体如图 4-74 所示。

图 4-74　实用工具栏

2.【PCB Library】面板

该控制面板用于对 PCB 元件库的编辑进行管理，【PCB Library】面板，如图 4-75 所示。

（1）元器件列表：在该栏中列出了当前所打开的 PCB 元件库文件中的所包含的元器件，

包括元器件的封装名称及焊盘数量等相关的描述。在元器件列表区域中单击鼠标右键，会弹出一个快捷菜单，如图 4-76 所示。

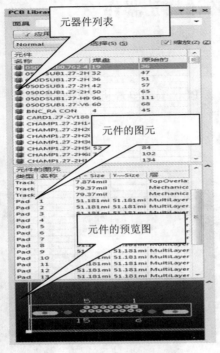

图 4-75　【PCB Library】面板

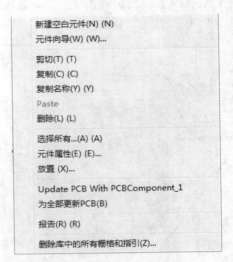

图 4-76　元器件列表右击菜单

在该菜单中，用户可以对所打开的 PCB 元件库进行维护，包括添加新的空白元件、删除已有的元件、元件属性的维护等。

（2）元件的图元：在该栏中可以看到各元器件所包含的元素信息，包括元器件的边框和焊盘信息。

（3）元件的预览图：在该区域中，用户可以看到 PCB 元器件在 PCB 文件中的预览效果。

4.4.2　制作元件封装

对于那些在 PCB 库中找不到的元件封装，就需要用户对元器件精确测量后手动的制作出来。制作元件封装共有三种方法，分别为使用 PCB 元器件向导制作元器件封装、手工绘制元器件封装、采用编辑的方式制作元器件。

1. 使用 PCB 元器件向导制作器件封装

Altium Designer 15 系统为用户提供了一种简便快捷的元器件封装制作方法，即使用 PCB 元器件向导。用户只需按照向导给出的提示，逐步输入元器件的尺寸参数，即可完成封装的制作。

首先以电容为例说明制作封装 RB2.1-4.22（电容封装格式 R 圆形、两孔间距 2.1mm、直径 4.22mm）的过程，使用 4.2 小节中创建的 PCB 库文件"简易 PLC 编程单片机控制板.PcbLib"，双击【Projects】面板中"简易 PLC 编程单片机控制板.PcbLib"文件，如图 4-77 所示。

同时进入到 PCB 库文件编辑环境中，Altium Designer 15 提供两种进入【PCB 元件向导】的方式：

（1）执行【工具】/【元器件向导】菜单命令，如图 4-78 所示。

图 4-77　进入 PCB 元件库文件　　　　图 4-78　【工具】/【元器件向导】菜单

（2）在【PCB Libray】面板的元器件封装栏中，单击鼠标右键，执行右键菜单中的的【元件向导】命令，如图 4-79 所示。

即可打开元器件向导窗口，如图 4-80 所示。

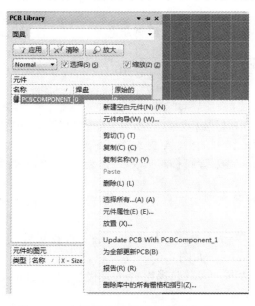

图 4-79　右键【元件向导】菜单命令　　　　图 4-80　进入 PCB 元器件向导

单击【下一步】按钮，则进入元器件选型窗口，根据设计时的需要，在 12 种可选的封装模型中选择一种合适的封装类型。这里以电容封装 RB2.1-4.22 为例演示如何使用【PCB 器件向导】建立 PCB 元件封装，所以选择"Capacitors"，并选择单位为"Metric（mm）"，如图 4-81 所示。

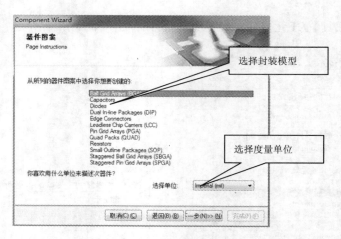

图 4-81 选择封装模型及单位

系统给出的封装模型有 12 种，分别如下。

（1）all Grid Arrays（BGA）：球型栅格列阵封装，是一种高密度、高性能的封装形式。

（2）【Capacitors】：电容型封装，可以选择直插式或贴片式封装。

（3）【Diodes】：二极管封装，可以选择直插式或贴片式封装。

（4）【Dual In-line Packages（DIP）】：双列直插型封装，是最常见的一种集成电路封装形式。其管脚分布在芯片的两侧。

（5）【Edge Connectors】：边缘连接的接插件封装。

（6）【Leadless Chip Carriers（LCC）】：无引线芯片载体型封装，其管脚紧贴于芯片体，在芯片底部向内弯曲。

（7）【Pin Grid Arrays（PGA）】：管脚栅格列阵式封装，其管脚从芯片底部垂直引出，整齐的分布在芯片四周。

（8）【Quad Packs（QUAD）】：方阵贴片式封装，与 LCC 封装相似，但其管脚是向外伸展，而不是向内弯曲的。

（9）【Resistors】：电阻封装，可以选择直插式或贴片式封装。

（10）【Small Outline Packages（Sop）】：是与 DIP 封装相对应的小型表贴式封装，体积较小。

（11）【Staggered Ball Grid Arrays（SBGA）】：错列的 BGA 封装形式。

（12）【Staggered Pin Grid Arrays（SPGA）】：错列管脚栅格阵列式封装，与 PGA 封装相似，只是管脚错开排列。

选择好后，单击【下一步】按钮，进入电容器类型的选择，可以选择"Through Hole"和"Surface Mount"，如图 4-82 所示。

这里选择"Through Hole（过孔式电阻）"，单击【下一步】按钮，进入焊盘尺寸设置对话框。根据数据手册，将焊盘的直径设为"0.42mm"，如图 4-83 所示。

单击【Next】按钮，进入电容的外型确定对话框。这里选择电容是有极性的（Polarised）、电容的安装类型是圆形（Radial），如图 4-84 所示。

单击【Next】按钮，进入外环半径的设定和边界线宽的设定。这里将外环半径设置为"2.11mm"，线宽采用系统默认值，如图 4-85 所示。

单击【Next】按钮，进入设定封装名称对话框。在文本编辑栏内输入封装的名称，这里将该封装命名为"RB2.1-4.22"，如图 4-86 所示。

单击【Next】按钮，弹出封装制作完成对话框，如图 4-87 所示。

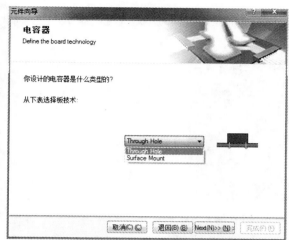

图 4-82 封装类型选择

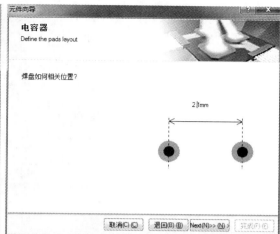

图 4-83 焊盘尺寸设定

图 4-84 定义外形对话框

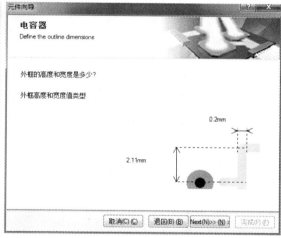

图 4-85 设置外环半径和边界线宽对话框

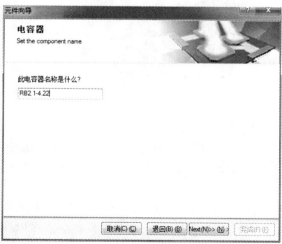

图 4-86 设定封装名称

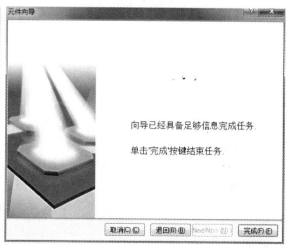

图 4-87 完成封装制作

单击【完成】按钮，退出 PCB 元器件向导。在 PCB 库文件编辑窗口内，显示出了所制作的元器件封装，如图 4-88 所示。

图 4-88　制作完成的 RB2.1-4.22 封装

执行【文件】/【保存】命令，保存制作好的封装 RB2.1-4.22。

2．手工绘制器件封装

使用 PCB 元器件向导可以完成多数常用标准元器件封装的创建，但有时会遇到一些特殊的、非标准的元器件，无法使用 PCB 元器件向导来创建封装，此时就需要手工进行绘制，手工绘制元器件封装的流程，如图 4-89 所示。

以下以 Mini-USB（A 型）封装为例，介绍手工绘制器件封装的过程。Mini-USB（A 型）共有 5 个管脚，封装类型为 SMT 贴片，实物和尺寸数据如图 4-90 和图 4-91 所示。

图 4-89　绘制元器件封装流程　　　　　　　　图 4-90　Mini-USB 实物

在本例中期望的元件封装如图 4-92 所示，因此，用户需要表 4-1 所列的数据。

得到数据后，用户需要使用相关数据创建元件。使用元件创建向导进行新元件的创建时，一般是不需要事先进行参数设置的，而对于采用手工创建一个新元件时，用户最好事先进行版面和系统的参数设置，然后再进行新元件的绘制。

打开已创建的库文件并创建一个新的 PCB 封装元件，可以看到在【PCB Library】面板的元器件封装栏中已有一个空白的封装"PCBCOMPONENT_1"，单击该封装名，就可以在编辑窗口内绘制所需封装了。

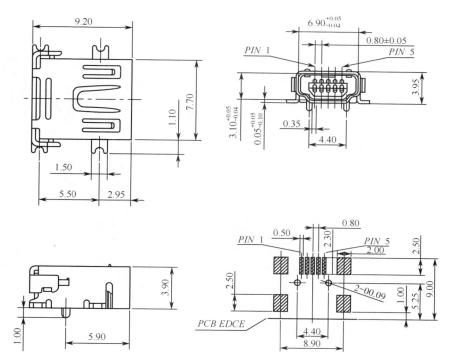

图 4-91　Mini-USB 尺寸数据

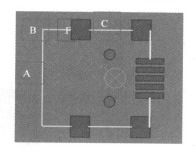

图 4-92　期望的元件封装形式

表 4-1　用户创建 Mini-USB 时需要的数据

标号（见图 4-93）	mil		
	Min（最小值）	Type（典型值）	Max（最大值）
A（长度）	349	350	351
B（长度）	98	99	100
C（长度）	149	150	151
D（长度）	99	100	101
E（长度）	99	100	101
F（长度×宽度）	66×69	67×70	68×71
焊盘（长度×宽度）	93×15	94×16	95×17
焊盘间距	7	8	9

单击板层标签中的"Top Overlay"，将顶层丝印层设置为当前层。执行【编辑】/【设置参考】/【定位】菜单命令，如图 4-93 所示。设置 PCB 库文件编辑环境的原点。设置好的参

考点如图 4-94 所示。

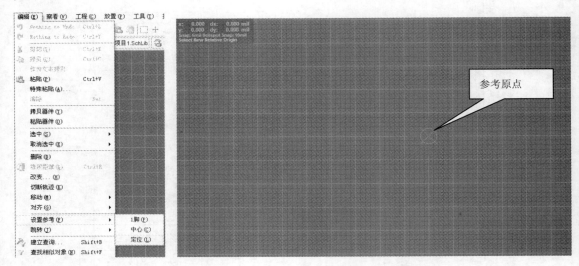

图 4-93 菜单命令【编辑】/【设置　　　　　图 4-94 设置编辑环境的参考原点
　　　　参考】/【定位】

　　单击【PCB 库配线】工具栏中的 图标，根据设计要求绘制元器件封装的外形轮廓，通过查找技术手册可知，元器件的长为 350mil，所以绘制一条长为 350mil 的直线，如图 4-95 所示。

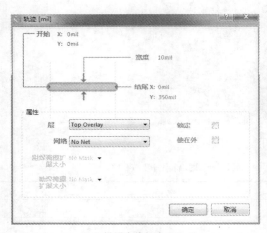

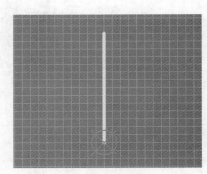

（a）设置直线长为 350mil　　　　　　　　　　（b）绘制好的直线段

图 4-95 绘制 350mil 的直线

　　元件 B 段宽度为 99mil，因此单击 PCB 放置工具中的放置直线工具后，在线段上双击鼠标，设置长度为 99mil 的线段，如图 4-96 所示。

　　设置完成后，按下【确认】按钮确认设置。结果如图 4-97 所示。

　　单击板层标签中的 "Top Layer"，将顶层设置为当前层。单击【PCB 库配线】工具栏中的 图标，根据表 4-1 所提供的元件尺寸，放置尺寸为 67mil×70mil 的填充物，如图 4-98 所示。

118

图 4-96 设置器件元件 B 段长度

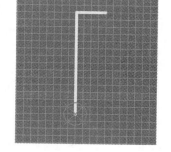

图 4-97 绘制元件 B 段

单击【确定】按钮，绘制完成的效果如图 4-99 所示。

元件 C 段宽度为 150mil，单击 PCB 放置工具中的放置直线工具后，在线段上双击鼠标，设置长度为 150mil 的线段。放置完元件 C 段后的效果如图 4-100 所示。

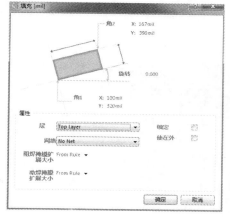

图 4-98 绘制 F 块填充物

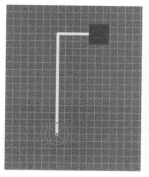

图 4-99 绘制 F 块填充物效果

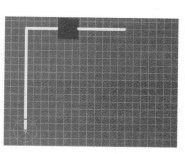

图 4-100 元件 C 段完成效果

按照上述方式，完成除绘制焊盘外的所有绘制工作后，效果如图 4-101 所示。接下来就要绘制焊盘了，单击【PCB 库配线】工具栏中的◎图标，如图 4-102 所示。

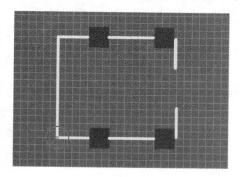

图 4-101 除绘制焊盘外的绘制效果

图 4-102 配线工具栏

放下焊盘后，双击焊盘，设置其坐标位置及焊盘的外形和尺寸大小，如图 4-103 所示。现在介绍一下该对话框各区域属性的含义，在焊盘对话框中，主要有七个可配置区域。

【位置】区域：该区域的属性，是通过对 X 和 Y 的坐标设置来定位焊盘的位置。

【尺寸和外形】区域：用于设置焊盘的外形和焊盘的大小。外形下拉菜单中，有四种可供选择的焊盘外形，分别为 Round（圆形）、Rectangular（矩形）、Octagonal（八角形）和 Rounded Rectangle（圆角矩形）。这里选择 Rectangular（矩形）焊盘。

【属性】区域：标识用于设置管脚号，层用于设置该焊盘属于 PCB 的哪一层，在本例中，设置焊盘属于顶层。

其他区域采用默认设置即可。设置完成后，单击【确认】按钮确认设置，结果如图 4-104 所示。按照上述方式放置另外四个焊盘。已知两个焊盘的间距为 8mil，因此另外四个焊盘可按图 4-105 所示设置。

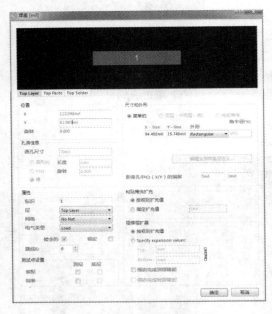

图 4-103　设置焊盘对话框

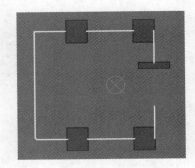

图 4-104　完成设置的焊盘

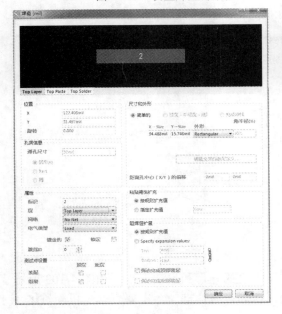

120

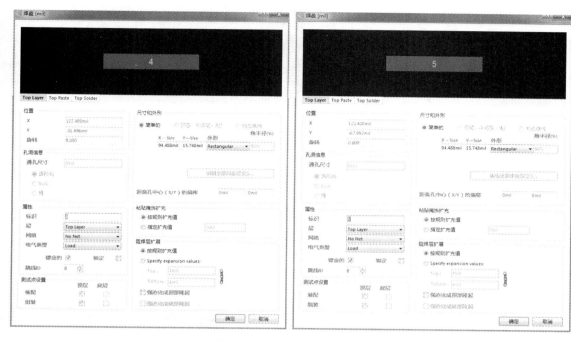

图 4-105　设置另外四个焊盘

设置完成后，单击【确认】按钮确认设置，结果如图 4-106 所示。

自此，Mini-USB 元件封装制作完成，执行【工具】/【元件属性】命令，在弹出的对话框中，可以对刚绘制好的元器件进行命名。如图 4-107 所示。

在对话框中键入 Mini-USB 字段后，单击【确认】按钮，完成重命名操作，结果如图 4-108 所示，单击保存按钮完成 Mini-USB PCB 元件的设计。

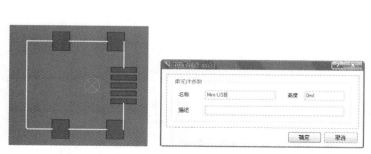

图 4-106　绘制好的 TO220 封装　图 4-107　【PCB 库元件】对话框　　图 4-108　重命名封装

3. 采用编辑方式制作元件封装

二极管 1N4148 的元件实物图及其尺寸图如图 4-109 所示，其管脚编号如图 4-110 所示。

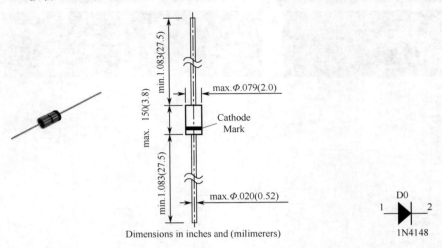

图 4-109　二极管 1N4148 元件实物图及其尺寸图　　　图 4-110　1N4148 管脚编号

从 1N4148 的元件外观及其尺寸图可知，该二极管的 PCB 封装与 Altium Designer 15 提供的元件封装 DIODE-0.4 相近，只是在尺寸上略有不同，因此，用户可采用编辑 DIODE-0.4 的方式制作元件 1N4148 元件的 PCB 封装。

执行【文件】/【打开】命令，在弹出的【Choose Document to Open】对话框中，选择路径为："Altium Designer 15 安装目录\Library\Miscellaneous Devices\Miscellaneous Devices PCB.PcbLib"，如图 4-111 所示。

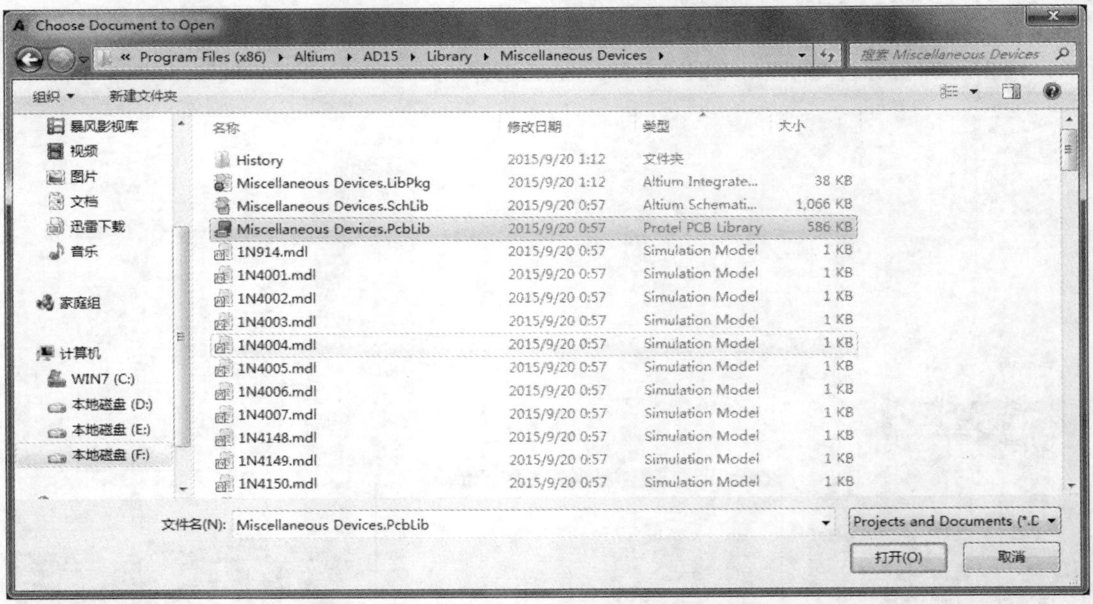

图 4-111　打开 Miscellaneous Devices PCB.PcbLib 库文件

单击【打开】按钮，打开该 Miscellaneous Devices PCB.PcbLib 库文件。

在 PCB 元件列表中查找 DIODE-0.4，结果如图 4-112 所示。

将鼠标放置到元件列表窗口中的 DIODE-0.4 上，单击鼠标右键，此时，系统将弹出如图 4-113 所示的右键菜单。

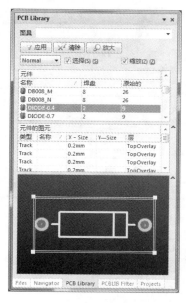

图 4-112　DIODE-0.4 封装形式

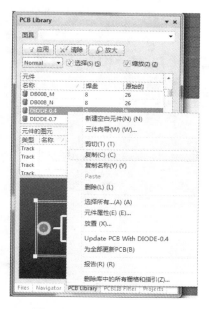

图 4-113　PCB 库的右键命令

单击其中复制选项后，将界面切换到前面建立的 PCB 库文件窗口，并在 PCB 库文件的编辑窗口内右击鼠标，如图 4-114 所示。

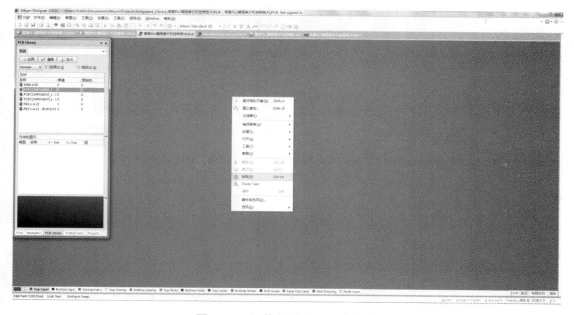

图 4-114　切换界面到 PCB 库文件

单击右键菜单中的粘贴命令，此时 DIODE-0.4 元件添加到 PCB 库文件中，结果如图 4-115 所示。

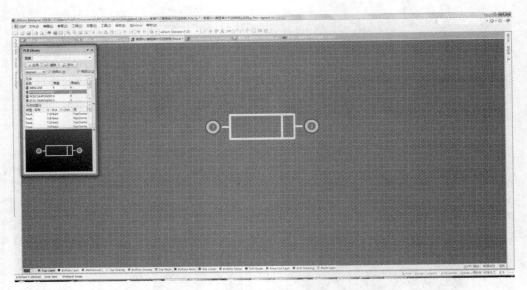

图 4-115　添加 DIODE-0.4 到 PCB 库文件

选择合适位置，放下该封装形式，如图 4-116 所示。

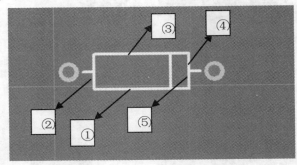

图 4-116　放下 DIODE-0.4 封装

双击图 4-116 中①号线，系统将弹出①号线的编辑对话框，如图 4-117 所示。

修改①号线的长度为 150+150×20%=180（mil），即按照图 4-118 所示编辑①号线。

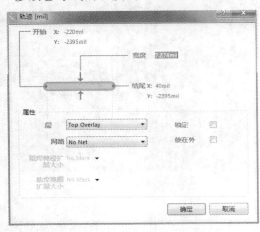

图 4-117　①号线编辑对话框

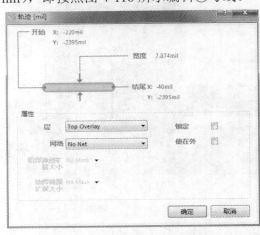

图 4-118　修改①号线属性

修改完成后，单击"确定"按钮确认修改，结果如图 4-119 所示。

按照上述方式编辑③号线为 180mil，编辑②、④、⑤号线为 80mil，结果如图 4-120 所示。移动③、④、⑤号线的位置，调整到合适位置。如图 4-121 所示。

重新命名该封装，如图 4-122 所示，执行保存命令，将创建的 PCB 文件保存到库文件中，如图 4-123 所示。

图 4-119　修改①号线

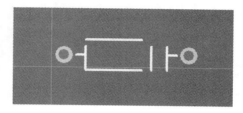

图 4-120　编辑②、③、④、⑤号线

图 4-121　调整好的新建封装形式

图 4-122　命名新建封装

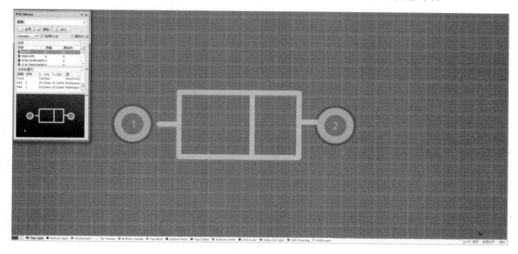

图 4-123　将元件重命名为 DO-35

需要说明，在 Altium Designer 15 中，其实有 DO-35 这种封装形式。选这个例子只是为了说明如何使用编辑的方式创建新的 PCB 库文件。

4.5　编译集成元件库

编译集成元件库，其实就是将自己所创建的集成的元件库进行打包封装，这样，用户就可以在原理图绘制过程中，通过添加该编译好的集成元件库，并调用该集成元件库中的元件，完善原理图的绘制。同时便于今后对集成元件库的管理和提供给他人使用该元件库。

在【projects】面板中，选择在 4.2 小节中创建的集成元件库，并单击鼠标右键，弹出下拉菜单，执行"Compile Integrated Library 简易 PLC 编程单片机控制板.Libpkg"菜单命令，如图 4-124 所示。

完成编译集成元件库后，在【库】面板中就可以看到该编译过的集成元件，如图 4-125 所示。

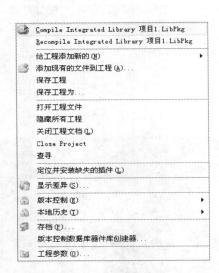

图 4-124　编译集成元件库

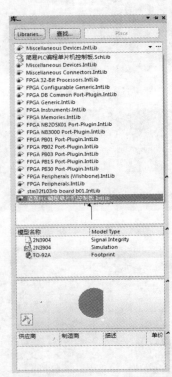

图 4-125　集成元件库编译成功

4.6　对集成元件库的操作

电路原理图是由大量的元器件构成的。电路原理图的绘制本质就是在编辑窗口内不断放置元器件的过程。但元器件的数量庞大、种类繁多，因而需要按照不同生产商及不同的功能类别进行分类，并分别存放在不同的文件内，这些专用于存放元器件的文件就是所谓的库文件。

4.6.1　库面板

【库】面板是 Altium Designer 15 系统中最重要的应用面板之一，不仅是为原理图编辑器服务，而且在 PCB 编辑器中也同样离不开它，为了更高效的进行电子产品设计，用户应当熟练的掌握。【库】面板主，如图 4-126 所示。

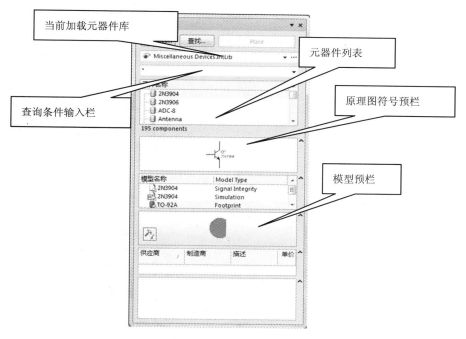

当前加载元器件库

元器件列表

原理图符号预栏

查询条件输入栏

模型预栏

图 4-126 【库】面板

（1）当前元器件库：该文本栏中列出了当前项目加载的所有库文件。单击右边的下拉按钮，可以进行选择并改变激活的库文件；

（2）查询条件输入栏：用于输入与要查询的元器件相关的内容，帮助用户快速查找；

（3）元器件列表：用来列出满足查询条件的所有元器件或用来列出当前被激活的元器件库的所包含的所有元器件；

（4）原理图符号预览：用来预览当前元器件在原理图中的外形符号；

（5）模型预览：用来预览当前元器件的各种模型，如 PCB 封装形式、信号完整性分析及仿真模型等。

在这里，【库】面板提供了对所选择的元器件的预览，包括原理图中的外形符号和 PCB 封装形式及其他模型符号，在元器件放置之前就可以先看看这个元器件大致是什么样子。另外，利用该面板还可以完成元器件的快速查找、元器件库的加载、元器件的放置等多种便捷而全面的功能。

4.6.2 加载和卸载元器件库

为了方便地把元器件相应的原理图符号放置到图纸上，一般应将包含所需要元器件的元器件库载入内存中，这个过程就是元器件库的加载。但不能加载系统包含的所有元器件库，这样就会占用大量的系统资源，降低应用程序的使用效率。所以，如果有的元器件库暂时用不到，应及时的将该元器件库从内存中移出，这个过程就是元器件库的卸载。

下面就具体介绍一下加载和卸载元器件库的操作过程。

（1）在原理图编辑环境中，执行【设计】/【添加/移除库】菜单命令，如图 4-127 所示。

则可以打开如图 4-128 所示的【Installed】对话框。

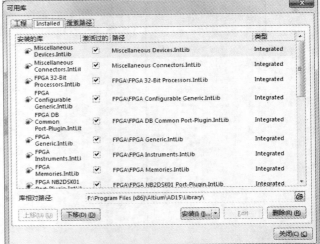

图 4-127　菜单命令【设计】/【添加/移除库】　　　　图 4-128　【Installed】对话框

（2）在【安装】标签页中单击【安装】按钮，系统则会弹出如图 4-129 所示的元器件库浏览窗口。

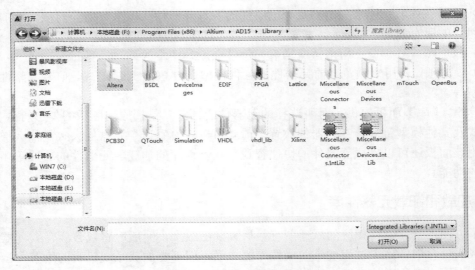

图 4-129　元器件浏览窗口

（3）在窗口中选择确定的库文件夹，打开后选择相应的元器件库。如，选择 Altera 库文件夹中的元器件库"Altera.Cyclone III.IntLib"单击【打开】按钮后，该元器件库就出现在【已安装】对话框中，完成了加载工作，如图 4-130 所示。

重复上述的操作过程，将所需要的元器件库一一进行加载。加载完毕后，单击【关闭】按钮关闭该对话框。

128

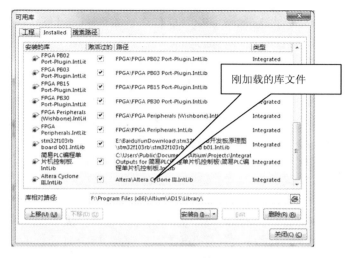

图 4-130　已加载元器件库

（4）在【已安装】对话框中选中某一不需要的元器件库，单击【删除】按钮，即可完成对该元器件库的卸载。

系统提供两种查找方式：一种是在【已安装】中进行元器件的查找；另一种是用户只知道元器件的名称，并不知道该元器件所在的元器件库名称，可以利用系统所提供的查找功能来查找元器件并加载相应的元器件库。

在原理图编辑界面中，执行【工具】/【发现器件】命令，或者在【库】面板上，单击【搜索】按钮，可以打开【搜索库】对话框。【搜索库】对话框有两种表现形式，简单类型的【搜索库】对话框和专业类型的【搜索库】对话框。简单类型的【搜索库】对话框如图 4-131 所示。

图 4-131　简单类型的【搜索库】对话框

该对话框主要分成了以下几个部分，了解每部分的用途，便于查找工作的完成。

（1）【过滤器】区域，在该区域中可以确定需要查找元器件的相关内容，包含三个下拉菜单，分别为：域、运算符和值。

域下拉菜单中包含的内容既是选择筛选的条件，比如在域下拉菜单中选择 Name，就是对元件的名字进行搜索。

运算符下拉菜单所包含的内容既是搜索条件与搜索值之间的关系，主要包含四种关系：

equals（相等）、contains（包含）、start with（以什么开始）和 end with（以什么结束）。

值下拉菜单所包含的内容既是可以选择的搜索的值，如果在域下拉菜单中选择 Name，值下拉菜单就是所有元件库中包含元件的名称。

（2）【范围】区域，用来设定查找的范围，有一个下拉菜单和两个单选框。

【在…中搜索】下拉菜单中所包含的内容是在搜索哪个类型的器件，其值包括 Components（元器件）、Footpoints（封装）、3D Models（3D 模型）和 Database Components（元件数据库）。

【可用库】单选框：选中该选项后，系统会在已加载的元器件库中查找。

【库文件路径】单选框：选中该选项后，系统按照设置好的路径范围进行查找。

（3）【路径】区域，用来设置查找元器件的路径，只有在选中【库文件路径】单选框时，该项设置才是有效的。

【路径】：单击右侧的文件夹图标，系统会弹出【浏览文件夹】窗口，供用户选择设置搜索路径，若选中下面的【包含子目录】复选框，则包含在指定目录中的子目录也会被搜索。

【文件面具】：用来设定查找元器件的文件匹配域。

在对话框的下方还有一排按钮，分别的作用为：

【查找】：单击该按钮即开始进行查找。

【清除】：单击该按钮可将【元器件库查找】文本编辑框中的内容清除干净，方便下次的查找工作。

专业类型的【搜索库】对话框，如图 4-132 所示。

该对话框与简单类型的【搜索库】对话框主要区别在于没有了过滤器区域，取而代之的是一个文本编辑框，在该文本编辑框中，按照一定了语法，可以组合出所需元件的搜索条件。

【助手】：单击该按钮，可以打开【Query Helper】对话框。在该对话框内，可以输入一些与查询内容相关的过滤语句表达式，有助于对所需的元器件快捷、精确的查找。【Query Helper】对话框，如图 4-133 所示。

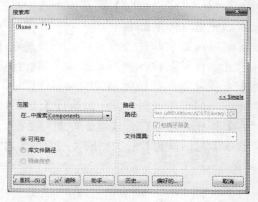

图 4-132　专业类型的【搜索库】对话框

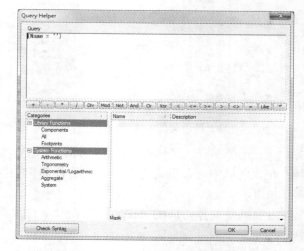

图 4-133　【Query Helper】对话框

130

【历史记录】：单击该按钮，则会打开【Expression Manager】的【History】选项卡，如图 4-134 所示。里面存放着以往所有的查询记录。

【偏好的】：单击该按钮，则会打开【Expression Manager】的【Favorites】选项卡，如图 4-135 所示，用户可将已查询的内容保存在这里，便于下次用到该元器件时可直接使用。

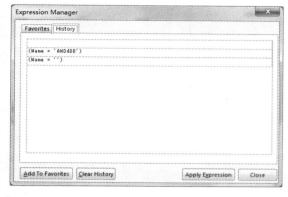

图 4-134 【History】选项卡   图 4-135 【Favorites】选项卡

下面就介绍一下，如何在未知库中进行元器件的查找并添加相应的库文件。

打开简单类型的【搜索库】对话框，设置【在…搜索】为"Components"，选中【库路径】单选框，此时【路径】文本编辑栏内显示系统默认的路径"F:\Program Files（x86）\Altium\AD15\Library\"，在【域】下拉菜单中选择"Name"，【运算符】下拉菜单选择"equals"，【值】下拉菜单中输入 CAN，设置好的【搜索库】对话框，如图 4-136 所示。

图 4-136 查找元器件设置

单击【查找】按钮后，系统开始查找元器件。在查找过程中，原来【库】面板上的【Search】按钮变成了【Stop】按钮。需要终止查找服务，单击【Stop】按钮即可。

查找结束后的【元器件库】面板如图 4-137 所示。经过查找，满足查询条件的元器件共有 1 个，它们的元器件名、原理图符号、模型名极其形式预览在面板上一一被列出。

在【元器件名称】列表框中，单击鼠标左键选中需要的元器件，如这里选中了"CAN"。在选中元器件名称上单击鼠标右键，系统会弹出一个菜单，如图 4-138 所示。

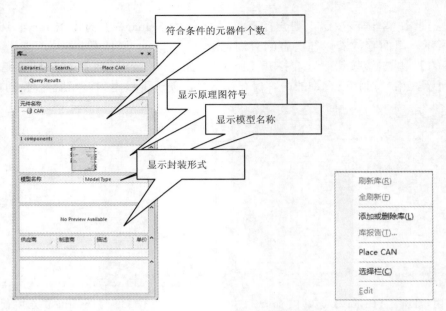

符合条件的元器件个数

显示原理图符号

显示模型名称

显示封装形式

图 4-137　元器件查找结果　　　　　　图 4-138　元器件操作菜单

执行菜单命令【PlaceCAN】或单击【库】面板上的【Place CAN】按钮，则系统弹出如

图 4-139 所示的提示框，以提示用户元器件
"CAN"所在元器件库"FPGA Peripherals.Intlib"
不在系统当前可用的元器件库中，并询问是否加
载该元器件库。

单击【是（Y）】按钮，则元器件库"FPGA
Peripherals.Intlib"被加载。此时单击【元器件库】

图 4-139　加载元器件库提示框

面板上的【器件库】按钮，可以发现在【已安装】对话框中，"FPGA Peripherals.Intlib"已被
加载成为可用元器件库，如图 4-140 所示。单击【否（N）】按钮，则只是使用该元器件而不
加载其所在元器件库。

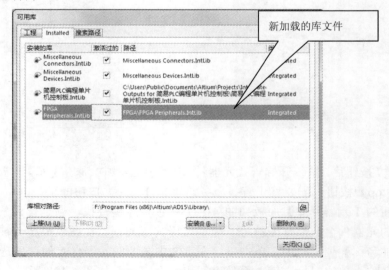

图 4-140　添加查找的库文件

132

第5章 PCB设计基础

PCB是从电路原理图变成一个具体产品的必经之路，因此，PCB设计是电子设计中最重要、最关键的一步。Altium Designer 15 PCB设计的具体流程如图5-1所示。

建立数据库文件已在原理图绘制中创建,在这里从创建PCB文件开始,其中各项的作用如下。

（1）创建PCB文件用于用户调用PCB服务器。

（2）元件制作用于创建PCB封装库中未包含的元件。

（3）规划电路板用于确定电路板的尺寸，确定PCB为单层板、双层板或其他。

（4）参数设置是电路板设计中非常重要的步骤，用于设置布线工作层、地线线宽、电源线线宽、信号线线宽等。

（5）装入元件库用于在PCB电路中放置对应的元件；而装入网络表用于实现原理图电路与PCB电路的对接。

（6）当网络表输入到PCB文件后，所有的元器件都会放在工作区的零点，重叠在一起，下一步的工作就是把这些元器件分开，按照一些规则摆放，即元件布局。元件布局分为自动布局和手动布局，为了使布局更合理，多数设计者都采用手工布局。

（7）PCB布线也分为自动布线和手动布线，其中自动布线采用无网络、基于形状的对角线技术，只要设置有关参数，元件布局合理，自动布线的成功率几乎是100%；通常在自动布线后，用户常采用Protel 99 SE提供自动布线功能调整自动布线不合理的地方，以便使电路走线趋于合理。

（8）敷铜：通常对于大面积的地或电源敷铜，起到屏蔽作用；对于布线较少的PCB层敷铜，可保证电镀效果，或者压层不变形；此外，敷铜后可给高频数字信号一个完整的回流路径，并减少直流网络的布线。

（9）输出光绘文件：光绘文件用于驱动光学绘图仪。

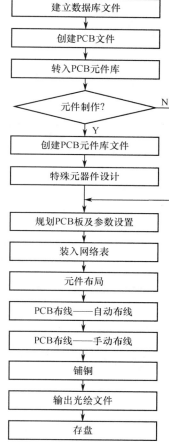

图 5-1　PCB 设计流程图

5.1　创建 PCB 文件

在Altium Designer 15系统中，可以采用两种方法来创建PCB文件，一是使用系统提供的新建电路板向导；二是通过执行相应的命令，来自行创建。下面就介绍一下这两种不同方法创建 PCB 文件的过程。

5.1.1 用电路板向导创建 PCB 文件

新建电路板向导，使得 PCB 文件的创建变得非常简单。设计既可以选择一些现成的工业标准模板，也可以快捷地设置电路板参数，创建自定义的 PCB。

（1）启动 Altium Designer 15 系统，在主页面（如图 5-2 所示）的【Files】面板内找到【从模板新建文件】中最下面的【PCB Document Wizard】，如图 5-3 所示。即可打开新建电路板向导，如图 5-4 所示。

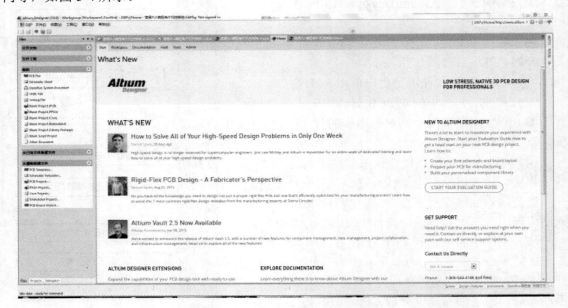

图 5-2　Altium Designer 主页面

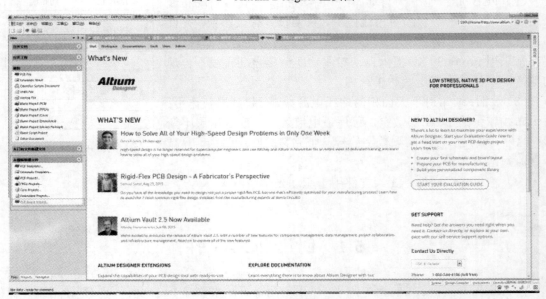

图 5-3　打开新建电路板向导

图 5-4　新建电路板向导

（2）在图 5-4 中，单击【下一步】按钮，进入 5-5 所示的窗口，提示用户选择设置 PCB 上使用的尺寸单位。系统给出的默认是英制单位，这也是 PCB 中最常用的一种度量单位。也可以选择公制单位，方便制作 PCB 库文件。这两种单位之间的关系为：1mm=39.3701mil。

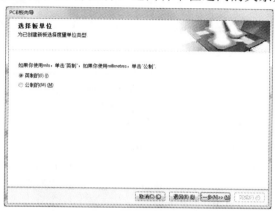

图 5-5　选择板单位

（3）单击【下一步】按钮，进入选择电路板配置文件窗口，如图 5-6 所示。可以根据设计要求，选择自己需要的电路板尺寸，这里选择"Custom"。

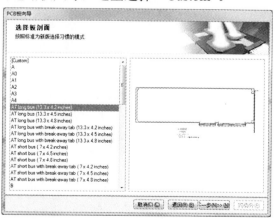

图 5-6　选择板剖面

（4）单击【下一步】按钮，进入【选择板详细信息】窗口，如图 5-7 所示。

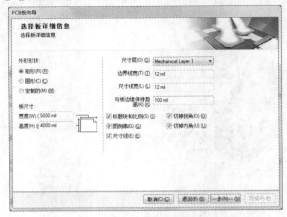

图 5-7 【选择板详细信息】窗口

在该窗口中，用户可以自行设置 PCB 的各项参数。

【外形形状】：有三个单选框按钮，分别是【矩形】、【圆形的】、【定制的】，一般选择【矩形】来完成 PCB 的设计。

【板尺寸】：由上面提到的外形形状决定扳子尺寸设置。当上面选择了【矩形】，在该项中就会出现两个文本编辑栏，分别是：宽度、高度。当选择了【圆形的】，在该项中只会出现一个文本编辑栏，在其中输入圆形的半径。当选择了【定制的】，在该项中会出现两个文本编辑栏，分别是：宽度、高度。在各文本栏中，可以输入确定的数值，来确定板子的尺寸。

【尺寸层】：单击右边的下拉按钮，选择用于尺寸标注的机械层。

【边界线宽】、【尺度线宽】：这两项一般采用系统的默认值。

【与板边缘保持距离】：一般设置为"100mil"。

【标题块与比例】：选中该复选框，系统将在 PCB 图纸上添加标题栏和刻度栏。

【图例串】：选中该复选框，系统将在 PCB 图中加入图标字符串，放置在钻孔视图层，在 PCB 文件输出时会自动转换成钻孔列表信息。

【尺寸线】：选中该复选框，工作区内将显示 PCB 的尺寸标注线。

【切掉拐角】：选中该复选框后，单击【下一步】按钮会进入【选择板切角加工】窗口，如图 5-8 所示。在该窗口中，可以完成对特殊板形设计的要求。

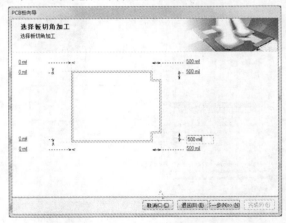

图 5-8 【选择板切角加工】窗口

【切掉内角】：选中该复选框后，单击【下一步】按钮会进入【选择板内角加工】窗口，如图 5-9 所示。在该窗口中，通过设置，可以在 PCB 的内部切除一个方形板块，满足特殊板的设计要求。

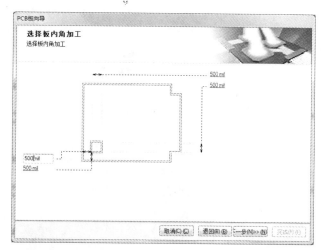

图 5-9　【选择板角加工】窗口

通过图 5-9 可以看到，左下方一组数据是用来确定方形的位置；右上方的一组数据是用来确定方形的大小，设置方形的长和宽。

（5）单击【下一步】按钮，进入选择板层设置窗口，可以分别设定信号层和内电层的曾数，如图 5-10 所示。

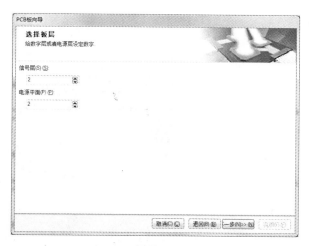

图 5-10　电路板层设置

（6）单击【下一步】按钮，进入选择过孔类型窗口，用于对过孔的设置，如图 5-11 所示。

（7）单击【下一步】按钮，进入选择元件和布线工艺窗口。用于设置所设计的 PCB 是以表贴器件为主还是以通孔元件为主。该窗口还用来设置是否在电路板两侧放置元件。如图 5-12、图 5-13 所示。

（8）单击【下一步】按钮，进入选择默认线和过孔尺寸窗口。用于设置 PCB 的最小导线尺寸，过孔尺寸及导线之间的距离和过孔孔径大小等，如图 5-14 所示。

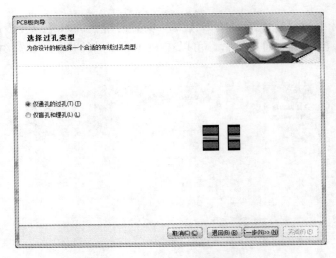

图 5-11　选择过孔类型窗口

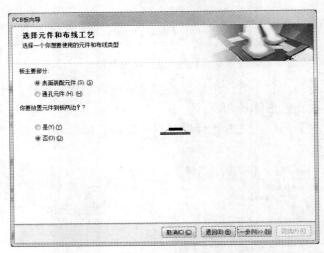

图 5-12　板子以贴片器件为主时的设置

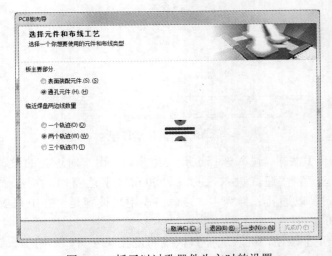

图 5-13　板子以过孔器件为主时的设置

图 5-14　选择默认线径和过孔尺寸窗口

（9）单击【下一步】按钮，进入电路板向导完成窗口，如图 5-15 所示，表示所创建 PCB 文件的各项设置已经完成。

图 5-15　完成 PCB 创建

（10）单击【完成】按钮，系统可根据前面的设置生成一个默认名为"PCB1.PcbDoc"的新 PCB 文件，同时进入了 PCB 设计环境。在 PCB 文件中执行【文件】/【另存为】命令，可以对该 PCB 文件重新命名。

5.1.2　自行创建 PCB 文件

在主页面中，执行【文件】/【新建】/【PCB】命令，则新建一个 PCB 文件。需要说明，这样创建的 PCB 文件，其各项参数均采用了系统的默认值。因此在具体设计时，还需要设计者进行全面的设置。

5.2　PCB 设计环境

在创建一个新的 PCB 文件，或打开一个现有的 PCB 文件后，则启动了 Altium Designer 15

系统的 PCB 编辑器，进入了其编辑环境，如图 5-16 所示。

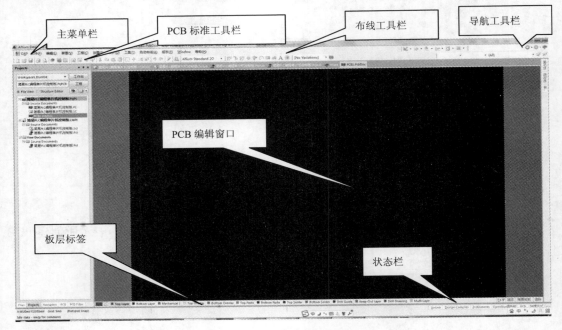

图 5-16　PCB 设计环境

5.2.1　主菜单栏

菜单栏显示了供用户选用的菜单操作，如图 5-17 所示。在 PCB 设计过程中，通过使用菜单中的菜单命令，可以完成各项操作。

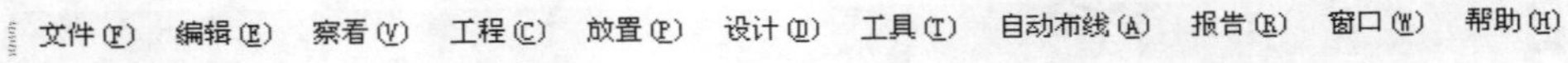

文件(F)　编辑(E)　察看(V)　工程(C)　放置(P)　设计(D)　工具(T)　自动布线(A)　报告(R)　窗口(W)　帮助(H)

图 5-17　PCB 环境中的主菜单栏

5.2.2　PCB 标准工具栏

该工具栏提供了一些基本操作命令，如打印、放缩、快速定位、浏览元器件等。其与原理图编辑环境中的标准工具栏基本相同，如图 5-18 所示。

图 5-18　PCB 标准工具栏

5.2.3　配线工具栏

该工具栏提供了 PCB 设计中，常用图元放置命令，如焊盘、过孔、文本编辑等。还包括了几种布线的方式，如交互式布线连接、交互式差分对连接、使用灵巧布线交互布线连接。如图 5-19 所示。

图 5-19　配线工具栏

140

5.2.4 过滤工具栏

使用该工具栏，根据网络、元器件标号等过滤参数，可以使符合设置的图元在编辑窗口内高亮显示，明暗的对比度和亮度则通过窗口右下方的【屏蔽层】按钮来进行调节。过滤工具栏如图 5-20 所示。

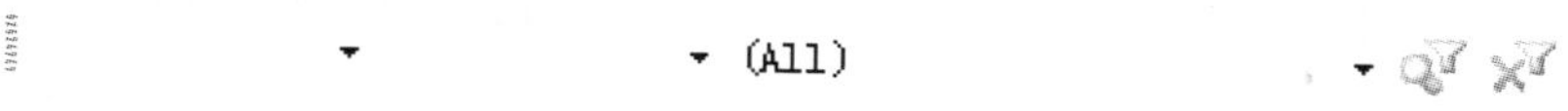

图 5-20　过滤工具栏

5.2.5 导航工具栏

该工具栏用于指示当前页面的位置，借助所提供的左、右按钮可以实现 Altium Designer 系统中所打开的窗口之间的相互切换。导航工具栏，如图 5-21 所示。

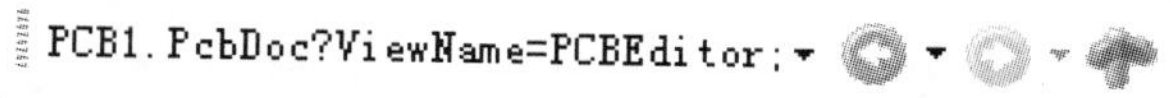

PCB1.PcbDoc?ViewName=PCBEditor;

图 5-21　导航工具栏

5.2.6 PCB 编辑窗口

编辑窗口即进行 PCB 设计的工作平台，用于进行元器件的布局、布线的有关操作。PCB 设计主要在这里完成。

5.2.7 板层标签

用于切换 PCB 工作的层面，所选中的板层的颜色将显示在最前端，如图 5-22 所示。

Top Layer　Bottom Layer　Mechanical 1　Top Overlay　Bottom Overlay　Top Paste　Bottom Paste　Top Solder　Bottom Solder　Drill Guide　Keep-Out Layer　Drill D

图 5-22　板层标签

Altium Designer 15 各板层的定义如下。

（1）顶层信号层（Top Layer）：
该层也称为元件层，主要用来放置元器件，对于双层板或多层板可以用来布线。

（2）中间信号层（Mid Layer）：
一块 PCB 中最多可有 30 层中间层，多层板的中间信号层用于信号线布放。

（3）底层信号层（Bootom Layer）：
该层也可以称为焊接层，主要用于布线及器件的焊接，有时在双层板中也可以用于放置元器件。

（4）顶部丝印层（Top Overlayer）：
用于标注元器件的投影轮廓、元器件的标号、标称值或型号及各种注释字符。

（5）底部丝印层（Bottom Overlayer）：
与顶部丝印层作用相同，如果各种标注在顶部丝印层都含有，那么底部丝印层就不需要了。

（6）内部电源层（Internal Plane）：
通常称为内电层，包括供电电源层、参考电源层和地平面信号层等。

（7）机械数据层（Mechanical Layer）：

定义设计中电路板机械数据的图层。电路板的机械板形定义通过某个机械层设计实现。

（8）阻焊层（Solder Mask—焊接面）：

有顶部阻焊层（Top solder Mask）和底部阻焊层（Bootom Solder mask）两层，是 Altium Designer 15 PCB 对应于电路板文件中的焊盘和过孔数据自动生成的板层，主要用于铺设阻焊漆。本板层采用负片输出，所以板层上显示的焊盘和过孔部分代表电路板上不铺阻焊漆的区域，也就是可以进行焊接的部分。

（9）锡膏层（Past Mask—面焊面）：

有顶部锡膏层（Top Past Mask）和底部锡膏层（Bottom Past mask）两层，它是过焊炉时用来对应ＳＭＤ元件焊点的，也是负片形式输出。板层上显示的焊盘和过孔部分代表电路板上不铺锡膏的区域，也就是不可以进行焊接的部分。

（10）禁止布线层（Keep Ou Layer）：

定义信号线可以被放置的布线区域，放置信号线进入位定义的功能范围。

（11）多层（MultiLayer）：

通常与过孔或通孔焊盘设计组合出现，用于描述空洞的层特性。

（12）钻孔数据层（Drill）：

钻孔层提供电路板制造过程中的钻孔信息（如焊盘、过孔就需要钻孔），软件提供 3 Drill gride（钻孔指示图）和 Drill Drawing（钻孔图）两个钻孔层文件，PCB 厂家配合使用这两个文件，就可以确定钻孔信息。

5.2.8 状态栏

用于显示光标指向的坐标值、所指向元器件的网络位置、所在板层和有关参数，以及编辑器当前的工作状态，如图 5-23 所示。

图 5-23 状态揽

5.3 规划电路板及参数设置

对要设计电子产品的 PCB，设计人员首先需要确定其电路板的尺寸。因此，电路板的规划也成为 PCB 制板中需要首先解决的问题。

5.3.1 边框线的设置

电路板的物理边界就是 PCB 的实际大小和形状，板形和大小的设置是在机械层面（Mechanical 1）中完成的，根据所设计的 PCB 在产品中的位置、空间的大小、形状以及与其他部件的配合来确定 PCB 的外形和尺寸。具体应按如下的步骤来进行。

在一个新建的 PCB 文件中，单击编辑区域下方的标签【Mechanical 1】，将编辑区域切换到机械层，使当前的 PCB 文件处于该层中，如图 5-24 所示。

然后执行【放置】/【走线】命令，如图 5-25 所示。

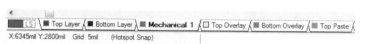

图 5-24　将编辑区域切换到机械层　　　　　　图 5-25　重新定义板子形状命令

这时鼠标变成"十"字形状，将鼠标移动至适当位置，单击鼠标左键即可进行线的放置操作当所放置的线径组成一个封闭的边框时，在结合部会出现一个结合圆圈，如图 5-26 所示。这时单击鼠标右键或按下"ESC"键即可退出该操作状态。

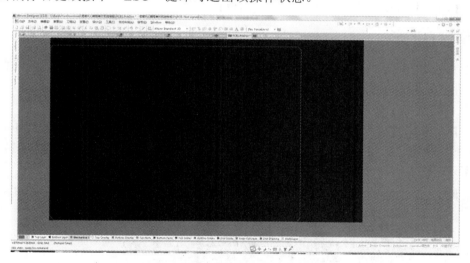

图 5-26　完成边框的设置

边界线绘制完成后，用户还可以对所放置的边框线进行属性的变更。双击边框中的任意一条线，则打开【轨迹】对话框，如图 5-27 所示。该对话框中可以设置选中线的线长及线宽，当用户不能明确边界区域是否为封闭状态时，可以通过调整该线的起始点，来完成这一工作，既使一个线的起点为上一根线的终点。

在该对话框中还包含了一些其他的选项，具体选项的含义如下。

【层】：在该下拉菜单中，设置该线所在的工作层面，当一些用户在开始创建边界区域时，并没有注意到选择边界所在的工作层，在此处的警醒工作层面的修改也可以达到将边界区域设置在"Mechanical 1"层面中，不需要重新绘制。

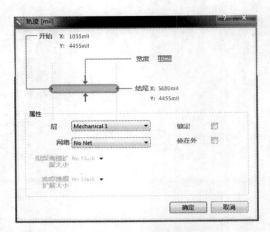

图 5-27 【轨迹】对话框

【网络】：该下拉菜单主要是设置边界框所在的电气网络。通常边界框不属于任何的电气网络，这里一般设置为"No Net"。

【锁定】：当选中该复选框时，则选中的边界线被锁定，无线对该线进行移动的操作。

【使在外】：当选中该复选框时，表示该边界线的属性为"Keepout"，具有"Keepout"属性的对象被定义为板外对象，不会出现在系统生成的"Gerber"文件中。

单击【确定】按钮则完成对该条边界线的设置。

5.3.2 修改 PCB 形

对边界线进行设置主要是给制板人提供制作板形的依据，用户也可以在设计时直接修改 PCB 的外形，即这里所讲的修改 PCB 外形。

1. 重新定义板子外形

执行【设计】/【板子形状】/【定义板剪切】命令，进入到对板子重新定义外形界面，用十字光标，根据机械层边框，剪切掉外围多余部分所绘制出满足设计要求的板子外形，如图 5-28 所示。

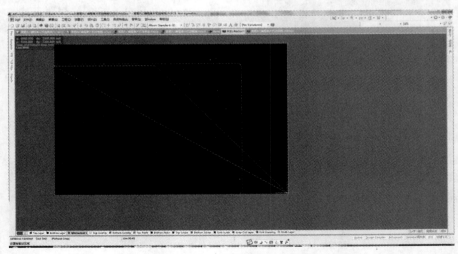

图 5-28 规划板子外形

右键退出【定义板剪切】状态,重新定义后的板子外形,如图5-29所示。

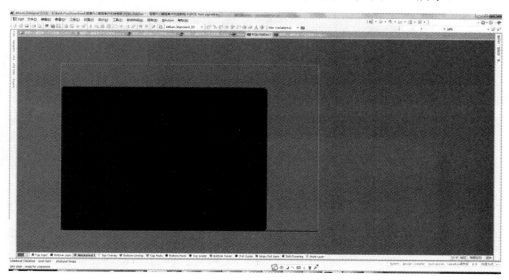

图5-29　重新定义后的板子外形

2. 按照选择对象定义

在机械层或其他层利用线条或圆弧定义一个内嵌的边界,以新建对象为参考重新定义板形。

首先执行【放置】/【圆环】菜单命令,此时鼠标呈"十"字,单击鼠标左键,并拖动,随着鼠标的拖动,一个圆环就会呈现出来,如图5-30所示。单击鼠标右键,退出绘制圆环状态。

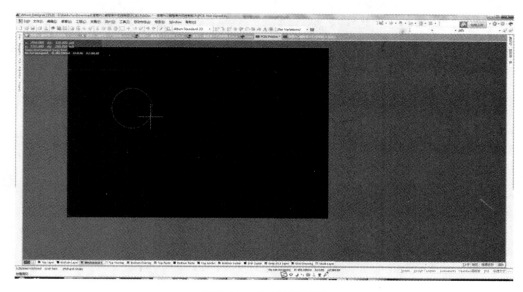

图5-30　拖动绘制圆环

执行【设计】/【板子形状】/【按照选择对象定义】菜单命令,执行完该条命令后,电路板就变成圆形,如图5-31所示。

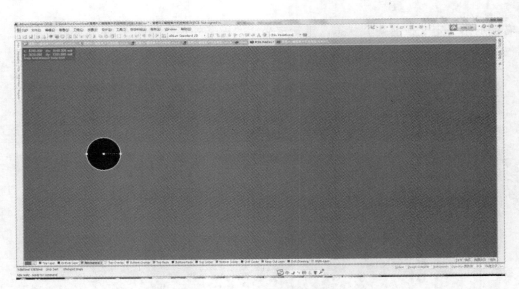

图 5-31　改变后的板形

　　然后切换层面到【Keep-Out Layer】（禁止布线层），然后再次执行【放置】/【禁止布线】/【线径】命令，绘制出 PCB 的电气边界，如图 5-32 所示，到此，PCB 的规划就完成了。

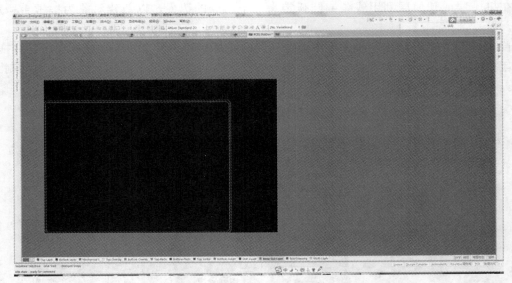

图 5-32　绘制 PCB 的电气边界

5.4　设置工作层

　　执行【设计】/【管理层设置】/【板层设置】命令，打开【层设置管理器】对话框，如图 5-33 所示。通过按钮【新设定】、【移除设备】可以加入新设置和删除设置。所有设置按原设置，不需要再进行设置。

图 5-33 【层设置管理器】对话框

5.5 设置网格及图纸页面

与原理图一样，用户可以对 PCB 图纸进行设置，执行【设计】/【板参数选项】菜单命令，
或者在编辑窗口内单击鼠标右键，在弹出的菜单中执行【选项】/【板参数选项】，则会打开如图 5-34 所示的【板选项】对话框。

该对话框用于设置一些基本的工作参数，其作用范围就是当前的 PCB 文件，主要由五个区域组成。分别如下所述：

【度量单位】：用于设置 PCB 设计中使用的测量单位，有公制（Metric）和英制（Imperial）两项选择。一般常用的元器件封装多用英制单位。例如，双列直插器件，其管脚间距正好是"100mil"，其宽度通常为"300mil"或"600mil"，而一些贴片式元器件管脚间距通常为 mil 的整数被，如"50mil"因此为了布局布线上的方便，通常用英制单位做为测量单位。

图 5-34 【板参数选项】对话框

【标识显示】：用于设定显示不同标识符，如可以显示物理标示符、逻辑标识符等。

【布线工具路径】：在层下拉列表框中显示所对应层，分别为"Do not use"和"Mechanical1"。

【捕获选项】：在该区域中主要包含了多个复选框，各复选框的含义如下。

"捕捉到栅格"：用于设置绘制元件过程中将网格点作为捕捉点。

"捕捉到线性向导"：用于设置绘制元件过程中将辅助线作为捕捉点。

"捕捉到点向导"：用于设置绘制元件过程中将辅助点作为捕捉点，主要针对不同管脚长度的元件，用户可以随时改变元件放置格点的位置，这样就可以更为精确的放置元件了。

147

"捕捉到目标轴"：用于设置绘制元件过程中捕捉对应的目标轴线。

"捕捉到目标热点"：用于设置绘制元件过程中捕捉目标热点。

"范围"下拉菜单：用于设置网格的大小，一般设置该参数为"10mil"。

【图纸位置】：用于设定图纸的起始 X、Y 坐标、宽度和高度。选中【显示页面】复选框后，编辑窗口内将显示图纸页面。设置好所有参数后单击【确定】按钮，则退出【板参数选项】对话框。

5.6　设置工作层面颜色

为了便于区分，编辑窗口内所显示的不同工作层应该选用不同的区分颜色，这一点设计人员可以根据自己的设计习惯，通过 PCB 的【视图配置】对话框来加以设定，通过该对话框还可以设定相应层面是否在编辑窗口内显示出来。执行【设计】/【板层颜色】命令，或者在编辑窗口内单击鼠标右键，在弹出的菜单中执行【选项】/【板层颜色】，则会打开【视图配置】对话框，该对话框主要分为两部分：层面颜色设置和系统颜色设置。

5.6.1　层面颜色设置

PCB 的工作层面是按照信号层、内平面、机械层、掩模层、其余层和丝印层六个区域分类设置的。各个区域中，每一工作层面的后面都有一个颜色选择块和 1 个【展示】复选框，若选中该复选框，则相应的工作层面标签会在编辑窗口中显示出来。在每个区域的下方都有三个可单击按钮，分别为【所有的打开】、【所有的关闭】和【使用的打开】。当单击【所有的打开】按钮时，则该区域下所有层【展示】复选框都处于选中状态。当单击【所有的关闭】按钮时，则该区域下的所有层的【展示】复选框都处于不被选中的状态。当单击【使用的打开】按钮时，则该区域中那些在 PCB 中被使用层的【展示】复选框处于选中状态。这样就方便用户对层颜色的管理。

当要修改某一层的颜色时，单击该层后方的颜色块，打开【选择颜色】窗口，如单击信号层中的 Top Layer 后面的颜色选择块，弹出如图 5-35 所示的【2D 系统颜色】窗口。可以看出，"Top Layer"层处于高亮状态，并可以在窗口的右侧根据需要选择该层的颜色。

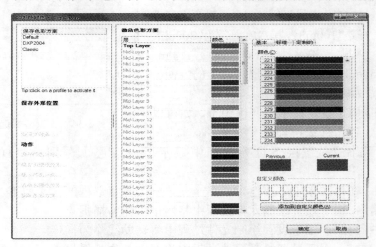

图 5-35　【2D 系统颜色】窗口

5.6.2 系统颜色设置

系统颜色设置提供了若干选择项如图 5-36 所示，分别如下。

图 5-36 系统颜色选项

【Default Color for New Nets】：用于对连接及飞线进行设置。飞线显示了 PCB 上网络的电气连接关系，对于手工布线非常有用。

【DRC Error Markers】：用于设置违反 DRC 设计规则的错误信息显示。

【Selections】：该项为选择显示项，用于设置被选中图元的覆盖颜色。

【DRC Detail Markers】：用于定义定制冲突图形颜色的设置。

【Default Grid Color -Small】：用于设置最小可视化网格的颜色。

【Default Grid Color -Large】：用于设置最大可视化网格的颜色。

【Pad Holes】：用于设置焊盘孔的颜色。

【Via Holes】：用于设置过孔的颜色。

【Top Pad Master】：用于设置顶层焊盘标志的颜色。

【Bottom Pad Master】：用于设置底层焊盘标志的颜色。

【Highlight Color】：用于设置高亮显示的颜色。

【Board Line Color】：用于设置 PCB 边界线的颜色。

【Board Area Color】：用于设置 PCB 区域的颜色。

【Sheet Line Color】：用于设置图纸边界线的颜色。

【Sheet Area Color】：用于设置图纸页面的颜色。

【Workspace Start Color】：用于设置编辑窗口起始端的颜色。

【Workspace End Color】：用于设置编辑窗口终止端的颜色。

在【视图配置】对话框中单击鼠标右键，弹出如图 5-37 的菜单选项。系统提供了三种板层颜色和系统颜色的设置方案，分别是："默认颜色（Default Colors）设计"、"DXP-2004 颜色（DXP-2004 Colors）设计"、"第一流颜色（Classic Colors）设计"，单击菜单选项就可以进行相应的设定。通常，为了满足 PCB 的通用性和标准化要求，建议用户使用系统所提供的默认颜色设置方案进行设计。

图 5-37 右击菜单选项

5.7 设置系统环境参数

系统环境参数的设置是 PCB 设计过程中非常重要的一步，用户根据个人的设计习惯，设置合理的环境参数，将会大大的提高设计的效率。

执行【DXP】/【参数选择】菜单命令（或在编辑窗口内单击鼠标右键，执行【选项】/【优先选项】命令），如图 5-38 所示。将会打开 PCB 编辑器的【参数选择】对话框，如图 5-39 所示。

图 5-38　【参数选择】菜单　　　　　　　　图 5-39　【参数选项】对话框

该对话框中有 15 项标签页供设计者进行设置，分别如下。

【General】：用于设置 PCB 设计中的各类操作模式，如在线 DRC、智能元件 Snap、移除复制品、单击清楚选项等。

【Display】：用于设置 PCB 编辑窗口内的显示模式，如对象的高亮选项、测试点显示、草稿临界值设置等。

【Board Insight Display】：用于设置 PCB 图文件在编辑窗口内的显示方式，包括焊盘和过孔的显示选项、导线上网络名称的显示、工作层模式选项。

【Board Insight Modes】：用于 Board Insight 系统的显示模式设置。

【Board Insight Color Overrides】：用于 Board Insight 系统的图形模式设置。

【Board Insight Lens】：用于 Board Insight 系统的放大镜功能的模式设置。

【DRC Violatons Display】：用于设置 DRC 违规的显示图标设置。

【Interactive Routing】：用于交互式布线操作的有关模式设置，包括交互式布线冲突解决方案、智能连接布线冲突解决方案、交互式布线选项等设置。

【True Type Fonts】：用于选择设置 PCB 设计中所用的 True Type 字体。

【Mouse Wheel Configuration】：用于对鼠标滚轮的功能进行设置以便实现对编辑窗口的快速移动及板层切换等。

【Defaults】：用于设置各种类型图元的系统默认值，在该项设置中可以对 PCB 图中的各项图元的值进行设置，也可以将设置后的图元值恢复到系统默认状态。

【PCB Legacy 3D】：用于设置 PCB 设计中的 3D 效果图参数，包括高亮色彩、打印质量及 PCB 3D 文档设置等。

【Reports】：用于对 PCB 有关文档的批量输出进行设置。

【Layer Colors】：用于设置 PCB 各板层的颜色。

【Models】：用于设置模式搜查路径等。

这里重点介绍一下【General】设置界面中的各选项的含义。

【General】设置界面如图 5-40 所示，该设置界面主要包含三大块的内容，分别是编辑选项区域、其他选项区域和自动扫描选项区域。

图 5-40　【General】设置界面

（1）【编辑选项区域】。

"在线 DRC"复选框，选中该复选框，所有违反 PCB 设计规则的地方都将被标记出来。

"Snap To Center"复选框，选中该复选框，鼠标捕获点将自动移到对象的中心。

"智能元件 Snap"复选框，选中该复选框，当选中元件时鼠标将自动移到离单击处最近的焊盘上。

151

"双击运行检查"复选框，选中该复选框，在一个对象上双击将弹出该对象的"PCB Inspector"对话框，如图 5-41 所示，而不是打开该对象的属性编辑对话框。

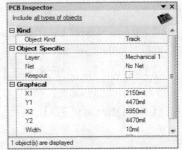

图 5-41　【PCB Inspector】对话框

"移除复制品"复选框，选中该复选框，当数据进行输出时将同时产生一个通道，这个通道将检测通过的数据并将重复的数据删除。

"确认全局编译"复选框，选中该复选框，在用户进行全局编辑的时候系统将弹出一个对话框，提示当前的操作将影响到对象的数量。

"保护锁定的对象"复选框，选中该复选框，当用户对被锁定的对象进行操作时系统将弹出一个对话框来询问是否继续进行该操作。

"确定被选存储清除"复选框，选中该复选框，当用户删除某一个记忆时系统将弹出一个警告对话框。

"单击清除选项"复选框，通常情况下该复选框保持被选中状态。用户单击选中一个对象，然后去选择另一个对象时，上一次选中的对象退出被选中状态。

"移动单击到所选"复选框，选中该复选框，用户需要按"shift"按钮同时单击所要选择的对象才能选中该对象。

（2）【other 选项区域】。

"撤销重做"文本编辑框，该文本编辑框主要用于设置撤销/恢复操作的作用次数。即可以回退多少步操作。

"旋转步骤"文本编辑框，在放置元器件时，单击空格按钮可以改变元件的放置角度，该文本编辑框就是用于设置每次单击空格按钮时，元器件所旋转的角度。

"指针类型"下拉列表框，可选择工作窗口鼠标的类型。

"比较拖拽"下拉列表框，该选项用于设置在进行元件拖动时是否同时拖动与元器件相连接的布线。

（3）【自动扫描选项区域】。

"类型"下拉列表框，在此项中可以选择视图自动缩放的类型，其类型列表如图 5-42 所示。

"速度"文本编辑框，在"类型"下拉列表框中选中了"Adaptive"时，则该文本编辑框被激活，用于进行视图缩放步长的设置。

（4）【重新敷铜选项区域】。

"Repour"下拉列表框，在下拉列表框提供有三种可选择项，如图 5-43 所示。决定在敷铜上走线后是否重新进行敷铜操作。

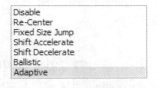

图 5-42　视图的自动缩放类型

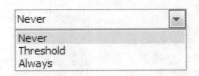

图 5-43　"Repour"下拉列表

"极限"文本编辑框，用于设置敷铜的极限值。

5.8 载入网络表

加载网络表即将原理图中元件的相互连接关系及元件封装尺寸数据输入到 PCB 编辑器中，实现原理图向 PCB 的转化，以便进一步的 PCB 制板。

5.8.1 设置同步比较规则

同步设计是 Altium Designer 15 系列软件电路绘图最基本的绘图方法，这是一个非常重要的概念。对同步设计概念的最简单的理解就是原理图和 PCB 文件在任何情况下保持同步。也就是说，不管是先绘制原理图再绘制 PCB，还是原理图和 PCB 同时绘制，最终要保证原理图上元件的电气连接意义必须和 PCB 上的电气连接意义完全相同，这就是同步。同步并不是单纯地同时进行，而是原理图和 PCB 两者之间电气连接意义的完全相同。

要完成原理图和 PCB 文件的同步设计，同步比较规则的设置是至关重要的。

执行【工程】/【工程参数】菜单命令，打开【Options for PCB Project】对话框，然后单击"Comparator"标签，打开同步比较标签页，如图 5-44 所示。

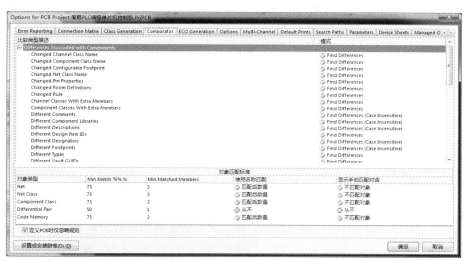

图 5-44 "Comparator"标签页

单击【设置安装缺省】按钮，将恢复该对话框中的各配置为安装完成后的默认值。默认状态是比较所有的不同值，进行原理图和 PCB 文件的同步。用户也可以根据需求，按照自身的设计情况，来进行设置。完成设置后，单击【确定】按钮即可退出该对话框。

5.8.2 准备设计转换

要将原理图中的设计信息转换到新的空白 PCB 文件中，首先应完成如下项目的准备工作。

（1）对项目中所绘制的电路原理图进行编译检查，验证设计，确保电气连接的正确性和元器件封装的正确性。

（2）确认与电路原理图和 PCB 文件相关联的所有元器件库均已加载，保证原理图文件中所指定的封装形式在可用库文件中都能找到并可以使用。PCB 元器件库的加载和原理图元器件库的加载方法完全相同。

（3）将所新建的 PCB 空白文件，添加到与原理图相同的项目中。

5.8.3　网络与元器件封装的装入

Altium Designer 15 系统为用户提供了两种装入网络与元器件封装的方法：

（1）在原理图编辑环境中执行【设计】/【Update PCB Document PCB1.PcbDoc】命令。

（2）在 PCB 编辑环境中执行【设计】/【Import Changes From PCB_Project1.PrjPcb】命令。

这两种方法的本质是相同的，都是通过启动【工程更改顺序】对话框来完成的。下面就以第 3 章所介绍的"简易 PLC 编程单片机控制板.PrjPCB"为例，说明这两种载入网络表的方法。

1．用设计同步器装入网络与元器件封装

打开工程"简易 PLC 编程单片机控制板.PrjPCB"，新建一个新的 PCB 文件"PCB1.PcbDoc"，将已绘制好的原理图文件"简易 PLC 编程单片机控制板.SchDoc"和新建的"PCB1.PcbDoc"文件添加到该工程，进行编译处理，并生成网络表文件（详见第 3 章相关内容）。

打开原理图文件"简易 PLC 编程单片机控制板.SchDoc"，执行【工程】/【Compile PCB Project 简易 PLC 编程单片机控制板.PrjPcb】命令，编译工程"简易 PLC 编程单片机控制板.PrjPcb"。没有弹出错误信息提示，证明电路绘制正确。

在原理图编辑环境中，执行【设计】/【Update PCB Document PCB1.PcbDoc】命令，如图 5-45 所示。

图 5-45　打开【工程更改顺序】对话框命令

执行完上述命令后，则系统打开如图 5-46 所示的【工程更改顺序】对话框。该对话框中显示了本次要进行载入的器件封装及载入到的 PCB 文件名等。

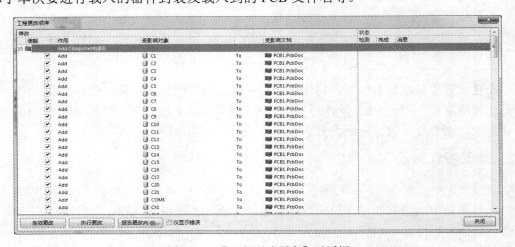

图 5-46　【工程更改顺序】对话框

单击【生效更改】按钮,在【状态】区域中的【检测】栏中将会显示检查的结果,出现绿色的对号标志,表明对网络及元器件封装的检查是正确的,变化有效。当出现红色的叉号标志,表明对网络及元器件封装检查是错误的,变化无效。效果如图 5-47 所示。

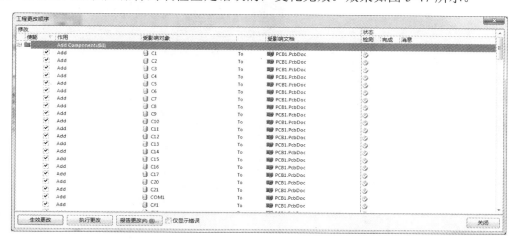

图 5-47　检查网络及元器件封装

需要强调,如果网络及元器件封装检查是错误,一般是由于没有装载可用的集成库,无法找到正确的元器件封装。这样就需要到原理图中找到改元件,手动去添加所需要的封装形式。

单击【执行更改】按钮,将网络及元器件封装装入到 PCB 文件"PCB1.PcbDoc"中,如果装入正确,则在【状态】区域中的【完成】栏中显示出绿色的对号标志,如图 5-48 所示。

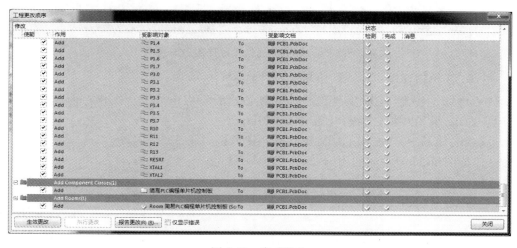

图 5-48　完成装入

单击【报告更改】按钮,打开生成载入报告,如图 5-49 所示。

关闭【工程更改顺序】对话框,则可以看到所装入的网络与元器件封装,放置在 PCB 的电气边界以外,并且以飞线的形式显示着网络和元器件封装之间的连接关系,如图 5-50 所示。

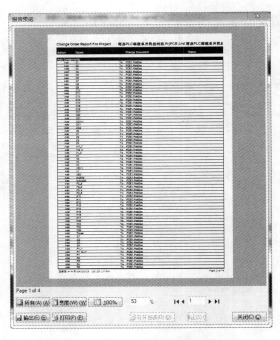

图 5-49　生成载入报告

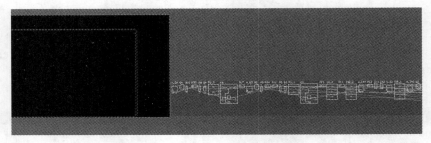

图 5-50　装入网络与元器件封装到 PCB 文件

2. 在 PCB 编辑环境中导入网络与元器件封装

确认原理图文件及 PCB 文件已经加载到新建的工程项目中，操作与前面相同。将界面切换到 PCB 编辑环境，执行【设计】/【Import Changes From 简易 PLC 编程单片机控制板.PrjPcb】菜单命令，如图 5-51 所示，打开【工程更改顺序】对话框。

后续操作与前述相同，这里就不再重复说明。

3. 飞线

将原理图文件导入 PCB 文件后，系统会自动生成飞线，如图 5-52 所示。飞线是一种形式上的连线，它形式上表示出各个焊点间的连接关系，没有电气的连接意义，其按照电路的实际连接将各个节点相连，使电路中的所有节点都能够连通，且无回路。

图 5-51　【设计】/【Import Changes From 简易 PLC 编程单片机控制板.PrjPcb】命令

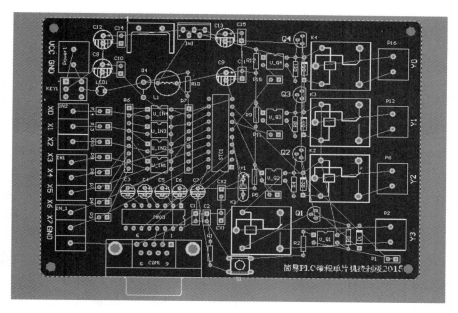

图 5-52　PCB 中的飞线

5.9　PCB 布局

装入网络表和元件封装后，用户需要将元件封装放入工作区，这就是对元件封装进行布局。在 PCB 设计中，布局是一个重要的环节。布局的好坏将直接影响布线的效果，因此可以认为，合理的布局是 PCB 设计成功的第一步。布局的方式分为两种，即自动布局和手动布局。

5.9.1　手动布局

手动布局，是指设计者手工在 PCB 上进行元器件的布局，包括移动、排列元器件。这种布局结果一般比较合理和实用，但效率比较低，完成一块 PCB 布局的时间比较长。所以一般采用这两种方法相结合的方式进行 PCB 的设计。

手动布局时应严格遵循原理图的绘制结构。首先将全图最核心的器件放置到合适的位置，然后将其外围器件，按照原理图的结构放置到该核心器件的周围。

如图 5-53 中，已经完成了网络和元器件封装的装入，下面就可以开始在 PCB 上放置元器件了。

执行【设计】/【板参数选项】命令，在打开的【板选项】对话框中设置合适的各参数，如图 5-54 所示。

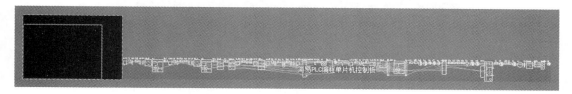

图 5-53　导入的元器件

图 5-54　设置合适的网格参数

参照电路原理图，首先将核心元器件"STC12C2052AD"移动放置到 PCB 布线框内。将光标放在"STC12C2052AD"封装的轮廓上，按下鼠标不动，光标变成一个大"十"字形状，移动光标，拖动元器件，将其移动到合适的位置，松开鼠标将元器件放下，则放置 STC12C2052AD 到 PCB 布线框如图 5-55 所示。

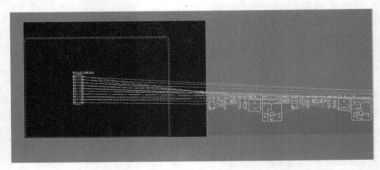

图 5-55　放置 STC12C2052AD 到 PCB 布线框内

用同样的操作方法，将其余元器件封装全部放置到 PCB 布线框内，如图 5-56 所示。

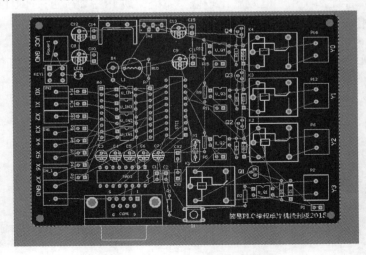

图 5-56　完成全部封装的放置

158

调整元器件封装的位置，尽量对齐，并对元器件的标注文字进行重新定位、调整。无论是自动布局还是手动布局，根据电路的特性要求在 PCB 上放置了元器件封装后，一般都需要进行一些排列对齐操作，执行【编辑】/【对齐】命令，系统会弹出排列对齐命令菜单，如图 5-57 所示。此外，系统还提供了排列工具栏，如图 5-58 所示。

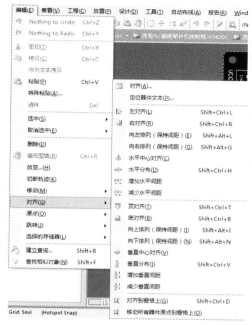

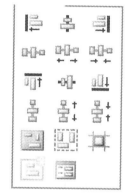

图 5-57　【对齐】命令菜单　　　　　　　　　　图 5-58　排列工具栏

使用【对齐】菜单命令及排列工具栏，可以提高 PCB 布局排列的效率，使 PCB 的布局更加整齐和美观。

5.9.2　自动布局

自动布局，是指设计人员布局前先设定好设计规则，系统自动地在 PCB 上进行元器件的布局，这种方法效率较高，布局结构比较优化，但缺乏一定的布局合理性，所以在自动布局完成后，需要进行一定的手工调整。以达到设计的要求。

为了实现系统的自动布局，设计者需要首先对布局规则进行设置。在这里有必要说明布局子规则的设置选项，为实现自动布局做准备工作。

1. 布局规则简述

在 PCB 编辑环境中，执行菜单【设计】/【规则】命令，即可打开【PCB 规则和约束编辑器】对话框，如图 5-59 所示。

由上图可以看到，在窗口的左列表框中，列出了系统所提供的十类设计规则，分别是【Electrical】（电气规则）、【Routing】（布线规则）、【SMT】（贴片式元器件规则）、【Mask】（屏蔽层规则）、【Plane】（内层规则）、【Testpoint】（测试点规则）、【Manufacturing】（制板规则）、【Hign Speed】（高频电路规则）、【Placement】（布局规则）、【Signal Integrity】（信号分析规则）。

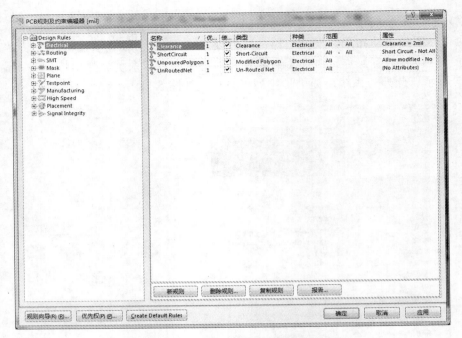

图 5-59 【PCB 规则和约束编辑器】对话框

这里需要进行设置的规则是【Placement】（布局规则）。单击布局规则前面的加号，可以看到布局规则包含了六项子规则，如图 5-60 所示。

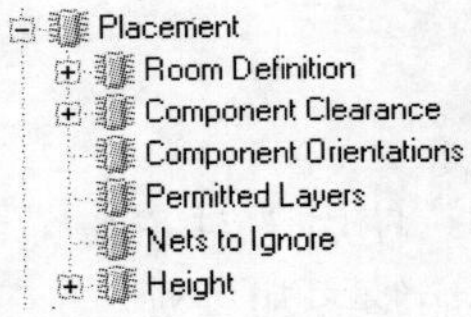

（1）【Room Definition】子规则主要用来设置 Room 空间的尺寸，以及它在 PCB 中所在的工作层面。

（2）【Component Clearance】子规则用来设置自动布局时元器件封装之间的安全距离。

（3）【Component Orientations】子规则用于设置元器件封装在 PCB 上的放置方向。

图 5-60　布局子规则

（4）【Permitted Layers】子规则主要用于设置元器件封装所放置的工作层。

（5）【Nets To Ignore】子规则用于设置自动布局时可以忽略的一些网络，在一定程度上提高自动布局的质量和效率。

（6）【Height】子规则用于设置元器件封装的高度范围。

2. 元器件的自动布局

首先对自动布局规则进行设置，所有规则设置如图 5-61 所示。

图 5-61　自动布局规则设置

打开已导入网络和元器件封装的 PCB 文件，如图 5-50 所示。选中 Room 空间"简易 PLC 编程单片机控制板"，拖动光标，将其移动到 PCB 内部，如图 5-62 所示。

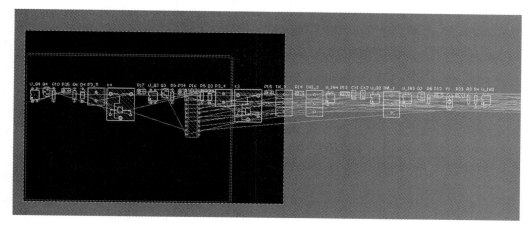

图 5-62　移动 Room 空间到 PCB

执行【工具】/【器件布局】/【自动布局】命令，系统弹出【自动放置】对话框如图 5-63 所示的。

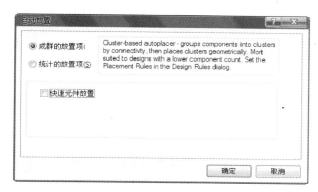

图 5-63　设置元件自动布局的对话框

【自动布局】对话框用于设置元器件自动布局的方式。系统给出了两种自动布局的方式，分别是【成群的放置项】和【统计的放置项】。每种方式均使用不同的方法计算和优化位置，这两种方式的意义如下。

【成群的放置项】：这一布局器基于元件的连通性属性将元件分为不同的元件簇，并且将这些元件簇按照一定的几何位置布局。这种布局方式适合元件数目较少的 PCB。

【统计的放置项】：这一布局器基于统计方法放置元件，以便使连接长度最优化。在元件较多时，采用这种方法。

当采用【成群的放置项】布局方式时，单击【快速元件放置】复选框，可快速放置元件；当采用【统计的放置器件】布局方式时，自动布局设置对话框更改为图 5-64 所示界面。

【组元】：该复选框的功能是将当前网络中连接密切的元件归为一组。在排列时，将该组的元件作为群体而不是对个体来考虑；系统默认是选中状态。

【旋转元件】：该复选框的功能是根据当前的网络连接与排列的需要，使元件重组转向。如果不选该项，则元件将按原始位置布局，不进行元件的转向动作；系统默认是选中状态。

【自动 PCB 更新】：该复选框的功能是布局时允许系统自动根据设计规则更新 PCB。系统默认是不选中状态。

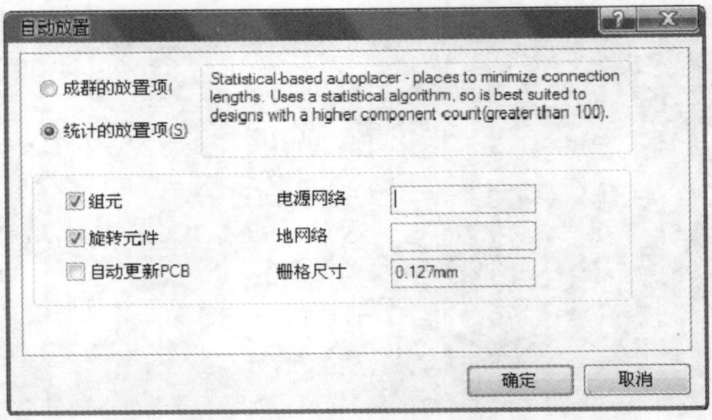

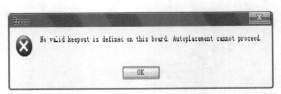

图 5-64　采用【统计的放置器件】布局时自动布局设置界面

【电源网络】：定义电源网络名称，一般设置为"VCC"。

【地网络】：定义接地网络名称，一般设置为"GND"。

【栅格尺寸】：设置元件自动布局时栅格间距的大小，如果设置过大，则布局时有些元器件会被挤出边界。

首先采用系统的默认方式，即【成群的放置顶】式自动布局器布局电路。在选中【成群的放置顶】复选框的状态下，单击【确认】按钮，这时系统会弹出一个警告框，如图 5-65 所示。

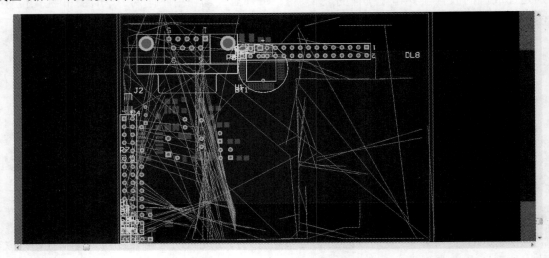

图 5-65　自动布局时的警告框

这说明在 PCB 中没有设置禁止布线的区域，自动布局不能被运行。为 PCB 添加禁止布线区域后，再次执行自动布局命令，系统进入自动布局状态，如图 5-66 所示。

图 5-66　系统进入自动布局状态

采用【成群的放置顶】自动布局器布局的效果如图 5-67 所示。

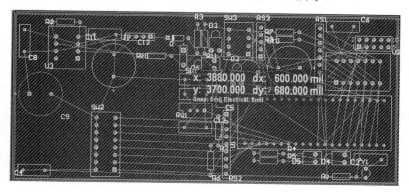

图 5-67　【成群的放置顶】自动布局效果

撤销上次操作，重新回到未布局状态。执行【工具】/【器件布局】/【自动布局】菜单命令，进入自动布局设置界面，采用【统计的放置顶】布局方式布局，其他采用系统的默认设置，系统进行【统计的放置顶】布局，【统计的放置顶】布局效果如图 5-68 所示。

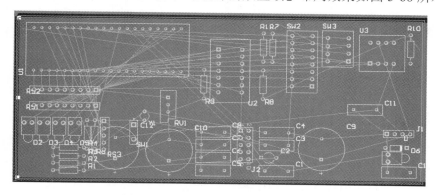

图 5-68　【统计的放置顶】布局效果

从以上布局效果来看，无论是那种方式，效果均不理想，自动布局唯一的好处只是将元器件放入到布线框中，因此，自动布局一般不能满足实际的需求，用户还需考虑电路信号流向及特殊元件的布局要求，采用手动方式进行布局调整。

5.10　PCB 布线

在 PCB 设计中，布线是完成产品设计的重要步骤，可以说前面的准备工作都有是为它而做的。在整个 PCB 设计中，以布线的设计过程限定最高、技巧最细、工作量最大。PCB 布线分为单面布线双面布线及多层布线三种。PCB 布线可使用系统提供的自动布线或手动布线两种方式。虽然系统给设计者提供了一个操作方便、补通率很高的自动布线功能，但在实际设计中，仍然会有不合理的地方，需要设计者手动调整 PCB 上的布线，以获得最佳的设计效果。

PCB 设计的好坏对电路抗干扰能力影响很大，因此，在进行 PCB 设计时，必须遵守设计的基本原则，并应符合抗干扰设计的要求，使得电路获得最佳的性能。

5.10.1　布线规则设置

布线规则也是通过如图 5-59 所示的【PCB 规则和约束编辑器】对话框来完成设置的。在对话框提供的十类规则中，与布线有关的主要是【Electrical】（电气规则）和【Routing】（布线规则）。

1．电气规则（Electrical）

执行【设计】/【规则】命令，打开【PCB 规则和约束编辑器】对话框，在该对话框左边的规则列表栏中，单击【Electrical】前面的加号，可以看到需要设置的电气子规则有四项，如图 5-69 所示。

（1）【Clearance】子规则。

该项子规则主要用于设置 PCB 设计中导线、焊盘等导电对象之间的最小安全距离，使彼此由于距离过近而产生电气干扰。单击【Clearance】子规则前面的加号，则会展开一个【Clearance】子规则，单击该规则可在【PCB 规则和约束编辑器】对话框的右边打开如图 5-70 所示的窗口。

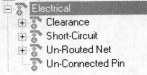

图 5-69　【Electrical】规则

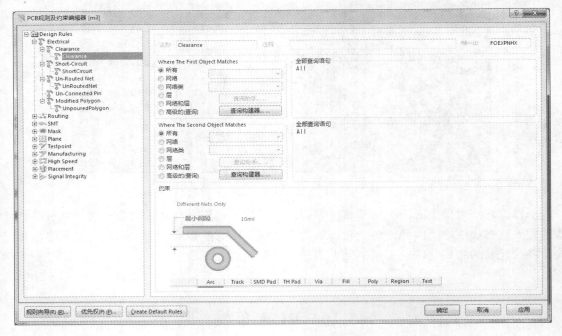

图 5-70　【Clearance】子规则设置窗口

Altium Designer 15 软件中【Clearance】子规则规定了板上不同网络的走线、焊盘、过孔等之间必须保持的距离。在单面板和双面板的设计中，首选值为 10~12mil；四层及以上的 PCB首选值为 7~8mil；最大安全间距一般没有限制。

相邻导线间距必须能满足电气安全要求，而且为了便于操作和生产，间距应尽量宽些。最小间距至少要能适合承受的电压。这个电压一般包括工作电压、附加波动电压及其他原因引起的峰值电压。如果相关技术条件允许在线之间存在某种程度的金属残粒，则其间距会减小。因此设计者在考虑电压时应把这种因素考虑进去。在布线密度较低时，信号线的间距可

164

适当加大，对高、低电压悬殊的信号弹线应尽可能地缩短长度并加大距离。

由上图可以看到，电气规则的设置窗口与布局规则的设置窗口一样，也是由上下两部分构成。上半部分是用来设置规则的适用对象范围，前面已做过详细的讲解，这里就不再重复。下半部是用来设置规则的约束条件，该【约束】区域内，主要用于设置该项规则适用的网络范围，由一个下拉菜单给出。

【Different Nets Only】：仅适用于不同的网络之间。

【Same Net Only】：仅适用在同一网络中。

【All Net】：适用于一切网络。

【最小间隙】：是用来设置导电对象之间具体的安全距离值。一般导电对象之间的距离越大，产生干扰或器件之间的短路的可能性就越小，但随之而来电路板就要求要很大，成本也会相应提高，所以应根据实际情况加以设定。

（2）【Short-Circuit】子规则。

【Short-Circuit】子规则用于设置短路的导线是否允许出现在PCB上，其设置窗口如图5-71所示。

图 5-71　【Short-Circuit】子规则设置窗口

在该窗口的约束区域内，只有一个复选框，即【允许短电流】复选框。若选中该复选框，表示在 PCB 布线时允许设置的匹配对象中的导线短路。系统默认为不选中的状态。

（3）【Un-Routed Net】子规则。

【Un-Routed Net】子规则用于检查 PCB 中指定范围内的网络是否已完成布线，对于没有布线的网络，仍以飞线形式保持连接。其设置窗口如图 5-72 所示。

由图 7-2 可以看到，该规则的【约束】区域内没有任何约束条件设置。只是需要创建规则，为其设定使用范围即可。

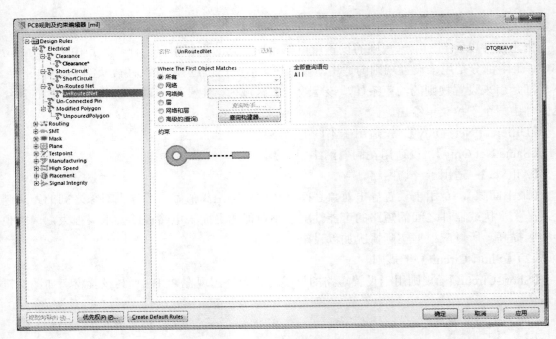

图 5-72　【Un-Routed Net】子规则设置窗口

（4）【Un-Connected Pin】子规则

【Un-Connected Pin】子规则用于检查指定范围内的器件管脚是否已连接到网络，对于没有连接的管脚，给予警告提示，显示为高亮状态。其设置窗口如图 5-73 所示。

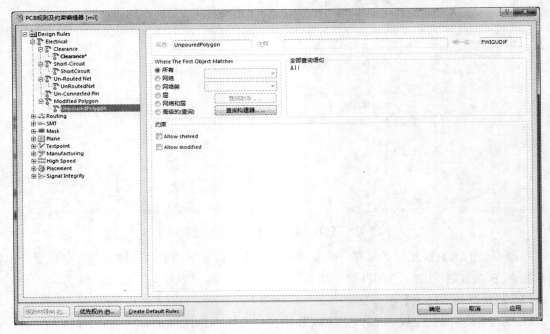

图 5-73　【Un-Connected Pin】子规则设置窗口

由图 5-73 可以看到，该规则的【约束】区域内也没有任何约束条件设置。只是需要创建规则，为其设定使用范围即可。

2．布线规则（Routing）

执行【设计】/【规则】命令，打开【PCB 规则和约束编辑器】对话框，在该对话框左边的规则列表栏中，单击【Routing】前面的加号，可以看到需要设置的电气子规则有八项，如图 5-74 所示。

（1）【Width】子规则。

在制作 PCB 时，有大电流经过的地方用粗线（比如 50mil，甚至以上），小电流的信号可以用细线（比如 10mil）。通常线框的经验值是：10A/mm^2，即横截面积为 1mm^2 的走线能安全通过的电流值为 10A。如果线宽太细的话，则在大电流通过时走线就会烧毁。当然电流烧毁走线也要遵循能量公式：$Q=I×I×t$，比如对于一个有 10A 电流的走线来说，突然出现一个 100A 的电流毛刺，持续时间为 μs 级，那么 30mil 的导线是肯定能够承受住的，因此在实际中还要综合导线的长度进行考虑。

图 5-74　【Routing】规则

PCB 导线的宽度应满足电气性能要求而又便于生产，最小宽度主要由导线与绝缘基板间的黏附强度和流过的电流值所决定，但最小不宜小于 8mil,在高密度、高精度的印制线路中，导线宽度和间距一般可取 12mil；导线宽度在大电流情况下还是考虑其温升，单面板实验表明当铜箔厚度为 50μm、导线宽度 1~1.5mm、通过电流 2A 温升很小，一般选取用 40~60mil 宽度导线就可以满足设计要求而不致引起温升；印制导线的公共地线应尽可能的粗，通常用大于 80~120mil 的导线，这在带有微处理器的电路中尤为重要，因为地线过细时，由于流过的电流的变化，地电位变动，微处理器定时信号的电压不稳定，会使噪声容限劣化；在 DIP 封装的 IC 脚间走线，可采用"10-10"与"12-12"的原则，即当两脚间通过两根线时，焊盘直径可设为 50mil、线宽与线距均为 10mil；当两脚间只通过 1 根线时,焊盘直径可设为 64mil、线宽与线距均为 12mil。

【Width】子规则用于设置 PCB 布线时允许采用的导线宽度。单击【Width】子规则前面的加号，则会展开一个【Width】子规则，单击该规则可在【PCB 规则和约束编辑器】对话框的右边打开如图 5-75 所示的窗口。

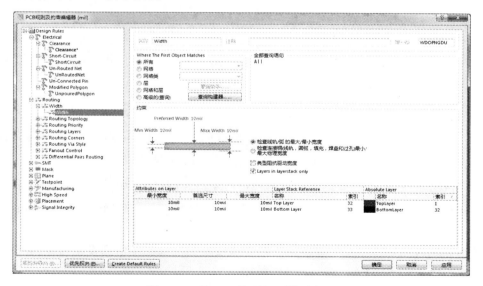

图 5-75　【Width】子规则设置窗口

在【约束】区域内可以设置导线宽度，有最大、最小和优选之分。其中最大宽度和最小宽度确定了导线的宽度范围，而优选尺寸则为导线放置时系统默认的导线宽度值。

在【约束】区域内还包含了两个复选框。

【典型阻抗驱动宽度】：选中该复选框后，表示将显示铜膜导线的特征阻抗值。用户可对最大、最小及优先阻抗进行设置。

【Layers in layerstack only】：选中该复选框后，表示当前的宽度规则仅适用于图层堆栈中所设置的工作层。系统默认为选中状态。

Altium Designer 设计规则针对不同的目标对象，可以定义同类型的多重规则。例如，用户可定义一个适用于整个 PCB 的导线宽度约束条件，所有导线都是这个宽度。但由于电源线和地线通过的电流比较大，比起其他信号线要宽一些，所以要对电源线和地线重新定义一个导线宽度约束规则。

下面就以定义两种导线宽度规则，给出如何定义同类型的多重规则。

首先定义第一个宽度规则，在打开的【Width】子规则设置窗口中，设置最大宽度值、最小宽度值、优选宽度值都为"10mil"，在规则名文本编辑框内输入"All"，规则匹配对象为【全部对象】。设置完成后，如图 5-76 所示。

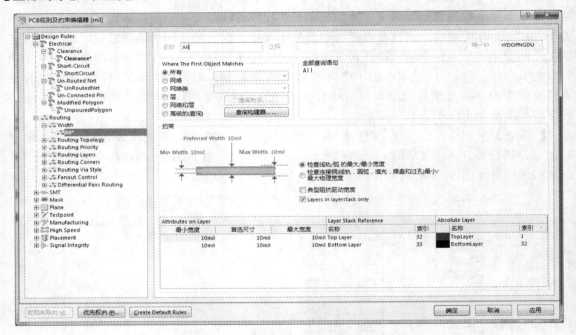

图 5-76　完成第一种导线宽度规则设置

选中【PCB 规则和约束编辑器】对话框窗口左边规则列表中的【Width】规则，单击鼠标右键，执行菜单命令【新规则】，在规则列表中会出现一个新的默认名为"Width"的导线宽度规则。单击该新建规则，打开设置窗口。

在【约束】区域内，将最大宽度值、最小宽度值、优选宽度值都设置为"30mil" 在规则名文本编辑框内输入"VCC and GND" 如图 5-77 所示。

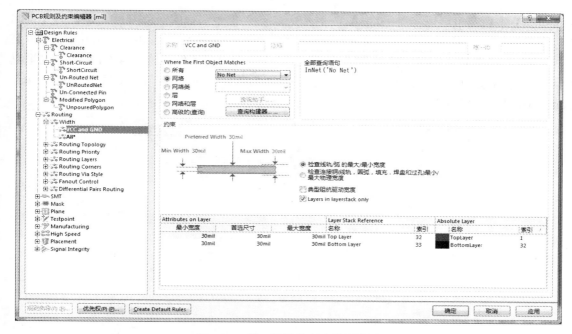

图 5-77 第一种导线宽度规则设置

接下来就要设置其匹配对象的范围。这里选择对象为网络，单击下拉菜单按钮，在下拉列表中选择"+5V"，此时【全部查询语句】区域中更新为"InNet（'+5V'）"，如图 5-78 所示。

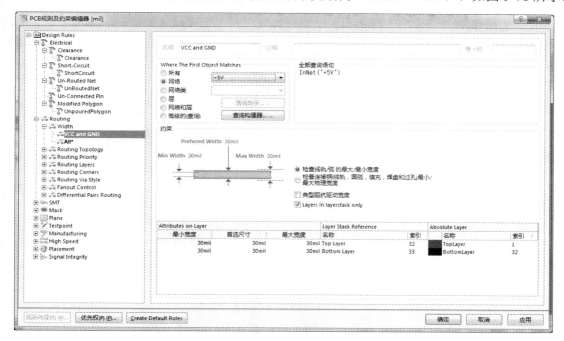

图 5-78 匹配对象范围设置

选中【高级的（查询）】单选按钮，单击被激活【查询构建器】按钮，启动【building Query from board】对话框，此时在【查询预览】区域中显示的内容为空。操作类型中单击【Add first condition】下拉菜单，选择"Belongs to Net"，在条件值中选择网络值'12V'，此时【查询预览】区域中显示的内容变为"InNet（'12V'）"。再次单击【Add another condition】下拉菜单，选择"Belongs to Net"，此时在条件1和条件2中会出现条件的关系值"AND"，这里我们可以进行修改，将其改为"OR"，同时选择条件2的条件值为'+5V'，此时【Building Query from Board】对话框如图5-79所示。

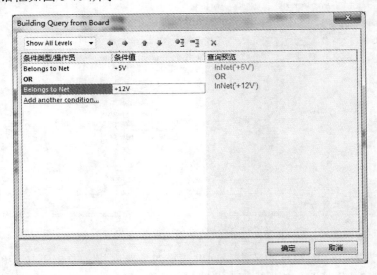

图 5-79　置规则适用的网络

同样的操作，将"GND"网络层也添加进规则中，单击【确定】按钮，关闭该对话框，返回规则设置窗口。单击规则设置窗口左下方的【优先权】按钮，进入【编辑规则优先级】对话框，如图5-80所示。

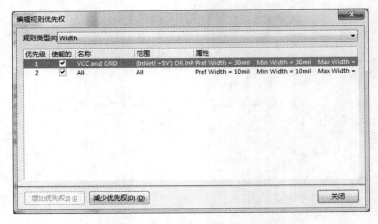

图 5-80　【编辑规则属性】对话框

由图5-80可以看到，在对话框中列出了所创建的两个导线宽度规则。其中"VCC and GND"规则的优先级为"1"，"All"优先级为"2"。单击对话框下方的【减少优先极】按钮或【增加优先级】按钮，即可调整所列规则的优先级。在上图状态，单击【减少优先极】按钮，则可将"VCC and GND"规则的优先级降为"2"，而"All"优先级提升为"1"，如图5-81所示。

170

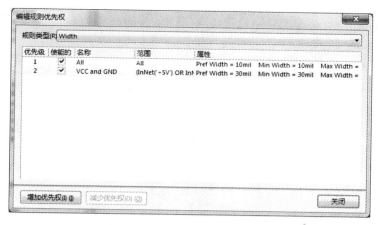

图 5-81　对规则优先级的操作

（2）【Routing Topology】子规则。

【Routing Topology】子规则用于设置自动布线时同一网络内各节点间的布线方式。设置窗口如图 5-82 所示。

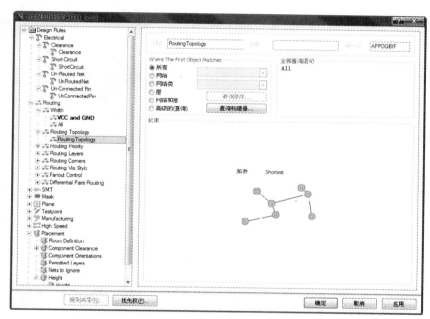

图 5-82　【Routing Topology】子规则设置窗口

在【约束】区域内，单击【拓扑】下拉按钮，用户即可选择相应七种拓扑结构，分别如下。

"Shortest"最短规则设置，所有节点的连线最短规则；

"Horizontal"水平规则设置，连接节点的水平连线最短规则；

"Vertical"垂直规则设置，连接节点的垂直连线最短规则；

"Daisy-Simple"简单雏菊规则设置，采用链式连通法则，从一点到另一点连通所有节点，并使连线最短；

"Daisy-MidDriven"雏菊中点规则设置，选择一个 Source 源点，以它为中心向左右连通所有节点，并使连线最短；

"Daisy-Balanced"雏菊平衡规则设置，选择一个 Source 源点，将所有中间节点数目平均分成组，所有组都连接在源点上，并使连线最短；

"Starburst"（星形）规则设置选择一个源点，以星形方式去连接别的节点，并使连线最短，如图 5-83 所示，用户可根据实际电路选择布线拓扑。

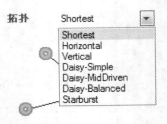

图 5-83　7 种可选的拓扑结构

（3）【Routing Priority】子规则。

【Routing Priority】子规则用于设置 PCB 中各网络布线的先后顺序，优先级高的网络先进行布线，其设置窗口如图 5-84 所示。

图 5-84　【Routing Priority】子规则设置窗口

【约束】区域内，只有一项数字选择框【行程优先权】，用于设置指定匹配对象的布线优先级，级别的取值范围是"0~100"，数字越大相应的级别就越高。对于匹配对象范围的设定与上面介绍的一样，这里就不再重复。

假设想将"GND"网络先进行布线，首先建立一个【Routing Priority】子规则，设置对象范围为"All"并设置其优先级为"0"级。对规则命名为"All P"。单击规则列表中的【Routing Priority】子规则，执行右击菜单命令【新规则】。为新创建的规则命名"GND"，设置其对象范围为"InNet（'GND'）"并设置其优先级为"1"级，如图 5-85 所示。

172

图 5-85　设置"GND"网络优先级

单击【应用】按钮，使系统接受规则设置的更改。这样在布线时就会先对"GND"网络进行布线，再对其他网络进行布线。

（4）【Routing Layers】子规则。

【Routing Layers】子规则用于设置在自动布线过程中各网络允许布线的工作层，其设置窗口如图 5-86 所示。

图 5-86　【Routing Layers】子规则设置窗口

【约束】区域内，列出了在【层堆管理】中定义的所有层，若允许布线选中各层所对应的复选框即可。

在该规则中可以设置"GND"网络布线时只布在顶层等。系统默认为所有网络允许布线在任何层。

（5）【Routing Corners】子规则。

【Routing Corners】子规则用于设置自动布线时导线拐角的模式，设置窗口如图 5-87 所示。

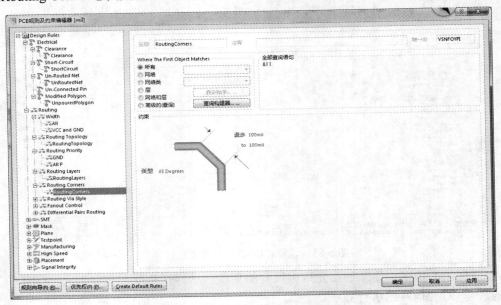

图 5-87　【Routing Corners】子规则设置窗口

【约束】区域内，系统提供了三种可选的拐角模式，分别为 90°、45°和圆弧形，系统默认是 45°角模式。

对于 45°和圆弧形这两种拐角模式需要设置拐角尺寸的范围，在【退步】栏中添入拐角的最小值，在【to】栏中输入拐角的最大值。

（6）【Routing Via Style】子规则。

【Routing Via Style】子规则用于设置自动布线时放置过孔的尺寸，其设置窗口如图 5-88 所示。

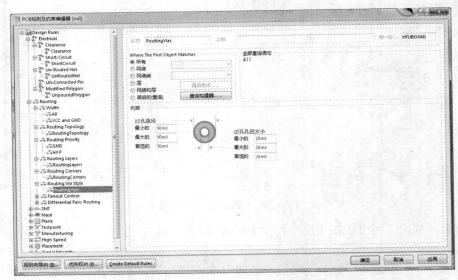

图 5-88　【Routing Via Style】子规则设置窗口

174

在【约束】区域内，需设定过孔的内、外径的最小、最大和首选值。其中最大和最小值是过孔的极限值，首选值将作为系统放置过孔时默认尺寸。需要强调单面板和双面板过孔外径应设置在 40～60mil 之间；内径应设置在 20～30mil。四层及以上的 PCB 外径最小值为 20mil，最大值为 40mil；内径最小值为 10mil，最大值为 20mil。

（7）【Fanout Control】子规则。

【Fanout Control】子规则用于对贴片式元器件进行扇出式布线的规则。什么是扇出呢？扇出其实就是将贴片式元器件的焊盘通过导线引出并在导线末端添加过孔，使其可以在其他层面上继续布线。系统提供了五种默认的扇出规则，分别对应于不同封装的元器件，即"Fanout_BGA""Fanout_LCC""Fanout_SOIC""Fanout_Small""Fanout_Default"，如图 5-89 所示。

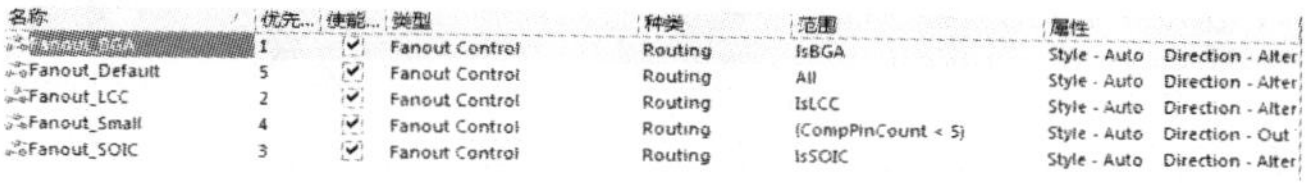

图 5-89　系统给出的默认扇出规则

这几种扇出规则的设置窗口除了适用范围不同外，其【约束】区域内的设置项是基本相同的。如图 5-90 给出了【Fanout_Default】规则的设置窗口。

图 5-90　【Fanout_Default】规则的设置窗口

【约束】区域由【扇出选项】一项构成。【扇出选项】区域内，包含四个下拉菜单选项，分别是【扇出类型】【扇出方向】【从焊盘方向】和【过孔放置模式】。

【扇出类型】下拉菜单中有五个选项。

a）【Auto】：自动扇出。

b）【Inline Rows】：同轴排列。

c）【Staggered Rows】：交错排列。

d）【BGA】：BGA 形式排列。

e）【Under Pads】：从焊盘下方扇出。

【扇出向导】下拉菜单中有六个选项。

a）【Disable】：不设定扇出方向。

b）【In Only】：输入方向扇出。

c）【Out Only】：输出方向扇出。

d）【In Then Out】：先进后出方式扇出。

e）【Out Then In】：先出后进方式扇出。

f）【Alternating In and Out】：交互式进出方式扇出。

【从焊盘趋势】下拉菜单中有六个选项。

a）【Away From Center】：偏离焊盘中心扇出。

b）【North-East】：焊盘的东北方向扇出。

c）【South-East】：焊盘的东南方向扇出。

d）【South-West】：焊盘的西南方向扇出。

e）【North-West】：焊盘的西北方向扇出。

f）【Towards Center】：正对焊盘中心方向扇出。

【过孔放置模式】下拉菜单中有两个选项。

a）【Close To Pad（Follow Rules）】：遵从规则的前提下，过孔靠近焊盘放置。

b）【Centered Between Pads】：过孔放置在焊盘之间。

（8）【Differential Pairs Routing】子规则。

【Differential Pairs Routing】子规则主要用于对一组差分对设置相应的参数，其设置窗口如图 5-91 所示。

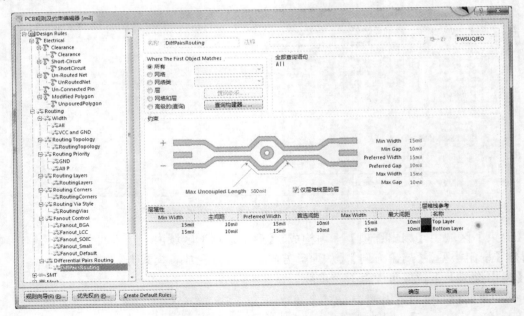

图 5-91　【Differential Pairs Routing】子规则设置窗口

【约束】区域内，需对差分对内部两个网络之间的最小间隙（Min Gap）、最大间隙（Max

Gap）、优选间隙（Preferred Gap）及最大非耦合长度（Max Uncoupled Length）进行设置，以便在交互式差分对布线器中使用，并在 DRC 校验中进行差分对布线的验证。

选中【仅层堆栈里的】复选框，下面的列表中只是显示图层堆栈中定义的工作层。

3．用规则向导对规则进行设置

在 PCB 编辑环境内执行【设计】/【规则向导】命令，启动规则向导对话框，其界面如图 5-92 所示。

图 5-92　规则向导对话框

现在就以对电源线和地线重新定义一个导线宽度约束规则为例，介绍一下如何使用规则向导设置规则。

在打开的规则向导对话框中，单击【下一步】按钮，进入选择待设置的规则类型窗口。本例要选中【Routing】规则中的【Width】子规则，并在【名称】文本编辑栏中输入新建规则的名称"V_G"，如图 5-93 所示。

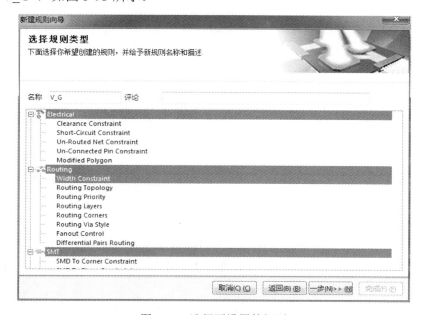

图 5-93　选择要设置的规则

单击【下一步】按钮，进入选择匹配范围窗口，选中【1 Net】单选按钮，如图 5-94 所示。

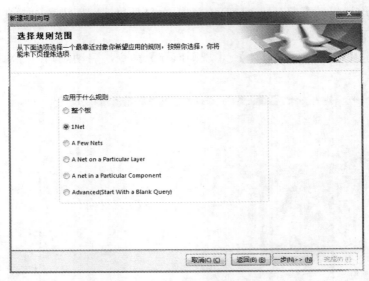

图 5-94　选择匹配对象范围窗口

单击【下一步】按钮，进入高级规则范围编辑窗口。选择【条件类型/操作人员】下面栏中的内容为 "Belongs to Net"，在【条件值】下面栏中单击鼠标左键，打开下拉列表，选择网络标号 "+5V"，如图 5-95 所示。

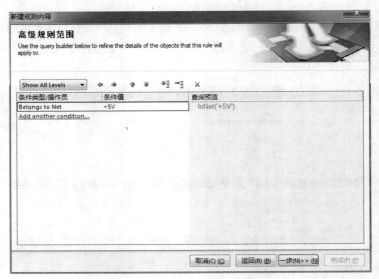

图 5-95　确定匹配对象细节（1）

单击【条件类型/操作员】栏下方的蓝体字【Add another condition】，在弹出的下拉菜单中选择【Belongs to Net】，在其对应的【条件值】栏中选择网络标号 "12V"，将其上方的关系值改成 "OR"，如图 5-96 所示。

按照上述操作将 "GND" 网络层添加到规则中，如图 5-97 所示。

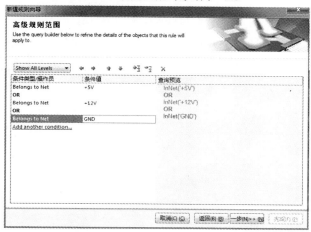

图 5-96　确定匹配对象细节（2）

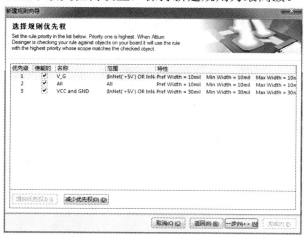

图 5-97　确定匹配对象细节（3）

单击【下一步】按钮，进入选择规则优先级窗口，在该窗口中列出了所有的【Width】规则，如图 5-98 所示。这里不改变任何设置，保持新建规则为最高级。

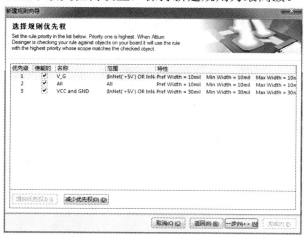

图 5-98　【选择规则优先级】窗口

单击【下一步】按钮，进入新规则完成窗口，如图 5-99 所示。

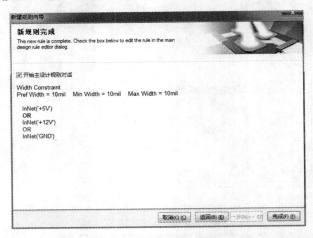

图 5-99 完成新规则创建

选中【开始主设计规则对话框】复选框，单击【完成】按钮，即打开【PCB 规则和约束编辑器】对话框。在这里对新建规则完成约束条件的设置，如图 5-100 所示。

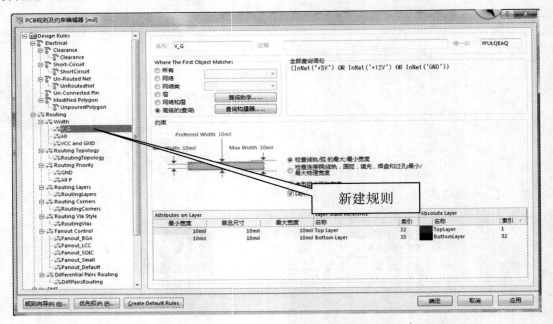

图 5-100 新建规则在【PCB 规则和约束编辑器】对话框中

由上述过程可以看出，使用规则向导进行规则设置只是设置了规则的应用范围和其优先级。而约束条件还是要在【PCB 规则和约束编辑器】对话框中完成。

5.10.2 自动布线

1. All 方式

布线参数设置好后，用户就可以利用 Altium Designer 提供的自动布线器进行自动布线执行【自动布线】/【全部】菜单命令，如图 5-101 所示。

此时系统弹出【Situs 布线策略】对话框，如图 5-102 所示。

图 5-101　【自动布线】/【全部】菜单　　　图 5-102　【Situs Routing Strategies】对话框

该对话框分为上下两个区域，分别是【布线设置报告】区域和【布线策略】区域。

【Routing Setup Report】区域：用于对布线规则的设置及其受影响的对象进行汇总报告。该区域还包含了三个控制设置按钮。

【编辑层走线方向】按钮：用于设置各信号层的布线方向，单击该按钮，会打开【层说明】对话框，如图 5-103 所示。

由图 5-103 可以看出，顶层的走线是延水平方向的，而底层的走线是延垂直方向的，它们的走线方向都是设定为自动的。这里用户还可以进行进一步的设置。

【编辑规则】按钮：单击该按钮，则可以打开【PCB 规则和约束编辑器】对话框，对于各项规则可以继续进行修改或设置。

图 5-103　【层说明】对话框

【报告另存为】按钮：单击该按钮，可将规则报告导出并以后缀为".htm"文件保存。

【布线策略】区域：用于选择可用的布线策略或编辑新的布线策略。系统提供了六种默认的布线策略。

（1）【Cleanup】：默认优化的布线策略。

（2）【Default 2 Layer Board】：默认的双面板布线策略。

（3）【Default 2 Layer With Edge Connectors】：默认具有边缘连接器的双面板布线策略。

（4）【Default Multi Layer Board】：默认的多层板布线策略。

（5）【General Orthogonal】：默认的常规正交布线策略。

（6）【Via Miser】：默认尽量减少过孔使用的多层板布线策略。

该窗口的下方还包括两个复选框。

【锁定已有布线】复选框：选中该复选框，表示可将 PCB 上原有的预布线锁定，在开始自动布线过程中自动布线器不会更改原有预布线。

【布线后消除冲突】复选框：选中该复选框，表示重新布线后，系统可以自动的删除原有的布线。

如果系统提供的默认布线策略不能满足用户的设计要求，可以单击【添加】按钮，打开【Situs 策略编辑器】对话框，如图 5-104 所示。

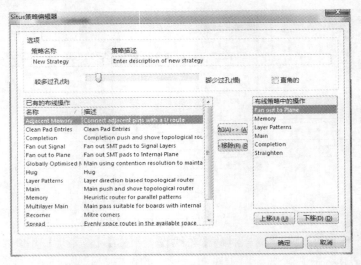

图 5-104　【Situs 策略编辑器】对话框

在该对话框中用户可以编辑新的布线策略或设定布线时的速度。

在设定好所有的布线策略后，单击【Route All】按钮，开始对 PCB 全局进行自动布线。

在布线的同时系统的【Messages】面板会同步给出布线的状态信息，如图 5-105 所示。

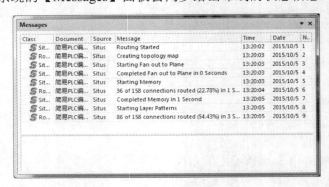

图 5-105　布线状态信息

关闭信息窗口，可以看到布线的结果如图 5-106 所示。

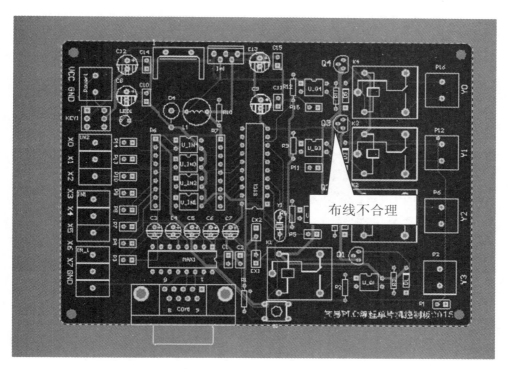

图 5-106 全部自动布线结果

由图可以看到有几根布线不合理，可以通过调整布局或手工布线，来进一步改善布线结果。首先删除刚布线的结果，执行【工具】/【取消布线】/【全部】菜单命令，此时自动布线将被删除，用户可对不满意的布线先进行手动布线，如图 5-107 所示。

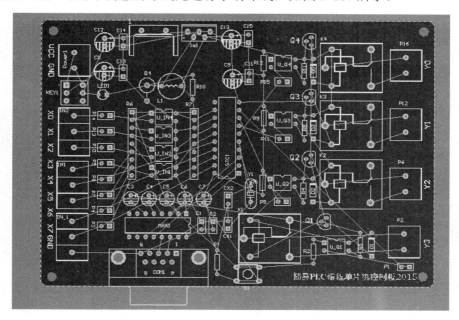

图 5-107 完成一部分手动布线

再次进行自动布线，这时【锁定已有布线】复选框必须被勾选，结果如图 5-108 所示。

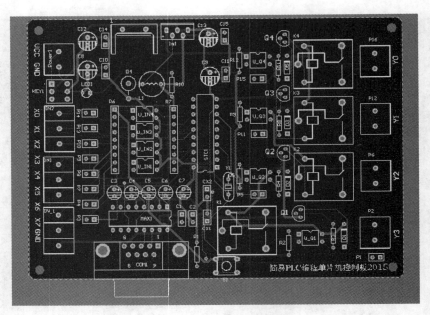

图 5-108　调整后的布线结果

继续调整，直至布线结果满足要求。

2. Net 方式

Net 方式布线，即用户可以以网络为单元，对 PCB 进行布线。以本例为例，首先对 GND 网络进行布线，然后对剩余的网络进行全 PCB 自动布线。

首先查找 GND 网络，用户可使用导航窗口查找，如图 5-109 所示。

则在 PCB 编辑环境中，所有的"GND"网络，以高亮状态显示，如图 5-110 所示。

图 5-109　使用导航窗口查找网络

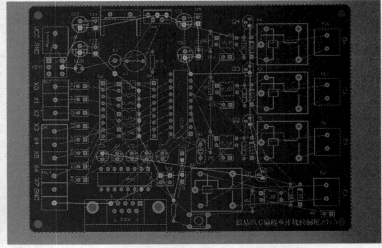

图 5-110　显示 GND 网络

执行【自动布线】/【网络】菜单命令，此时鼠标以"十"字光标形式出现，在 GND 网络的飞线上单击鼠标左键，此时系统即对 GND 网络进行单一网络自动布线操作，结果如图 5-111 所示。

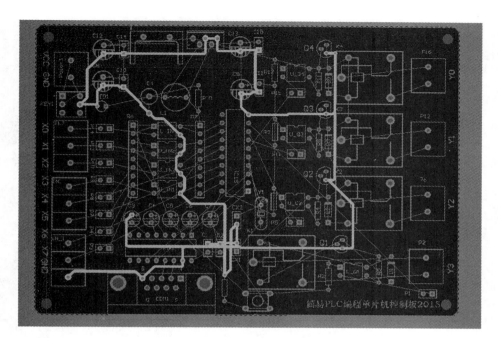

图 5-111　对 GND 网络进行单一网络自动布线

　　然后单击鼠标右键释放鼠标。接着对剩余电路进行布线，单击【自动布线】/【全部】命令，在弹出的【Situs 布线策略】对话框中选中【锁定已有布线】复选框，如图 5-112所示。

图 5-112　锁定所有预布线

　　然后单击【Route All】按钮对剩余网络进行布线，布线结果如图 5-113 所示。

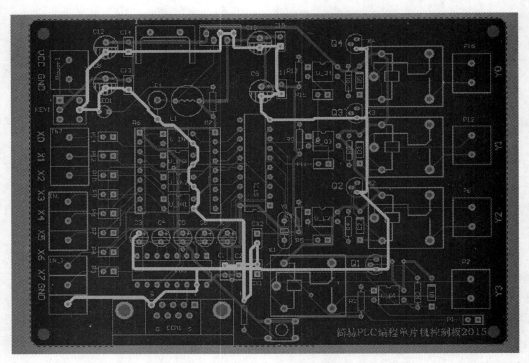

图 5-113　分步布线结果

3．连接方式

连接方式即用户可以对指定的飞线进行布线。执行【自动布线】/【连接】菜单命令，此时鼠标以"十"字光标形式出现，在期望布线的飞线上单击鼠标左键，即可对这一飞线进行单一连线自动布线操作，如图 5-114 所示。

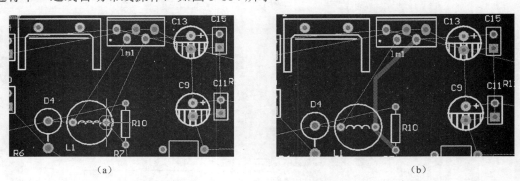

（a）　　　　　　　　　　　　　　　　　　　（b）

图 5-114　对单一连线进行自动布线操作对单一连线进行自动布线操作

将期望布线的飞线布置完成后，即可对剩余网络进行布线。

4．区域方式

区域方式即用户可以对指定的区域进行布线。执行【自动布线】/【区域】命令，此时鼠标以"十"字光标形式出现，在期望布线的区域上，如图 5-115 所示。拖动鼠标，即可对选中的区域进行单一连线自动布线操作，如图 5-116 所示。将期望布线的区域布置完成后，即可对剩余网络进行布线。

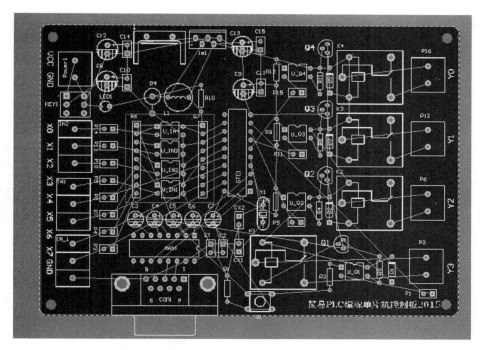

图 5-115　确定布线区域

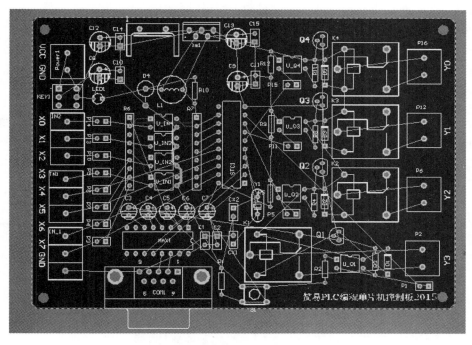

图 5-116　对单一区域进行布线操作

5. 元件方式

元件方式即用户可以对指定的元件进行布线。执行【自动布线】/【元件】命令，此时鼠标以"十"字光标形式出现，在期望布线的元件（这里以器件 STC1 为例）上单击鼠标左键，即可对这一元件的网络进行单一连线自动布线操作，如图 5-117 所示。

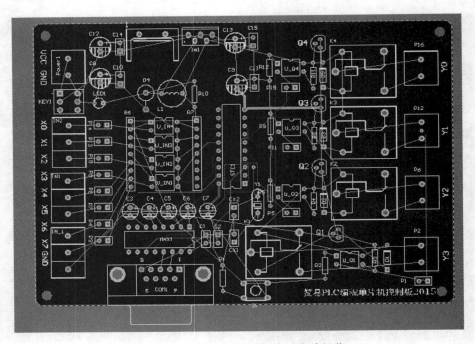

图 5-117　对单一元件进行自动布线操作

将期望布线的元件布置完成后，即可对剩余网络进行布线。

6．选中对象方式

选中对象方式与元件方式的性质是一样的，只是不同之处是该方式可以一次对多个元器件的布线进行操作。首先选中要进行布线的多个元器件，如图 5-118 所示。

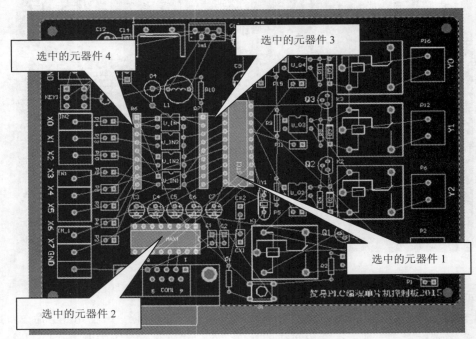

图 5-118　选中要进行布线的元器件

188

执行【自动布线】/【选中对象的连接】菜单命令，即可对选中的多个元器件进行自动布线操作，如图 5-119 所示。

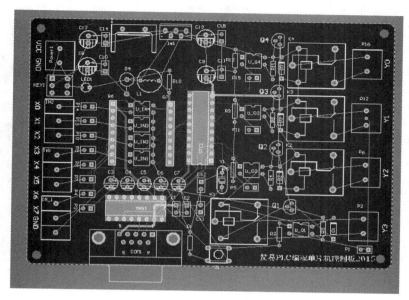

图 5-119　对多个选中的元器件进行自动布线

将期望布线的元器件布置完成后，即可对剩余网络进行布线。

7．选择对象之间的连接方式

选择对象之间的连接方式可以对选中两元器件之间进行自动布线操作。首先选中待布线的两元器件，如图 5-120 所示。

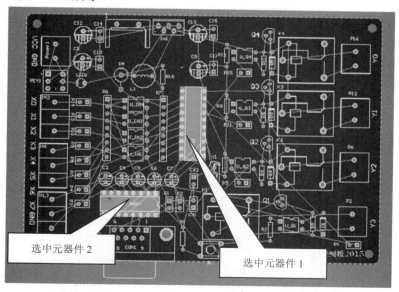

图 5-120　选中要进行布线的元器件

执行【自动布线】/【选择对象之间的连接】菜单命令，执行该命令后，布线结果如图 5-121 所示。

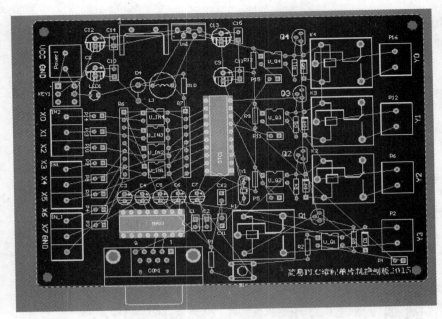

图 5-121　对两器件间的布线结果

5.10.3　手动布线

当电路器件从原理图导入 PCB 后，各焊点间的网络连接都已定义好了（使用飞线连接网络），此时用户可使用系统提供的交互式走线模式进行手动布线。

在 Altium Designer 15 中，将灵巧布线交互式布线工具的功能合成到交互式布线工具中。系统为设计者提供了非自动、自动两种不同的连接完成模式。

1. 非自动完成模式下的布线

非自动完成模式下，布线过程中系统只是给出从连接点到当前光标位置的路径。单击放置工具中的交互式布线工具，如图 5-122 所示。

图 5-122　单击交互式布线工具

此时鼠标以光标形式出现，将鼠标放置到期望布线的网络的起点处放置鼠标，此时鼠标中心会出现一个八角空心符号，如图 5-123 所示。

八角空心符号表示在此处单击鼠标左键就会形成有效的电气连接。因此单击鼠标左键开始布线，如图 5-124 所示。

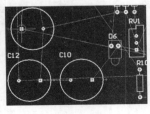

图 5-123　鼠标中心的八角空心符号　　　　图 5-124　交互式布线

190

在布线过程中按下【Tab】键，即弹出【Interactive Routing For Net】对话框，如图 5-125 所示。

图 5-125　【Interactive Routing For Net】对话框

在该对话框的左侧可以进行导线的宽度、导线所在层面、过孔的内外的直径等设置。在对话框右侧可以对【布线冲突分析】【交互式布线选项】等进行设置。

单击【编辑线宽规则】按钮，可以进入导线宽度规则的设置窗口，对导线宽度进行具体的设置，如图 5-126 所示。

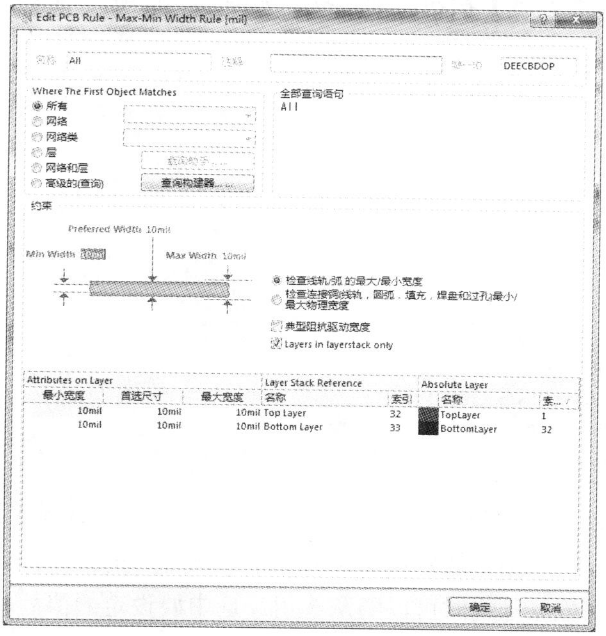

图 5-126　单击【编辑线宽规则】按钮弹出对话框

单击【编辑过孔规则】按钮，可以进入过孔规则的设置窗口，对过孔规则进行具体设置，如图 5-127 所示。

图 5-127　单击【编辑过孔规则】按钮

单击对话框最下方的【菜单】按钮，可以打开如图 5-128 所示的命令菜单，执行该菜单所列出的各项菜单命令，可以对过孔孔径、导线宽度进行定义或可以增加新的线宽规则和过孔规则等。

单击【中意的交互式线宽】按钮，则会打开如图 5-129 所示的【中意的交互式线宽】对话框窗口。

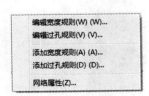

图 5-128　命令菜单　　　图 5-129　【中意的交互式线宽】窗口

在该窗口中，给出了公制和英制相对应的若干导线宽度值，在不超出导线宽度规则设定范围的前提下，用户在放置导线时可以随意选用。选中要设定的值后，单击【确定】按钮，即可设定为当前所布线的线宽度。

单击【Favorite Interactive Routing Via Sizes】按钮，则会打开如图 5-130 所示的【偏好的交互式过孔尺寸】对话框窗口。

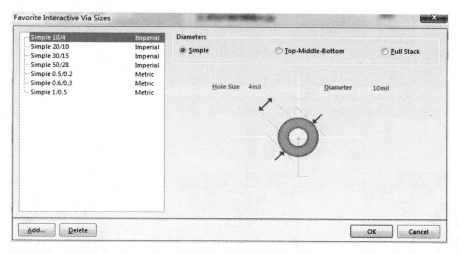

图 5-130　【偏好的交互式过孔尺寸】窗口

在该窗口中，给出了公制和英制相对应的若干过孔孔径值，在不超出过孔孔径规则设定范围的前提下，用户在放置过孔时可以随意选用。选中要设定的值后，单击【OK】按钮，即可设定为当前放置过孔的尺寸。

设置完成后，单击【确认】按钮确认设置。

将鼠标移动到另一点待连接的焊盘处，单击鼠标左键，完成一次布线操作，如图 5-131 所示。

当绘制好铜膜走线后，希望再次调整铜膜走线的属性时，用户可双击绘制好的铜膜走线，此时系统将弹出铜膜走线编辑对话框，如图 5-132 所示。

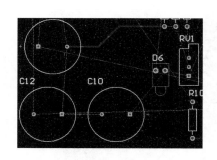

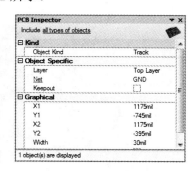

图 5-131　完成交互式布线方式连接网络　　图 5-132　铜膜走线编辑对话框

在这一对话框中，用户可编辑铜膜走线的宽度、所在层、所在网络及其位置等信息。

按照上述方式布线，即可完成 PCB 的布线。

2．自动完成模式下的布线

自动完成模式下，系统会以虚线轮廓的方式给出能完成整个连接的线径，若可以满足用户的设计要求，只需按下【Ctrl】键同时单击鼠标左键，即可完成整个路径的布线。单击放置工具中的交互式布线工具，如图 5-133 所示。

图 5-133　单击灵巧布线交互式布线工具

此时鼠标以光标形式出现，将鼠标放置到期望布线的网络的起点处放置鼠标，此时鼠标中心会出现一个八角空心符号，如图 5-134 所示。

单击鼠标左键，拖动鼠标，开始布线。此时可以看到，编辑窗口内显示了两种不同的线段，一种是从起点到当前光标位置处的实线段，另一种是系统以虚线轮廓显示所提供的布线路径，如图 5-135 所示。

按下【Ctrl】按键，同时单击鼠标左键，即可自动完成整个布线连接，如图 5-136 所示。

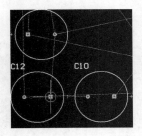 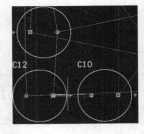 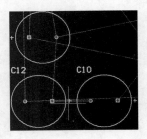

图 5-134　鼠标中心的八角空心符号　　图 5-135　显示布线路径　　图 5-136　自动完成布线连接

5.10.4　混合布线

Altium Designer 15 的自动布线功能虽然非常强大，但是自动布线时多少也会存在一些令人不满意的地方，而一个设计美观的印制的电路板往往都在自动布线的基础上需要进行多次修改，才能将其设计得尽善尽美。

首先采用自动布线中的 Net 方式布通 PCB 中的 GND 网络层，结果如图 5-137 所示。

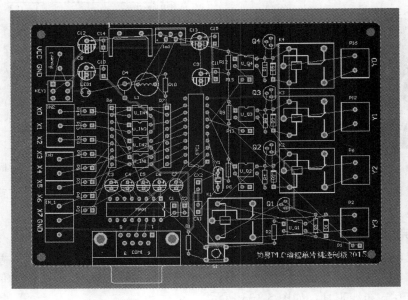

图 5-137　Net 方式布 GND 网络

接着对 GND 网络中的部分线路进行调整。执行【工具】/【优先选项】菜单命令，在弹出的【优先选项】对话框中选择【PCB Editor】/【General】优先选项设置窗口下方的【比较拖动】下拉式列表中的【Connected Tracks】选项，如图 5-138 所示。

图 5-138　启动不断线拖动功能

设置完成后，单击【确定】按钮确认设置。然后执行【编辑】/【移动】/【器件】菜单命令，此时鼠标以"十"字光标形式出现，然后单击元件，则元件及其焊点上的铜膜走线都随着鼠标的移动而移动，如图 5-139 所示。

在期望放置元件的位置单击鼠标左键即可放置元件。按照上述方式不断线调整其他元件，结果如图 5-140 所示。

不断线调整元件后，与元件相连的铜膜走线发生形变，因此，在调整完元件后，用户需要重新布线。执行【工具】/【取消布线】/【全部】菜单命令清除所有布线，然后再次采用自动布线中的 Net 方式布通电路中的 GND 网络，结果如图 5-141 所示。

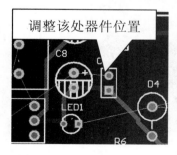
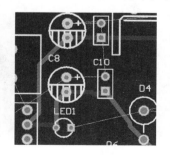
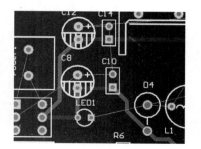

图 5-139　不断线拖动元件　　图 5-140　不断线调整其他元件　图 5-141　再次布 GND 网络后修改效果

接着对剩余电路进行布线，执行【自动布线】/【全部】菜单命令，在弹出的对话框中锁定所有预布线，如图 5-142 所示。

图 5-142　锁定所有预布线

然后单击【Route All】按钮对剩余网络进行布线，布线结果如图 5-143 所示。

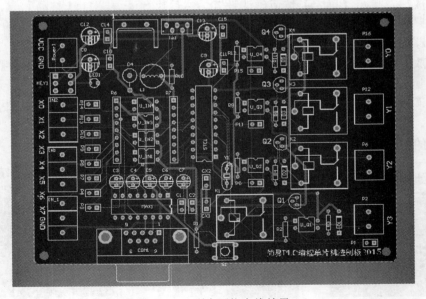

图 5-143　剩余网络布线结果

自动布线后，用户可调整不合适的连线。如图 5-144 所示的高亮布线走线不够合理没有满足最短走线原理。

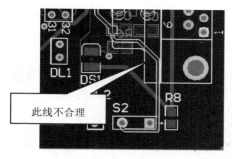

图 5-144　不合理走线

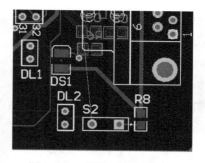

图 5-145　删除不合理走线

调整该走线步骤如下。

首先删除该不合理走线，如图 5-145 所示。单击布线工具（交互式布线工具），设置布线层面为顶层。重新对该点走线，如图 5-146 所示。

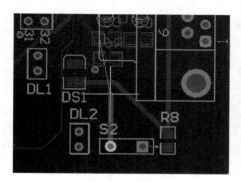

图 5-146　重新走线

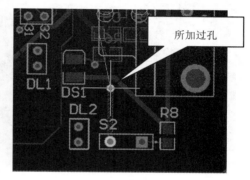

图 5-147　切换布线层面同时加一过孔

当遇到转折点时，按下【Shift】+【Ctrl】+【鼠标滑轮】，切换布线层面，同时加一过孔，如图 5-147 所示。单击鼠标左键，放置过孔同时完成布线，如图 5-148 所示。

按照上述方法调整其他连线，在调整的过程中，用户可采用单层显示方式。将鼠标移动到编辑窗口中的【板层标签】，单击鼠标右键，系统将会弹出菜单命令，如图 5-149 所示。

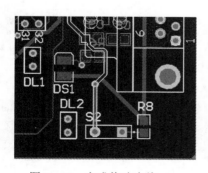

图 5-148　完成修改走线

图 5-149　板层设置菜单

执行上述菜单中的【隐藏层】/【Bottom Layer】命令，即可隐藏【Bottom Layer】，只是显示【Top Layer】，效果如图 5-150 所示。

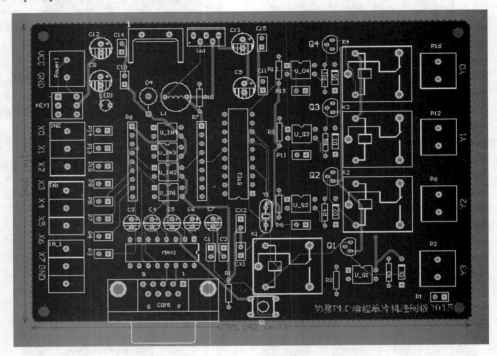

图 5-150　只显示顶层

用户根据实际电路连接调整布线，结果如图 5-151、图 5-152 所示。

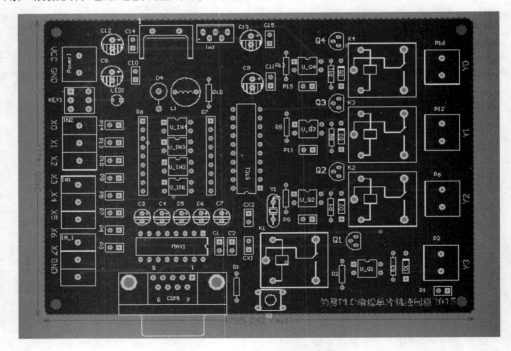

图 5-151　底层布线调整结果

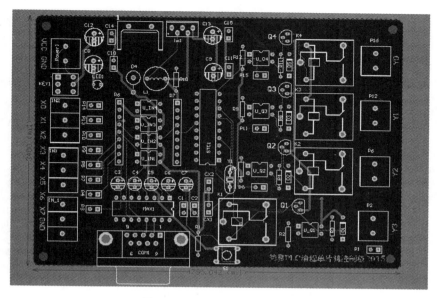

图 5-152　整个电路布线结果

5.10.5　设计规则检测

布线完成后，用户可利用 Altium Designer 15 提供的检测功能进行规则检测，查看布线后的结果是否符合所设置要求，或电路中是否还有未完成的网络走线。执行【工具】/【设计规则检查】菜单命令，此时，系统将弹出检测选项对话框，如图 5-153 所示。

图 5-153　【设计规则检测】对话框

在该对话框中包含两部分设置内容，即【Report Options】（DRC 报告选项设置）和【Rules To Check】（检查规则设置）。

【Report Options】用于设置生成的 DRC 报告中所包含的内容。

【Rules To Check】用于设置需要进行检验的设计规则及进行检验时所采用的方式（在线还是批量），其设置界面如图 5-154 所示。

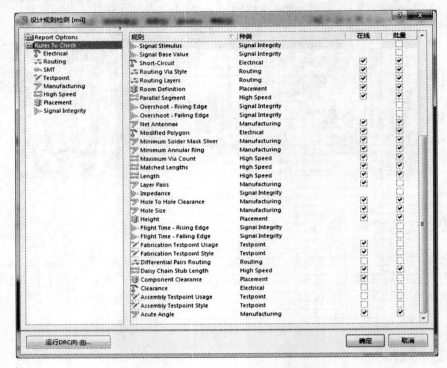

图 5-154 　【Rules To Check】设置界面

设置完成后，运行设计规则检测后，以报表形式给出检测结果。单击【运行 DRC】按钮，Altium Designer 15 系统会弹出【Message】（信息）窗口，如图 5-155 所示。如果检测有错误，【Message】窗口会提供所有的错误信息；如果检测没有错误，【Message】窗口将会是空白的。

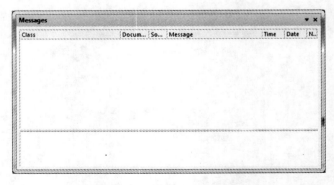

图 5-155 　【Message】窗口

在【Message】窗口中没有错误信息提示，同时其输出报表如图 5-156 所示。

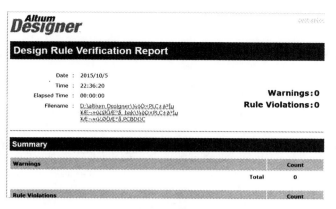

Design Rule Verification Report

Date : 2015/10/5
Time : 22:36:20
Elapsed Time : 00:00:00
Filename : D:\altium Designer\½óÒ×PLC‡å²¦µ
¥Æ—»ú¿ØÖ/Ë"ß_bak\½óÒ×PLC‡å²¦µ
¥Æ—»ú¿ØÖ/Ë°ß.PCBDOC

Warnings : 0
Rule Violations : 0

Summary

Warnings		Count
	Total	0

Rule Violations		Count

图 5-156 【设计规则检测】报表

　　该报表由两部分组成，上半部分给出了报表的创建信息。下半部分则列出了错误信息和违反各项设计规则的数目。本设计没有违反任何一条设计规则的要求，顺利通过 DRC 检测。

第 6 章　PCB 的输出

PCB 设计完成后，可以利用 Altium designer 15 提供的报表输出功能，生成各种报表文件，为 PCB 的加工、元器件采购、文件存档等提供方便。以下将以前述章节所建的工程文件"实例一"中的 PCB 文件"PCB1.PcbDoc"为例，说明如何使用 Altium designer 15 的各种报表功能。

6.1　PCB 报表输出

6.1.1　PCB 信息报表

PCB 信息报表用于为用户提供 PCB 的完整信息，包括 PCB 的尺寸、焊盘、导孔的数量以及各零件标号等。可以通过执行【报告】/【板子信息】菜单命令，如图 6-1 所示。此时系统将弹出 PCB 信息对话窗口，如图 6-2 所示的窗口。

图 6-1　【报告】/【板子信息】菜单　　　　图 6-2　PCB 信息窗口

在图 6-2 所示的窗口中，包含了三个标签页即三方面的信息内容，分别为【通用】标签页、【器件】标签页和【网络】标签页。

在【通用】标签页中，主要包含 PCB 的一些概况性的信息，如板子的具体尺寸、焊盘过孔的数量，布线的数量 DRC 违规的数量等。单击【器件】标签页，具体的表现形式如图 6-3 所示。

在该窗口中，列出 PCB 所包含的所有元器件的名称信息，以及统计出这些元器件中，有多少是放置在 PCB 顶层，有多少是放置在 PCB 底层。单击【器件】标签页，具体的表现形式如图 6-4 所示。

在该窗口中，主要罗列了 PCB 所包含的网络层信息，在该标签页中还有一个【Pwr/Gnd】按钮，该按钮主要是在多层板中使用，看多层板的内电层的网络信息。

用户可以选中任一标签页，然后单击【报告】按钮。在本例中选择【通用的】选项卡，然后单击【报告】按钮，此时系统将弹出如图 6-5 所示的选择报表项目对话框。

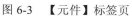

图 6-3 【元件】标签页　　　　　　　　图 6-4 【网络】标签页

单击【有的打开】按钮，可选中所有项目；单击【有的关闭】按钮，则不选择任何项目。另外用户可以选择【仅被选对象】复选框，只产生所选中对象的板信息报表。在本例中单击【有的打开】按钮，选中所有的项目，如图 6-6 所示。

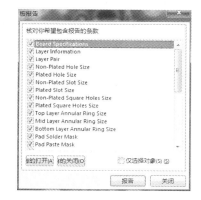

图 6-5 选择项目报表对话框　　　　　　图 6-6 选中所有项目

然后单击【报告】按钮，则系统生成网页形式的电路板信息报表"Board Information-PCB1.html"，如图 6-7 所示。

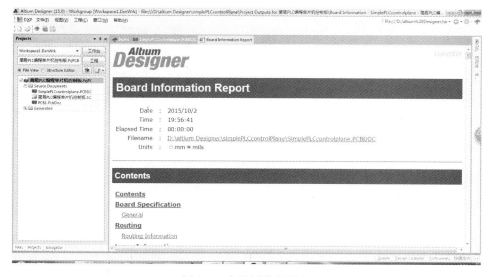

图 6-7 电路板信息报表

执行【工具】/【优先选项】菜单命令，打开【优先选项】对话框。在该对话框中，选中【PCB Editor】/【Reports】标签页，在【Board Information】中，进行如图 6-8 所示的设置。

图 6-8 设置【Board Information】

设置完成后，再次生成报告，系统会同时生成文本格式的电路板信息报告，如图 6-9 所示。

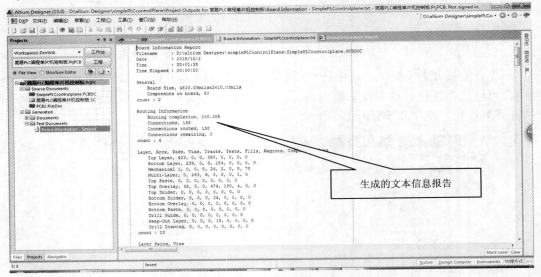

图 6-9 文本格式的电路板信息报告

6.1.2 元件报表

元件报表功能用来整理电路或项目的零件，生成元件列表，以便用户查询。

执行【报告】/【Bill of Materials】菜单命令，如图 6-10 所示。执行上述命令，系统会弹出【Bill of Materials For PCB Document】对话框，如图 6-11 所示。在【Bill of Materials For PCB Document】对话框中，单击【菜单】按钮，则会弹出如图 6-12 所示的菜单命令选项。

图 6-10 【Bill of Materials】菜单

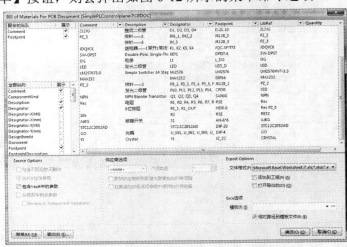

图 6-11 【Bill of Materials】对话框

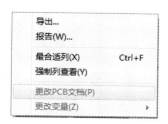

图 6-12　菜单命令选项

在弹出的菜单中执行【报告】命令，即可打开元器件报表的预览对话框，如图 6-13 所示。

Report Generated From Altium Designer

Comment	Description	Designator	Footprint	LibRef	Quantity
Comment			SRP		1
DJDR	电解电容	C3, C10, C11, C13	C-DJ-6	DJDR	4
CPDR	瓷片电容	C4, C14, C15, C16, C20, C21	CPDR	CPDR	6
10uf	Capacitor	C5, C6, C7, C8, C9	C-DJ-4	CAPACITOR POL	5
D Connector 9	Receptacle Assembly, 9 Position, Right Angle	COM1	DSUB1.385-2H9	D Connector 9	1
30b	Capacitor	CX1, CX2	HDR1X2	CAP	2
WY2JG	稳压二级管	D0	ZCDZL	WY2JG	1
ZL2JG	整流二极管	D1, D2, D3, D4	D-ZL-10	ZL2JG	4
PZ_3	排针一3	IN1_1, IN2_2	JK128_3	PZ_3	2
	排针一3	IN_3	JK128_3	PZ_3	8
JDQYCK	继电器一常开1常闭	K1, K2, K3, K4	JQC-3F/T73	JDQYCK	4
SW-DPST	Double-Pole, Single-Throw Switch	KEY1	DPDT-6	SW-DPST	1
DG	电感	L1	L_DG	DG	1
LED	发光二极管	LED	LED_D	LED	1
LM2576T5.0	Simple Switcher 3A Step Down Voltage Regulator	lm2576	LM2576	LM2576HVT-3.3	1
MAX232	排	MAX232	DIP16	MAX232	5

Page 1 of 1

所有(A) (A)　宽度(W) (W)　100%　100　%　◀◀ ◀　1　▶ ▶▶

输出(E) (E)　打印(P) (P)　打开报告(O) (O)　止 (S) (S)　　　关闭(C) (C)

图 6-13　【报告预览】对话框

单击该对话框中的【输出】按钮，可以将该报表进行保存，其保存的默认名为
"SimplePLCcontrolplane.xls"。同时激活【打开报告】按钮，单击【打开报告】按钮，打开以 "Excel" 文件形式保存的元器件报表。在 PCB 编辑环境中，执行【报告】/【Simple BOM】菜单命令，如图 6-14 所示。

则系统会生成两个元器件简单报表，分别为 "SimplePLCcontrolplane.BOM" 和 "SimplePLControlplane.CSV"，如图 6-15 所示。

这两个文件的内容基本相同，都简单直观地列出了所有元器件的序号、描述、封装等。

报告(R)　窗口(W)　帮助(H)

板子信息(B)...
Bill of Materials
Simple BOM
项目报告(R)　　▶
网络表状态(L)
测量距离(M)　Ctrl+M
测量(P)
测量选择对象(S)

图 6-14　【报告】/【Simple BOM】菜单

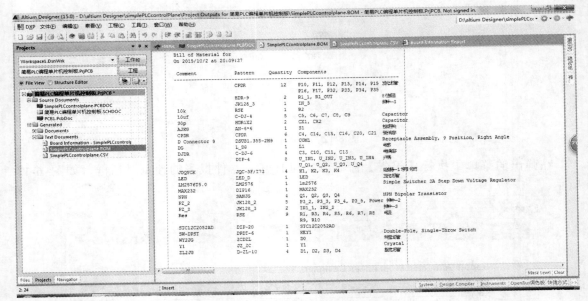

（a）报表"SimplePLCcontrolplane.BOM"

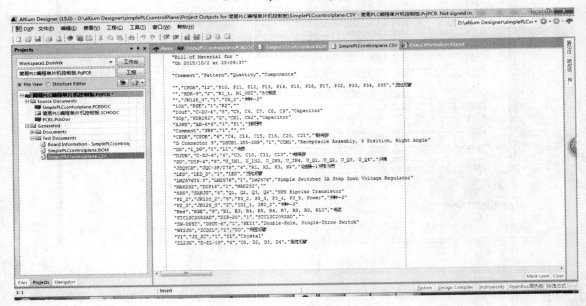

（b）报表"SimplePLCcontrolplane.CSV"

图 6-15　元器件简单报表

6.1.3　元器件交叉参考报表

元器件交叉参考报表主要用于将整个项目中的所有元器件按照所属的器件封装进行分组，同样相当于一份元器件清单。

执行【报告】/【项目报告】/【Component Cross Reference】菜单命令，如图 6-16 所示。系统会弹出【Component Cross Reference Report For Project】对话框，如图 6-17 所示。

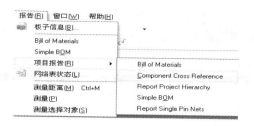

图 6-16 【Component Cross Reference】菜单

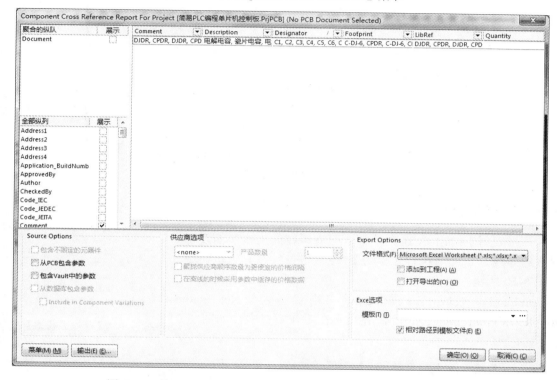

图 6-17 【Component Cross Reference Report For Project】对话框

在【Component Cross Reference Report For Project】对话框中，单击【菜单】按钮，则会弹出如图 6-18 所示的菜单命令选项。在弹出的菜单中执行【报告】命令，即可打开元器件报表的预览对话框，如图 6-19 所示。

图 6-18 菜单命令选项

单击该对话框中的【输出】按钮，可以将该报表进行保存，其保存的默认名为"简易 PLC 编程单片机控制板.xlsx"（"简易 PLC 编程单片机控制板"是 PCB 文件所在工程的工程名）。

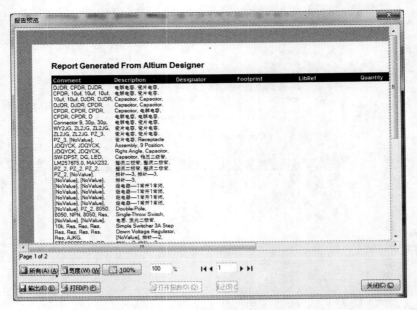

图 6-19 　【报告预览】对话框

6.1.4　网络状态表

该报表用于给出 PCB 文件中，网络所在的工作层面及每一网络的导线总长度。执行【报告】/【网络表状态】菜单命令，如图 6-20 所示。

系统自动生成了网页形式的网络状态表"Net Statius-SimplePLCcontrolplane.html"，并显示在工作窗口中，如图 6-21 所示。

图 6-20　【网络表状态】菜单

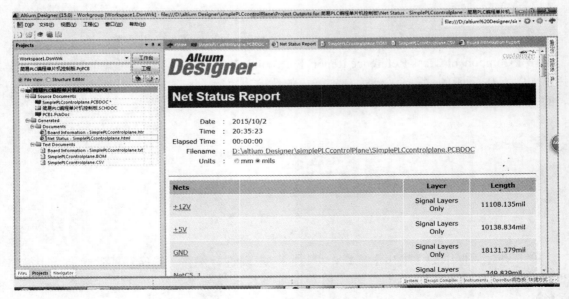

图 6-21　网络状态表

单击网络状态表中所列的任一网络，都可对照到 PCB 编辑窗口中，用于进行详细的检查。与【板子信息】报表一样，在【优先选项】对话框中的【PCB Editor】/【Reports】标签页中进行相应的设置后，也可以生成文本格式的网络状态表。

6.1.5　测量距离

该报表用于输出任意两点之间的距离。执行【报告】/【测量距离】菜单命令，此时光标变为"十"字形状，单击要测量的两点，系统会弹出这两点之间距离的信息提示框。

6.2　创建 Gerber 文件

光绘数据格式是以向量式光绘机的数据格式 Gerber 数据为基础发展起来的，并对向量式光绘机的数据格式进行了扩展，兼容了 HPGL 惠普绘图仪格式，Autocad DXF、TIFF 等专用和通用图形数据格式。一些 CAD 和 CAM 开发厂商还对 Gerber 数据作了扩展。Gerber 数据的正式名称为 Gerber RS-274 格式。向量式光绘机码盘上的每一种符号，在 Gerber 数据中，均有一相应的 D 码（D-CODE）。这样，光绘机就能够通过 D 码来控制、选择码盘，绘制出相应的图形。将 D 码和 D 码所对应符号的形状，尺寸大小进行列表，即得到一 D 码表。此 D 码表就成为从 CAD 设计，到光绘机利用此数据进行光绘的一个桥梁。用户在提供 Gerber 光绘数据的同时，必须提供相应的 D 码表。这样，光绘机就可以依据 D 码表确定应选用何种符号盘进行曝光，从而绘制出正确的图形。

打开以设计完成的 PCB 文件"PCB1.PchDoc"，执行【文件】/【制造输出】/【Gerber Files】菜单命令，如图 6-22 所示。

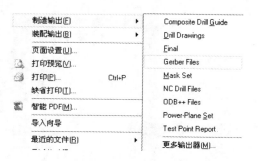

图 6-22　【Gerber Files】菜单

系统则会打开【Gerber 设置】对话框，如图 6-23 所示。

该窗口包含五个标签页，分别为【概要】、【层】、【钻孔图层】、【光圈】、【高级】，这里 5个标签页均采用系统的默认设置，需要时再重新进行设置。

所有的标签页设置完成后，单击【确认】按钮，系统即按照设置生成各个图层的 Gerber文件，并加载到当前项目中。同时，系统启动"CAMtastic"编辑器，如图 6-24 所示，将所有生成的 Gerber 文件集成为"CAMtastic1.CAM"图形文件，并显示在编辑窗口中，如图 6-25所示。

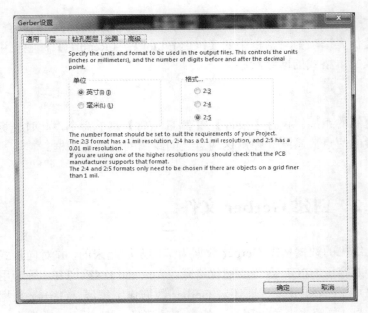

图 6-23 【Gerber 设置】对话框   图 6-24 "CAMtastic" 编辑器

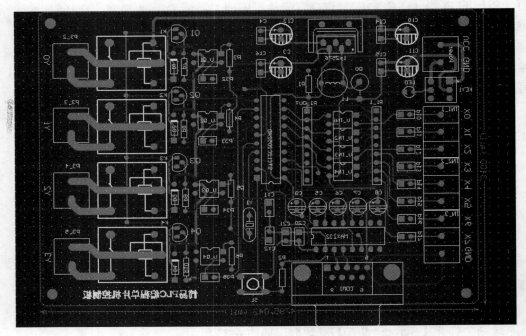

图 6-25 "CAMtastic1.CAM" 图形文件

在"CAMtastic"编辑器的层名列表中，列出了"CAMtastic1.CAM"图形文件所包含的各个层名，其各层意义如下：

SimplePLCcontrolplane.gtl：为 TOP 层布线层光绘文件；

SimplePLCcontrolplane.gbl：为 BOTTOM 层布线层光绘文件；

SimplePLCcontrolplane.gtp：为 TOP 层锡膏层光绘文件；

SimplePLCcontrolplane.gto：为 TOP 层丝印层光绘文件；

SimplePLCcontrolplane.gts：为 TOP 层阻焊层光绘文件；

SimplePLCcontrolplane.gbs：为 BOTTOM 层阻焊层光绘文件；

SimplePLCcontrolplane.gbp：为 BOTTOM 层锡膏层光绘文件；

SimplePLCcontrolplane.gbo：为 BOTTOM 层丝印层光绘文件；

SimplePLCcontrolplane.gm1：为机械加工层 1 光绘文件。

执行【表格】/【光圈】菜单命令，如图 6-26 所示。

即可打开【编辑光圈】对话框，即 D 码表。在一个 D 码表中，一般应该包括 D 码，每个 D 码所对应码盘的形状、尺寸，如图 6-27 所示。

图 6-26　【表格】/【光圈】菜单

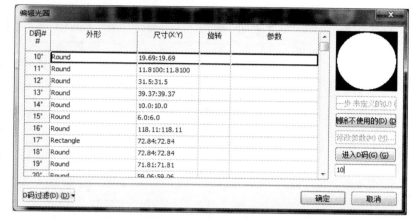

图 6-27　【编辑光圈】对话框

每行定义了一个 D 码，包含了有四种参数。其中：

（1）第一列为 D 码序号，由字母'D'加一数字组成；

（2）第二列为该 D 码代表的符号的形状说明，如 Round 表示该符号的形状为圆形，Rectangle 表示该符号的形状为矩形；

（3）第三列中分别定义了符号图形的 X 方向和 Y 方向的尺寸，单位为 mil（1mil=1/1000 英寸，约等于 0.0254mm）；

在 Gerber RS-274 格式中除了使用 D 码定义了符号盘以外，D 码还用于光绘机的曝光控制；另外还使用了一些其他命令用于光绘机的控制和运行。

6.3　创建钻孔文件

钻孔文件用于记录钻孔的尺寸和钻孔的位置。当用户的 PCB 数据要送入 NC 钻孔机进行自动钻孔操作时，用户需创建钻孔文件。

打开设计文件"PCB1.PchDoc"，执行【文件】/【制造输出】/【NC Drill Files】菜单命令。此时，系统将弹出【NC 钻孔设定】对话框，如图 6-28 所示。

在【NC 钻孔格式】区域中包含【单位】和【格式】两个设置栏，其意义如下：

【单位】栏中，提供了两种单位选择，即英制和公制。

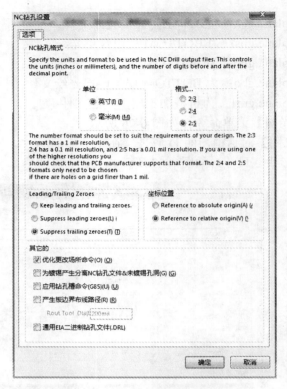

图 6-28 【NC 孔设定】对话框

【格式】栏中，提供了三项选择，即"2:3"、"2:4"、"2:5"，表示"Gerber"文件中使用的不同数据精度。"2:3"就表示数据中含两位整数，三位小数。同理的，"2:4"表示数据中含有四位小数，"2:5"表示数据中含有五位小数。

在【Leading/trailing Zeroes】区域中，系统提供了三种选项：

（1）【Keep leading and trailing zeroes】：保留数据的前导零和后接零；

（2）【Suppress leading zeroes】：删除前导零；

（3）【Suppress trailing zeroes】：删除后接零。

在【坐标位置】区域中，系统提供了两种选项：即【Reference to absolute origin】和【Reference to relative origin】。

图 6-29 【输入穿孔数据】对话框

这里使用系统提供的默认设置。单击【确定】按钮，即生成一个名称为"CAMtastic2.CAM"的图形文件，同时启动了"CAMtastic"编辑器，弹出【输入穿孔数据】对话框，如图 6-29 所示。

单击【确定】按钮，所生成的"CAMtastic2.CAM"图形文件显示在编辑窗口中，如图 6-30 所示。

在该环境下，用户可以进行与钻孔有关的各种校验、修正和编辑等工作。

在【Projects】面板的"Generated"文件夹中，双击可以打开生成的 NC 钻孔文件报告"PCB1.DRR"，如图 6-31 所示。

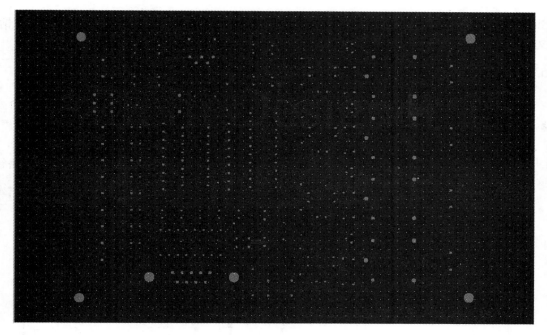

图 6-30　"CAMtastic2.CAM"图形文件

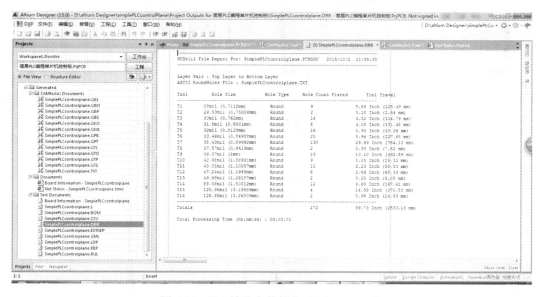

图 6-31　NC 钻孔文件报告"PCB1.DRR"

6.4　光绘及钻孔文件的导出

当用户将设计完成的电路板信息提交给 PCB 加工厂商时,用户需向厂家提供各层的光绘文件,包括:SimplePLCcontrolplane.gtl、SimplePLCcontrolplane.gbl、SimplePLCcontrolplane.gtp、SimplePLCcontrolplane.gto 、 SimplePLCcontrolplane.gts 、 SimplePLCcontrolplane.gbs 、

SimplePLCcontrolplane.gbp、SimplePLCcontrolplane.gbo、SimplePLCcontrolplane.gm1；钻孔文件，包括：SimplePLCcontrolplane.DRR。

6.4.1 光绘文件的导出

将工作界面切换回"CAMtastic1.CAM"，执行【文件】/【导出】/【Gerber】菜单命令，系统则会弹出【导出 Gerber 文件】对话框，如图 6-32 所示。

这里采用系统默认设置，单击【确定】按钮，则会弹出【Write Gerber（s）】对话框，如图 6-33 所示。在该对话框中，选中所有待输出文件，并在对话框最下方选择文件保存路径，这里选择保存在桌面。设置好所有选项后，【Write Gerber（s）】对话框如图 6-34 所示。

图 6-32 【导出 Gerber 文件】对话框

图 6-33 【Write Gerber（s）】对话框

图 6-34 设置【Write Gerber（s）】对话框

单击【确定】按钮，则所有的导出文件都被保存在桌面上了。

214

6.4.2 钻孔数据文件的导出

到钻孔数据文件的保存目录下，找到要提供给制造商的文件 SimplePLCcontrolplane.DRR 粘贴到要保存的路径下即可。

6.5 PCB 和原理图的交叉探针

Altium designer 15 系统在原理图编辑器和 PCB 编辑器中提供了交叉探针功能，用户可以将 PCB 编辑环境中的封装形式与原理图中元器件图形灵活的相互对照，实现了图元的快速查找与定位。系统提供了两种交叉探针模式：

（1）连续交叉探针模式：可以连续探测对应文件内的图元。

（2）跳转交叉探针模式：只可对单一图元进行对应文件的跳转。

打开工程文件"简易 PLC 编程单片机控制板.PrjPCB"，如图 6-35 所示。

双击打开原理图文件"简易 PLC 编程单片机控制板.SchDoc"和 PCB 文件"SimplePLCcontrolplane.PcbDoc"。

在 PCB 文件"SimplePLCcontrolplane.PcbDoc"中，执行【工具】/【交叉探针】菜单命令，此时光标变成"十"字形，移动光标到需要查看的元器件上单击选取，例如"COM1"，如图 6-36 所示。

图 6-35　实例一.PrjPCB

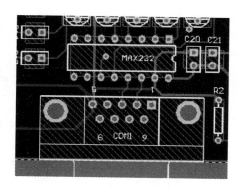

图 6-36　单击选取待查看的元器件

系统快速的切换到对应的原理图文件"简易 PLC 编程单片机控制板.SchDoc"，之后又快速切换回 PCB 文件。此时任处于交叉探针命令下，单击鼠标右键，推出交叉探针命令。

单击原理图文件"简易 PLC 编程单片机控制板.SchDoc"，可以看到被单击选取的元器件处于高亮显示状态，而其他元器件则呈灰色屏蔽状态，如图 6-37 所示。

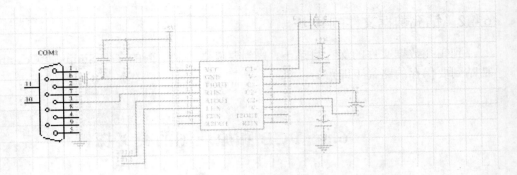

图 6-37　高亮显示选取元器件

这种是连续交叉探针模式，在该模式下，图元的高亮显示不是累积的，系统只是保留最后一次探测图元的高亮显示。

返回 PCB 文件，再次执行【交叉探针】命令，按住【Ctrl】键同时用"十"字光标单击选取待查看的元器件，系统自动跳转到原理图文件"简易 PLC 编程单片机控制板.SchDoc"，选中元器件呈高亮状态显示，而其他的元器件呈灰色屏蔽状态。

6.6　智能 PDF 向导

Altium designer 15 系统提供了强大的【智能 PDF】向导，用于创建原理图和 PCB 数据视图文件，实现了设计数据文件的共享。

在原理图编辑环境或 PCB 编辑环境，执行【文件】/【智能 PDF】菜单命令，打开【智能 PDF】向导，如图 6-38 所示。

图 6-38　【智能 PDF】向导

单击【Next】按钮，进入选择输出目标窗口，用于设置是将当前项目输出为 PDF 形式，还是只是将当前文档输出为 PDF 形式，并对输出文件进行命名和保存路径的选择如图 6-39 所示。

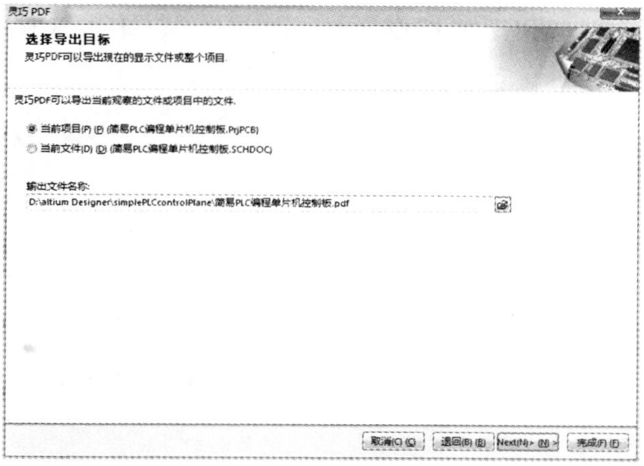

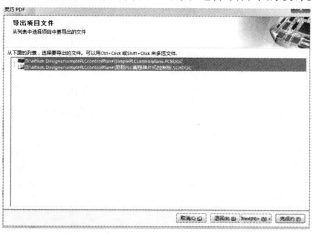

图 6-39　选择输出项目

单击【Next】按钮，进入导出项目文件窗口，用于选择项目中的设计文件，如图 6-40 所示。

图 6-40　选择项目文件窗口

单击【Next】按钮，进入导出 BOM 表设置窗口，用于设置导出项目中的 BOM 表文件，可以选择导出时所采用的模板等，如图 6-41 所示。

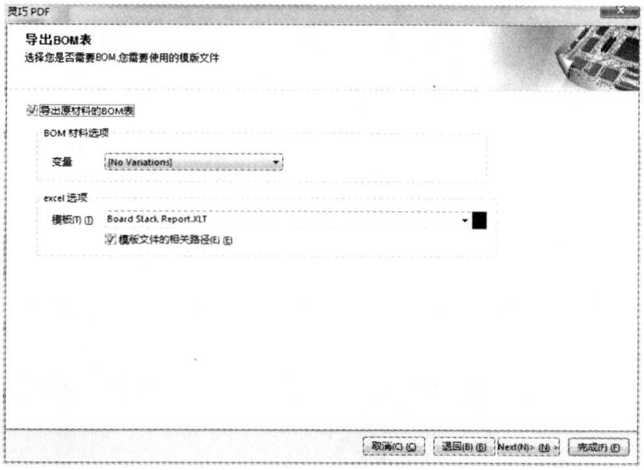

图 6-41　导出 BOM 表窗口

单击【Next】按钮，进入 PCB 打印设置窗口，用于对项目中 PCB 文件的打印输出进行必要的设置，如图 6-42 所示。

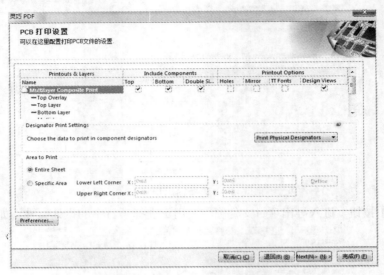

图 6-42　PCB 打印输出设置窗口

单击【Next】按钮，添加打印设置窗口，用于对生成的 PDF 进行附加设置，包括图元的放缩、原理图和 PCB 的输出颜色、附加书签的生成等，如图 6-43 所示。

图 6-43　添加打印设置窗口

单击【Next】按钮，进入结构设置窗口，用于设置将原理图从逻辑图纸扩展为物理图纸，如图 6-44 所示。

单击【Next】按钮，进入到最后步骤窗口，该窗口用于设置完成导出工作后是否打开生成 PDF 文件和是否保存项目的设置到批量输出文件（简易 PLC 编程单片机控制板.OutJob），如图 6-45 所示。

图 6-44　结构设置窗口

图 6-45　完成 PDF 文件设置

单击【完成】按钮，系统即生成了相应的 PDF 文档，并打开该文件，如图 6-46 所示。

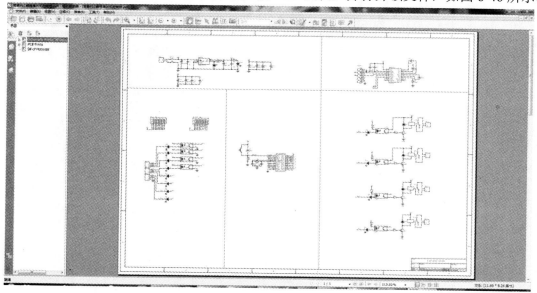

（a）原理图

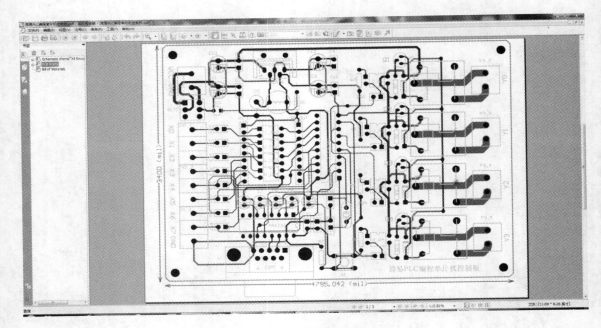

（b）PCB 图

图 6-46　PDF 文档

第 7 章　原理图设计提高

设计者在初步掌握了原理图绘制入门知识的基础上，即可进行原理图文件的绘制工作，当然，为了追求更完美的设计、提高设计效率，还应适当掌握一些原理图绘制的进一步的知识和技巧，如原理图的优化、层次电路设计等。

7.1　原理图的优化

有的时候虽然使用连线的方式可以完成电路原理图的绘制，但这样的电路图线路连接够不清晰，使读图者很难理清电路的结构，另外电路的功能也不能很直观的表达。为此，可以使用网络标号和端口进行原理图的优化。下面以图 7-1 所示的原理图为例（假设该原理图已按图完成绘制），说明如何用网络标号和端口进行原理图的优化。

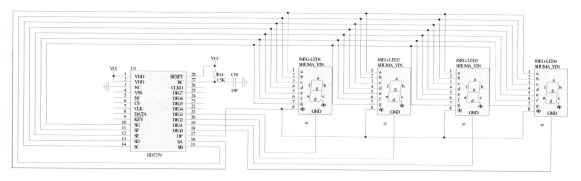

图 7-1　待优化的原理图实例

7.1.1　用网络标号进行原理图的优化

网络标号实际是一个电气连接点，相同网络标号表明其电气连接是连在一起的，原理图中，至少要有两个以上同名的网络标号。使用网络标号可以避免电路中出现较长的连接线，从而使电路原理图可以清晰地表达电路连接的脉络。

执行菜单命令【文件】/【新建】/【原理图】，保存文件名为"NetLab.SchDoc"，并打开新建的原理图文件。复制如图 7-1 所示的原理图到当前的新建原理图文件中，并删除原理图中的所有连线，如图 7-2 所示。

现改用网络标号优化电路连接，单击布线工具栏中的放置网络标号工具，如图 7-3 所示（或执行【放置】/【网络标号】菜单命令）。此时鼠标下将出现如图 7-4 所放置网络标号框。

按下【Tab】键（或放置后在网络标号上双击鼠标），弹出如图 7-5 所示的网络标号设置对话框。

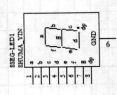

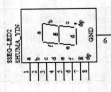

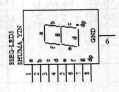

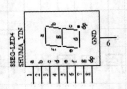

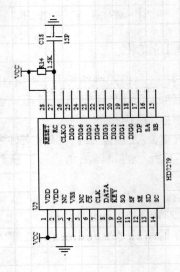

图 7-2 删除所有连线

222

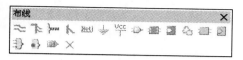

图 7-3　网络标号放置工具　　　图 7-4　放置的网络标号框　　图 7-5　设置网络标号对话框

在网络栏中键入【LED_A】标号后，放置在 HD7279 芯片的 SA 接口处，如图 7-6 所示。

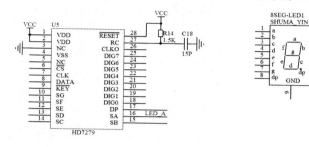

图 7-6　放置网络标号

按照同样方法放置完 HD7279 上的其他网络标号，如图 7-7 所示。

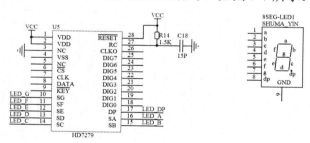

图 7-7　放置完成的 HD7279

再对数码管放置网络标号，如图 7-8 所示。

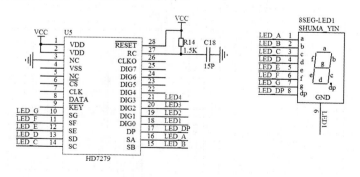

图 7-8　放置完成的数码管

用网络标号优化我的电路原理图如图 7-9 所示，单击工具栏的保存工具 ，保存原理图文件。

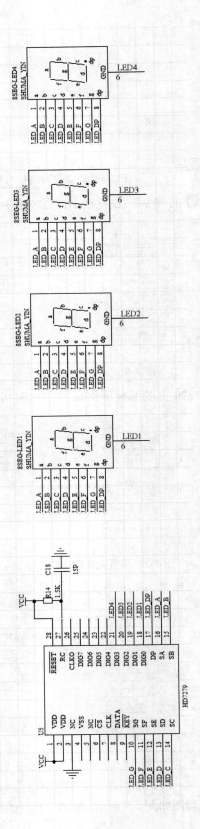

图 7-9　用网络标号优化的电路原理图

224

执行【设计】/【工程的网络表】/【Protel】菜单命令，则会在工程文件中添加一个网络表文件"NetLab.Net"。在网络表文件中，查看电路的网络连接，"NetLab.Net"网络表文件如图 7-10 所示，从网络表可见 LED_A 网络包含 8SEG-LED1 的 1 管脚、8SEG-LED2 的 1 管脚等，电路连接情况与图 7-1 是一致，因此，在较复杂的连线时，可以采用网络标签来简化电路，使电路图更加直观，更利于用户读图。

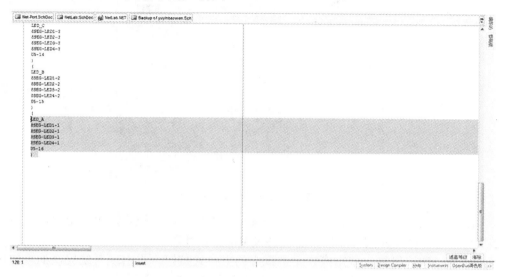

图 7-10 "NetLab.Net"网络表文件

7.1.2 用 I/O 端口进行原理图的优化

在电路中使用 I/O 端口，设置某些 I/O 端口，使其具有相同的名称，这样就可以将具有相同名称的 I/O 端口视为同一网络或者认为它们在电气关系上是相互连接的。这一方式与网络标号相似。

执行菜单命令【文件】/【新建】/【原理图】，保存文件名为" NetPort.SchDoc"，并打开新建的原理图文件。复制如图 7-1 所示的原理图到当前的新建原理图文件中，并删除原理图中的所有连线，如图 7-2 所示。

单击布线工具栏中的放置 I/O 端口工具（或执行【放置】/【端口】菜单命令），如图 7-11 所示，此时鼠标下将出现如图 7-12 所示的 I/O 端口。

图 7-11 I/O 端口放置工具

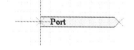

图 7-12 鼠标下出现 I/O 端口

按下【Tab】键（或放置后在 I/O 端口上双击鼠标），弹出如图 7-13 所示的 I/O 端口属性设置对话框。

端口属性对话框包含以下内容：

（1）名字：在该文本编辑栏中输入端口名称；

（2）I/O 类型：I/O 端口类型，单击 I/O 类型文本框中的下拉式按钮，用户可查看到系统提供了四种端口类型：Unspecified 未指定、Output 输出端口、Input 输入端口及 Bidirectional

双向端口；

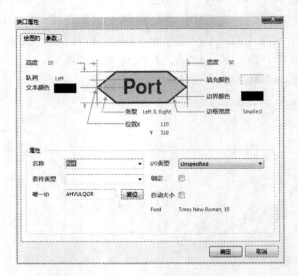

图 7-13　I/O 端口属性对话框

（3）队列：端口名称的放置位置，单击排列文本框中的下拉式按钮，用户可查看到系统提供了三种位置：Center 居中、Left 左对齐及 Right 右对齐。

（4）类型：端口风格，单击模式文本框中的下拉式按钮，将出现系统提供的端口风格选项，如图 7-14 所示，其中各种风格对应的端口外观如图 7-15 所示。

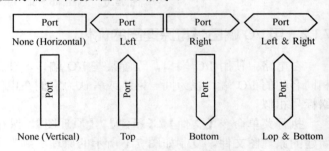

图 7-14　可设置的端口风格　　　　图 7-15　各种风格所对应的端口外观

在 Name 栏中键入 I/O 端口名 LED_A，选择端口类型为向右 Right，设置端口 I/O 类型为输出 Output，端口名称位置处于端口中央 Center，其他采用系统的默认设置，设置完成后单击【确定】按钮。用同样的方式在 HD7279 管脚线上放置 I/O 端口，端口模式为 Right&Left，端口类型 Output、端口名称位置居中，其他采用系统的默认设置；在数码管数管脚线上放置 I/O 端口，端口类型应设置成 Input。

用 I/O 端口优化完成的电路原理图如图 7-16 所示。单击工具栏的保存工具 📙，保存原理图文件。

执行【设计】/【工程的网络表】/【Protel】菜单命令，则会在工程文件中添加一个网络表文件 "NetPort.Net"。在网络表文件中，查看电路的网络连接，"NetPort.Net" 网络表文件如图 7-17 所示，从网络表可见 Net8SEG-LED1_1 网络包含 8SEG-LED1 的 1 管脚、8SEG-LED2 的 1 管脚等，电路连接情况与图 7-1 是一致的，因此，在较复杂的连线时，可以采用 I/O 端口来简化电路，使电路图更加的直观，更利于用户的读图。

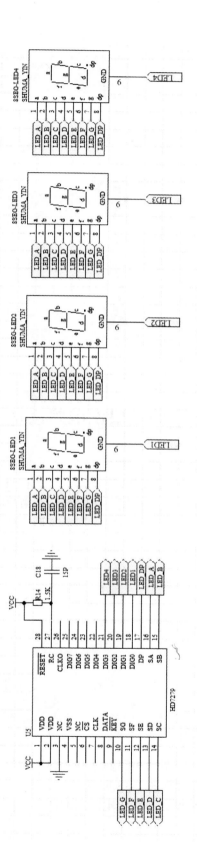

图 7-16 用 I/O 端口优化的电路原理图

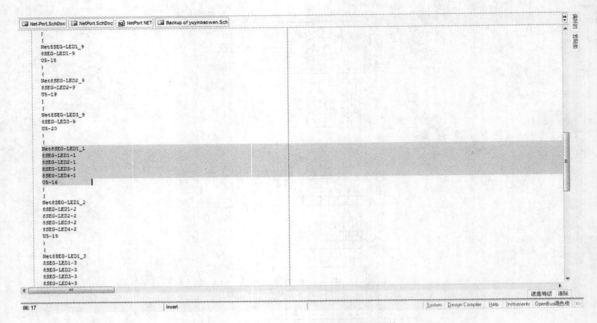

图 7-17　"NetPort.Net"网络表文件

7.2　层次电路设计

对于一个庞大的电路设计任务，用户不可能一次完成，也不可能在一张电路图中绘制，更不可能一个人完成。Altium Designer 15 充分满足用户在设计中的需求，提供了一个层次电路设计方案。层次设计方案实际是一种模块化的方法。用户将系统划分为多个子系统，子系统又由多个功能块构成，在大的工程项目中，还可将设计进一步细化。将项目分层后，即可分别完成各子块，子块之间通过定义好的连接方式连接，即可完成整个电路的设计。相对复杂的电路和系统设计，目前大多采用层次电路设计。层次电路设计分为自上而下、自下而上二种设计策略，层次电路的特点如下。

（1）将一个复杂的电路设计分为几个部分，分配给不同的技术人员同时进行设计，这样可缩短设计周期。

（2）按功能将电路设计分成几个部分，使具有不同特长的设计人员负责不同部分的设计，降低了设计难度。

（3）复杂电路图，需要很大的页面图纸绘制，而采用的打印输出设备不支持打印过大的电路图。

7.2.1　自上而下设计原理图

目前自上而下的设计策略已成为电路和系统设计的主流，这种设计策略与层次电路结构相一致，自上而下电路设计流程如图 7-18 所示。下面以一个简单的单片机采集电路为例，说明如何采用自上而下的方式来设计和优化电路原理图。

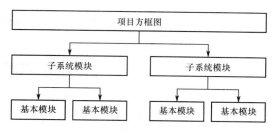

图 7-18　自上而下电路设计流程图

1．电路模块的划分

采用自上而下的方式来设计电路，其实就是将实际的总体电路按照模块划分为三个电路模块：电源模块、核心部分模块和输出部分模块。首先绘制出层次原理图中的顶层原理图，然后再分别绘制出每一电路模块的具体原理图。

2．创建工程文件以及顶层原理图文件

创建工程文件"CAD.PrjPCB"和添加原理图文件"Top.SchDoc"，创建好新的工程文件，如图 7-19 所示。

图 7-19　创建新的工程文件以及原理图文件

3．绘制顶层电路原理图

找开原理图文件"Top.SchDoc"，切换到 Top.SchDoc 编辑窗口，单击布线工具栏中的放置图表符工具（或执行【放置】/【图表符】菜单命令），如图 7-20 所示。此时鼠标下将出现如图 7-21 所示的子电路模块图表符。

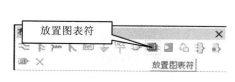

图 7-20　单击放置图表符工具

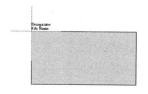

图 7-21　放置子电路模块图表符

按下【Tab】键，弹出如图 7-22 所示的子电路模块图表符属性设置对话框，该对话框中包含对图表符名称、大小、颜色等参数的设置。

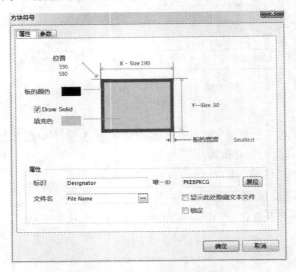

图 7-22　图表符属性设置对话框

单击鼠标左键，拖动鼠标，到合适大小再次单击鼠标左键，完成图表符的放置。按照上述方式再放置两个子电路模块图表符，三个子电路模块图表符名称（标识）分别为：AT89S52、Power 和 AD-Output，如图 7-23 所示。

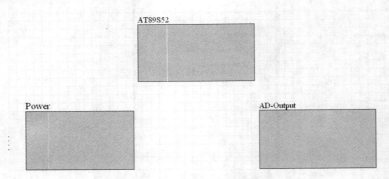

图 7-23　放置其他图表符

接下来编辑 Power 图表符的端口，Power 图表符代表电源电路，在电源电路中，有四脚连接端子（其中一个为接地端），外部稳压电源的电压由此输入。因此，Power 图表符需放置 3 个输入端口；并需在 Power 图表符中放置三个输出端口。单击布线线工具栏中的放置图纸入口工具（或执行【放置】/【图纸入口】菜单命令），如图 7-24 所示。将鼠标放置到图表符上，单击鼠标左键，此时鼠标下将出现如图 7-25 所示的图纸入口。

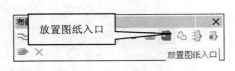

图 7-24　单击放置图纸入口工具

图 7-25　放置图纸入口

按下【Tab】键，弹出如图 7-26 所示的图纸入口设置对话框。

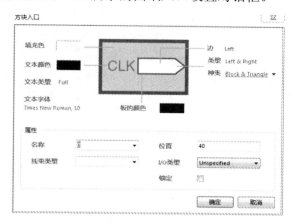

图 7-26　设置图纸入口对话框

设置子电路块端口对话框中各项目意义如下：

（1）名称：设置端口名称；

（2）I/O 类型：端口类型，系统提供了四种端口类型，单击 I/O 类型文本框中的下拉式按钮，可选择端口类型；

（3）边：端口位置，系统提供了四种端口放置位置，单击边文本框中的下拉式按钮，可选择端口放置位置；

（4）类型：端口风格，系统提供了四种端口风格，单击模式文本框中的下拉式按钮，可选择端口风格。

定义端口名称为 In1、I/O 类型定义为输入端口、端口放置在图表符的左侧、端口选择 Right，其他项目采用系统默认设置，设置完成后单击【确认】按钮。采用类似的方法在 Power 图表符中放置其他端口，左侧放置输入端口（In1、In2、In3），右侧放置输出端口（VCC、+15V、–15V），如图 7-27 所示。

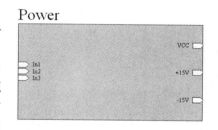

图 7-27　在 Power 图表符中放置端口

继续编辑 AT89S52 和 AD-Output 图表符，并放置连线来连接各图表符，所形成的顶层电路原理图如图 7-28 所示。

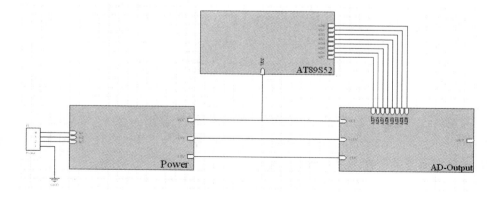

图 7-28　顶层电路原理图

4．绘制子电路原理图

当顶层电路原理图绘制完成后，用户需要为各子电路模块输入电路原理图，建立子电路模块与电路图的连接。Altium Designer 15 中子电路模块与电路原理图通过 I/O 端口匹配，并提供了由子电路模块生成电路原理图 I/O 端口的功能，简化用户的操作。执行【设计】/【产生图纸】菜单命令，此时鼠标为十字形状，移动鼠标到 Power 电路块，单击鼠标左键，图纸就会跳转到一个新打开的原理图编辑器，其名称为"Power"，如图 7-29 所示，并自动生成的 I/O 端口。

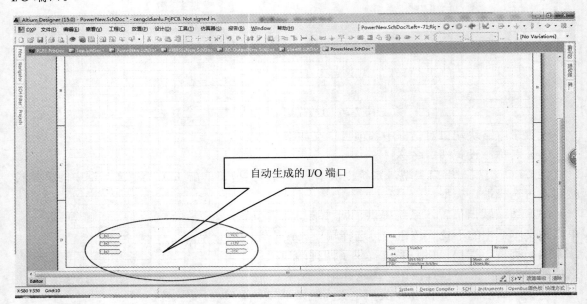

图 7-29　跳转到新的原理图文件

绘制 Power 子模块的电路原理图，并将自动生成的 I/O 端口加入到原理图中，Power 子模块的电路原理图如图 7-30 所示。

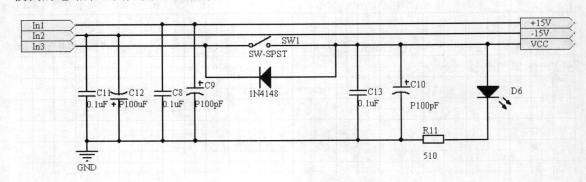

图 7-30　Power 子模块的电路原理图

绘制 AT89S52 和 AD-Output 子电路模块电路原理图，并连接端口，如图 7-31 和图 7-32 所示，完成自上而下的层次电路设计。

执行【工具】/【上/下层次】菜单命令，此时鼠标变为"十"字形，电路中的端口即可实现上层到下层或下层到上层的切换。

232

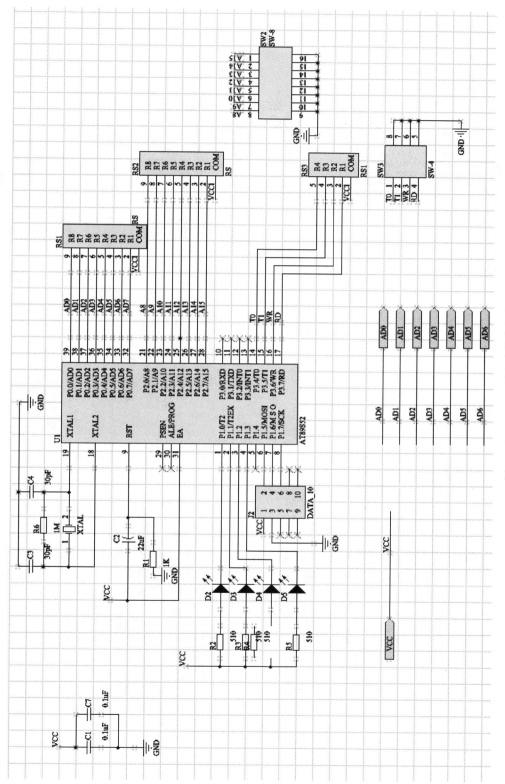

图 7-31 AT89S52 子电路模块电路原理图

233

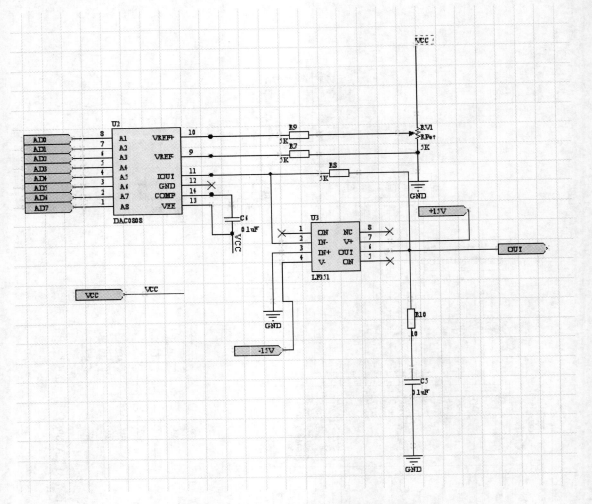

图 7-32　AD-Output 子电路模块电路原理图

7.2.2　自下而上设计原理图

　　所谓自下而上的层次电路设计方法，就是先根据各个子电路模块的功能，绘制出子电路模块的原理图，然后由子电路模块原理图建立起相对应的图表符，最后完成顶层原理图的绘制。自下而上设计电路流程如图 7-33 所示。仍以前述例子介绍自下而上的层次电路设计方法。

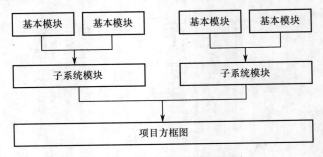

图 7-33　自下而上设计流程图

1．创建工程文件及子电路原理图文件

新建工程文件"CAD1.PrjPCB"，并为该工程文件添加已有的子电路原理图，Power.SchDoc、Ad-Output.SchDoc 和 At89S52.SchDoc 文件。【Projects】面板如图 7-34 所示。

图 7-34　新建的工程文件及添加的原理图文件

2．从子电路生成子电路模块

执行【文件】/【新建】/【原理图】菜单命令，新建一个原理图文件，将其命名为"Top1.SchDoc"。打开 Top1.SchDoc 文件，执行【设计】/【HDL 文件或图纸生成图表符】菜单命令，弹出如图 7-35 所示的选择文件窗口。

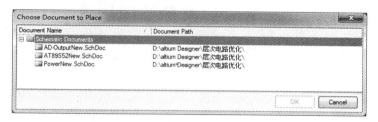

图 7-35　【Choose Document to Place】对话框

单击 Power.SchDoc 文件后，按【确认】按钮，即可生成子电路模块图表符。用类似的方法生成 AT89S52.SchDoc 及 AD-Output.SchDoc 子电路模块图表符，并对其进行调整，如图 7-36 所示。

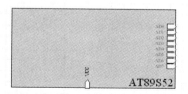

图 7-36　完成子电路模块图表符的生成

3．连接子电路模块

在 Power 子电路模块外放置一个 4 脚连接端子，图 7-36 所示的子电路模块图表符完成连线后的电路原理图，如图 7-37 所示。

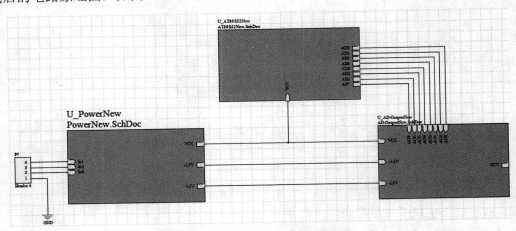

图 7-37　子电路模块电路原理图

7.3　原理图其他绘图技巧

7.3.1　用画图工具标注信号及说明文本

为电路原理图标注输入/输出信号及说明文本，可提高电路原理图的可读性。在 Altium Designer 15 中提供了画图工具箱如图 7-38 所示，用户可以使用画图工具箱绘制标注信号。如：给电路原理图标注（绘制）一个正弦波信号及说明文本。

可用直线绘制坐标轴，曲线绘制正弦波，并放置标注文本（过程从略），如图 7-39 所示。

图 7-38　画图工具箱

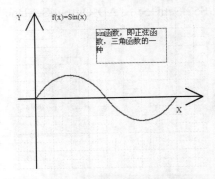

图 7-39　标注正弦波信号及说明文本

7.3.2　原理图连线技巧

1．自动连线

所谓自动连线，就是将两条不是同时绘制却同属于一个网络层的连线头尾自动合并，成为一整条线。

如图 7-40 所示，在原理图中先绘制一条走线，然后以该线的末端为起点，再绘制一条走线，当自动连线功能未开启时，这两条线看似是连接的，但其实这两条线在物理上是断开的。在同时选中这两条线时，它们的结合部有一个断点存在。而当自动连线功能被开启后，这先后画的两条走线会自动合并成一条线，在同时选中这两条线时，中间的断点消失了，如图 7-41 所示。

图 7-40　自动连线功能未开启 　　　　图 7-41　自动连线功能开启

当图纸上的某条走线中间存在如图 7-40 所示的断点时，假如在它的垂直方向再过来一条走线而且恰好经过这个断点，系统就会在这个断点处自动形成一个节点，如图 7-42 所示，这样就可能将两个本不属于同一网络层的走线连接到了一起，很容易造成原理图上的逻辑错误，因为这一点，也会造成 PCB 设计整体失败。

图 7-42　错误连接两条走线

自动连线功能系统是默认生效的，如果要关闭该功能，执行【工具】/【设置原理图参数】菜单命令，在打开的【参数选择】对话框，如图 7-43 所示，取消【Optimize Wires Buses】复选框的选中状态，即可关闭该功能。

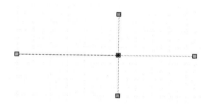

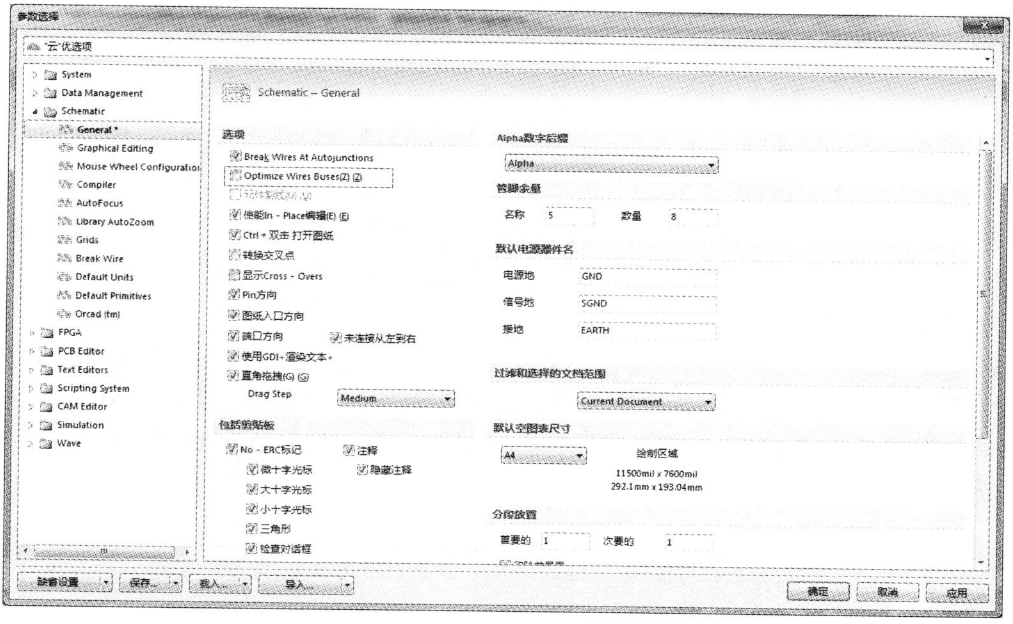

图 7-43　关闭自动连线功能

237

2．元件切除导线

在自动连线功能生效时，才能开启元件切除导线功能。如：在一段导线上，将某元件直接置于导线之上，可以发现在元件的两侧自动出现了两个节点，如图 7-44 所示。

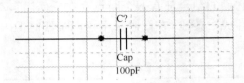

图 7-44　在导线上添加元件

出现图 7-44 的情况，是由于元件切除导线的功能没有开启。执行【工具】/【设置原理图参数】菜单命令，在打开的【参数选择】对话框中勾选【元件割线】复选框，这样就开启了元件切除导线的功能。

元件切除导线功能大大方便了在原有设计中添加元件的操作，不必先删除原有导线再重新连线，而仅仅需要将元件直接放置在已有导线上，所以建议开启该功能。

3．更改交叉连接形式

常见的交叉连接如图 7-45 所示，在两条交叉的导线上有一个节点，表示它们是属于同一个网络层。

只有当自动连接功能没有开启时，这样的交叉连接方式才可以实现。在开启自动连线功能的情况下，Altium Designer 15 提供了另一种交叉连接方式，如图 7-46 所示。

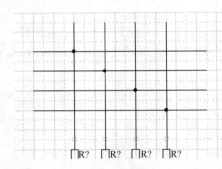 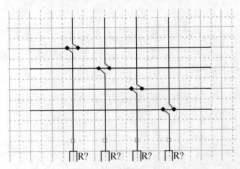

图 7-45　常见的交叉连接方式　　　　　　图 7-46　特殊的交叉连接方式

如果要开启此功能，执行【工具】/【设置原理图参数】菜单命令，在打开的【参数选择】对话框中勾选【转换交叉点】复选框，这样就开启了元件切除导线的功能。

4．断线工具

Altium Designer 15 提供的断线工具是修改现有连线的理想工具。当需要将一条已绘制完成的导线一分为二时，通常的做法是删除原有导线，重新绘制导线。而在 Altium Designer 15 中是不需要这样的操作的，执行【编辑】/【打破线】菜单命令，则光标就会附上一个如图 7-47 所示的断线工具。

图 7-47　断线工具

在需要导线断开的地方，单击一次鼠标即可即可将该导线剪断，如图 7-48 所示。

图 7-48　断线完成

这里还需要强调，利用空格键可以切换断线工具的宽度。

5. 始终拖动模式

始终拖动模式是指在原理图编辑环境下，拖动元件时不会与其管脚相连接的导线脱开。如果没有开启该功能，拖动元件时，与之相连的导线是不会随之移动的，如图 7-49 所示。

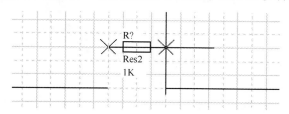

图 7-49　拖动元件导线断开

执行【工具】/【设置原理图参数】菜单命令，在打开的【参数选择】对话框中的【Graphical Editing】页面中，勾选【一直拖拉】复选框，这样就开启了始终拖动功能。

现在再拖动该元件时，可以发现导线总是与其连在一起，如图 7-50 所示。

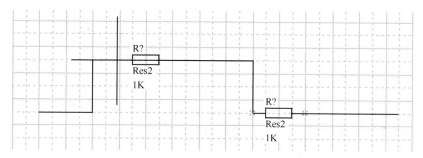

图 7-50　始终拖动功能开启

第 8 章　PCB 设计提高

在掌握了 PCB 设计入门知识的基础上，即可进行 PCB 的设计工作，当然，为了使 PCB 设计更加完美、更有效率，还应适当掌握一些 PCB 设计的进一步的知识，如添加测试点、补泪滴、包地、敷铜等。

8.1　添加测试点

8.1.1　设置测试点设计规则

为了便于检测印刷电路的正确性，用户可在 PCB 中设置测试点。执行【设计】/【规则】菜单命令，打开【PCB 规则及约束编辑器】对话框，在左边的规则列表中，单击【Testpoint】前面的加号，可以看到需要设置的测试点子规则有 4 项，如图 8-1 所示。

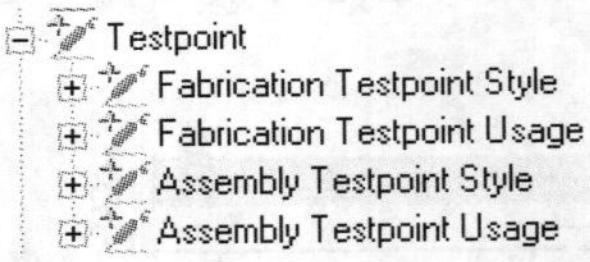

图 8-1　测试点子规则

Altium Designer 15 中改进了测试点的设置，将测试点分成了两类，制造测试点（Fabrication Testpoint）和装配测试点（Assembly Testpoint）。制造测试点是 PCB 制造厂商在 PCB 出厂前所建立的测试点；装配测试点是用户在将所有元件进行焊接后对整个电路板进行测试所需要的测试点。这里就以装配测试点的设置方法来介绍如何添加测试点。

1.【Assembly Testpoint Style】子规则

【Assembly Testpoint Style】（测试点样式）子规则用于设置 PCB 中测试点的样式，如测试点的大小、测试点的形式、测试点允许所在层面和次序等，其设置窗口如图 8-2 所示。

在该规则的【约束】区域内，可以对焊盘、通孔的最大尺寸、最小尺寸和首选尺寸进行设置。可以对测试点所在层进行设置（顶层和底层），也可以对测试点到其他部件的最小间距进行设置，为确保测试点的添加不会影响到 PCB 的整体性能，这里将所有的最小间距设置成 5mil。还可以对测试点的形式进行设置，包括 SMD 焊盘、过孔和通孔焊盘。

图 8-2 【Assembly Testpoint Style】子规则设置窗口

2.【Assembly Testpoint Usage】子规则

【Assembly Testpoint Usage】(测试点使用)子规则用于设置测试点的有效性,其设置窗口如图 8-3 所示。

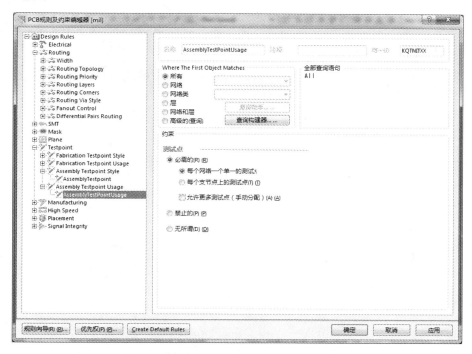

图 8-3 【Testpoint Usage】子规则设置窗口

在约束区域内包含三个单选按钮，当用户选中【必须的】选项，表示适用范围内的每一条网络走线都必须生成一个测试点；当用户选择【阻止的】选项，表示适用范围内的每一条网络走线都不可以生成测试点；而当用户选择【无所谓的】选项时，表示适用范围内的网络走线可以生成测试点，也可以不生成测试点。通常采用系统的默认设置。

8.1.2 自动搜索并创建合适的测试点

执行【工具】/【测试点管理器】菜单命令，如图 8-4 所示，弹出如图 8-5 所示的窗口。

 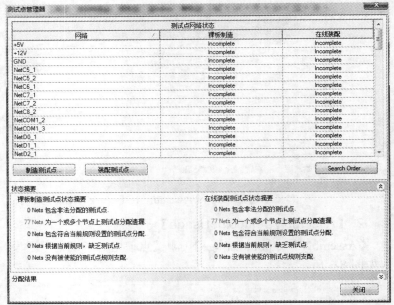

图 8-4 【工具】/【测试点管理器】菜单   图 8-5 测试点管理器

由图 8-5 可以看到，用户可以为 PCB 自动添加两种类型的测试点。单击【装配测试点】按钮，会弹出下拉菜单，如图 8-6 所示。

图 8-6 单击【装配测试点】按钮

再单击【分配所有】，这时【测试点管理器】窗口变成如图 8-7 所示的形式。当需要清除测试点时，在这里单击【清除所有】即可。

图 8-7　完成自动添加测试点

单击【关闭】按钮确认，即完成了测试点的添加。

8.1.3　放置测试点后的规则检查

在放置测试点之前，用户设置了相应的设计规则，因此用户可使用系统提供的检测功能进行规则检测，查看放置测试点后的结果是否符合所设置要求。执行【工具】/【设计规则检查】菜单命令，在弹出检测选项对话框的左侧，单击 Testpoint 选项，选中相应的复选框，如图 8-8 所示。

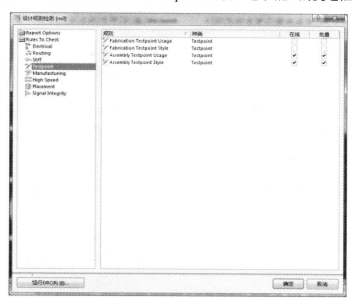

图 8-8　单击检测测试单击项

设置完成后，单击【运行设计规则检测】按钮进行规则检测。结果如图 8-9 所示，由图可知，本设计没有违反任何一条设计规则，顺利通过 DRC 检测。

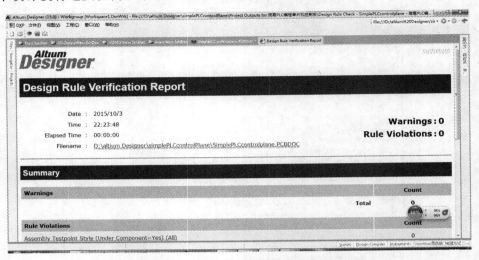

图 8-9　放置测试点后的规则检测结果

8.2　补泪滴

在导线和焊盘或者过孔的连接处，通常需要进行补泪滴，用以去除连接位置的直角，加大连接的面积。这样做有两个好处，一是在 PCB 制作过程中，避免以钻孔定位偏差导致焊盘与导线的断裂。二是在安装和使用中，可以避免因用力集中导致连接处断裂。

执行【工具】/【泪滴】菜单命令，此时系统将弹出如图 8-10 所示的【泪滴选项】对话框。

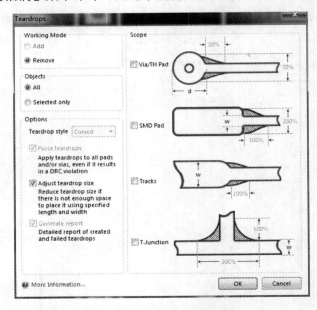

图 8-10　【TearDrops】对话框

244

对话框内有四个设置区域：【Working Mode】区域、【Objects】区域、【OPtions】区域和【Scope】区域。

【Working Mode】区域：

（1）【Add】：用于设置是否对 PCB 进行补泪滴操作，选中即是进行补泪滴操作。

（2）【Remove】：用于设置是否对 PCB 进行补泪滴操作，选中即是不进行补泪滴操作。

【objects】区域：

（1）【All】：用于设置补泪滴的操作范围，选中即是对所有进行补泪滴操作。

（2）【Selected Only】：用于设置补泪滴的操作范围，选中即是对选中的部分进行补泪滴操作。

【Options】：

（1）【Teardrop Style】：用于设置泪滴的样式，"Line" 表示选择用导线形做补泪滴，"Curved"表示选择圆弧形补泪滴。

（2）【Force teardrop】：强制进行补泪滴，此项操作可能导致 DRC 违规。

（3）【Adjust teardrop size】：自动调节补泪滴，此项操作系统会考虑 DRC 违规，对于不能满足 DRC 条件的，不进行补泪滴的操作。

（4）【Generate report】：用于设置补泪滴操作结束后是否生成补泪滴的报告文件。

【Scope】区域：

该区域用于设置补泪滴的类型，可以针对过孔类型的元件进行补泪滴操作，也可以针对贴片类型的元件进行补泪滴操作

设置完成后【TearDrops】对话框如图 8-11 所示。

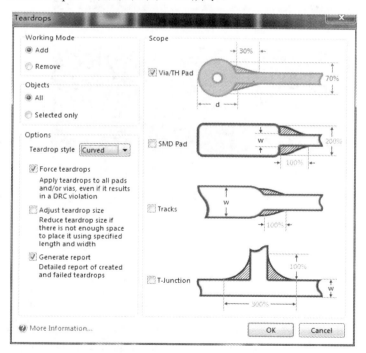

图 8-11　【TearDrops】设置完成

单击【OK】按钮即可进行补泪滴操作。【TearDrops】报告如图 8-12 所示。

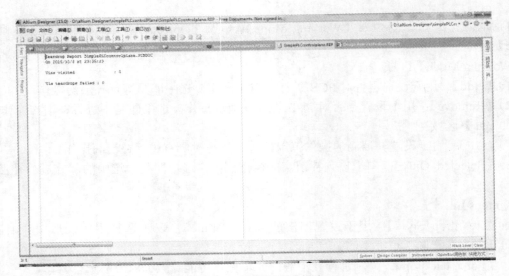

图 8-12　补泪滴完成报告

图 8-13 为补泪滴前的效果图，图 8-14 为使用圆弧形补泪滴的效果图。

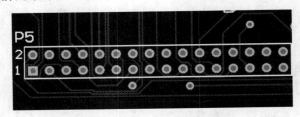

图 8-13　补泪滴前的效果图

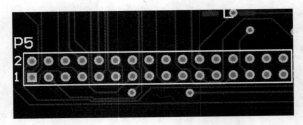

图 8-14　用圆弧形补泪滴的效果图

　　按照此种方法，用户还可以对某一个元件的焊盘和过孔，或某一个特定网络的焊盘和过孔进行补泪滴的操作。

8.3　包地

　　所谓包地就是为了保护某些网络布线，不受噪声信号的干扰，在这些选定的网络的布线周围，特别围绕一圈接地布线。下面以一个简单的例子，说明如何对选定网络进行包地操作。

　　执行【编辑】/【选中】/【网络】菜单命令，此时鼠标变成十字形，到 PCB 编辑环境中，将要包络的网络选中，如图 8-15 所示。

执行【工具】/【描画选择对象的外形】菜单命令执行这一命令后，即可在选中网络周围生成包络线，将该网络中的导线、焊盘及过孔包围起来，如图 8-16 所示。

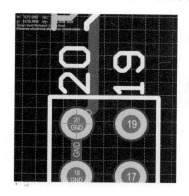

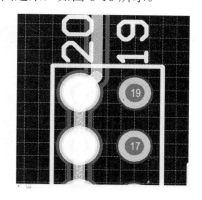

图 8-15　选取网络

图 8-16　完成选定网络包地

双击打开每段包地布线的属性设置窗口，将其【网络】设置成"GND"，如图 8-17 所示，然后执行自动布线或采用手动布线来完成包地的接地操作。

图 8-17　设置其网络为"GND"

需要强调的是，包地线的线宽应与"GND"网络的线宽相匹配。如果需要删除包地，执行【编辑】/【选中】/【连接的铜皮】菜单命令，此时光标变为"十"字形状，单击需要除去的包地线整体，按【Delete】键即可删除。

8.4　敷铜

敷铜是由一系列的导线组成，可以完成板的不规则区域内的填充。在绘制 PCB 图时，敷铜主要是指把空余没有走线的部分用线全部铺满。铺满部分的铜箔和电路的一个网络相连，多数情况是 GND 网络相连接。敷铜的意义有以下几点。

（1）对于大面积的地或电源敷铜，会起到屏蔽作用，对某些特殊地，如 PGND 起到防护作用；

（2）是 PCB 工艺要求，一般为了保证电镀效果，或者层压不变形，对于布线较少的 PCB 层敷铜；

（3）是信号完整性要求，给高频数字信号一个完整的回流路径，并减少直流网络的布线；

（4）当然还有散热，特殊器件安装要求敷铜等。

8.4.1 规则敷铜

单击配线工具栏中的敷铜工具（或执行【放置】/【多边形敷铜】菜单命令），如图 8-18 所示，弹出【多边形敷铜】对话框，如图 8-19 所示。

图 8-18　单击敷铜工具

图 8-19　【多边形敷铜】对话框

对话框中包含【填充模式】、【属性】、【网络选项】三个区域的设置内容。

（1）【填充模式】区域：系统给出了三种敷铜的填充模式。

【Solid（Copper Regions）】：选中该单选按钮，表示敷铜区域内为全铜敷设。

【Hatched（Tracks/Arcs）】：选中该单选按钮，表示敷铜区域内填入网格状的敷铜。

【None（Outlines Only）】：选中该单选按钮，表示只保留敷铜的边界，内部无填充。

（2）【属性】区域：用于设定敷铜所在工作层面、最小图元的长度、是否选择锁定敷铜和敷铜区域的命名等设置。

（3）【网络选项】区域：在该区域可以进行与敷铜有关的网络设置。

【连接到网络】：用于设定敷铜所要连接的网络，可以下拉菜单进行选择。

【去掉死铜】：用于设置是否去除死铜。所谓死铜，就是指没有连接到指定网络图元上的封闭区域内的敷铜。

该区域中还包含一个下拉菜单，下拉菜单中的各项命令意义如下。

【Don't Pour Over Same Net Objects】：选中该选项时，敷铜的内部填充不会覆盖具有相同网络名称的导线，并且只与同网络的焊盘相连。

【Pour Over All Same Net Objects】：选中该选项，表示敷铜将只覆盖具有相同网络名称的多边形填充，不会覆盖具有相同网络名称的导线。

【死铜移除】：选中该选项，表示敷铜的内部填充将覆盖具有相同网络名称的导线，并与同网络的所有图元相连，如焊盘、过孔等。

例如设置敷铜的网络为 GND，其他选项的设置如图 8-20 所示。

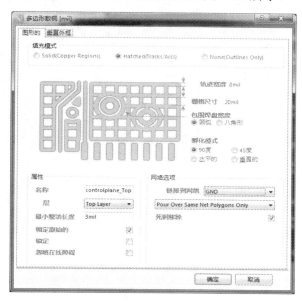

图 8-20　敷铜选项设置

设置完成后，单击【确定】按钮完成设置。此时鼠标以"十"字形显示，按下鼠标左键，并拖动鼠标即可画线，如图 8-21 所示。

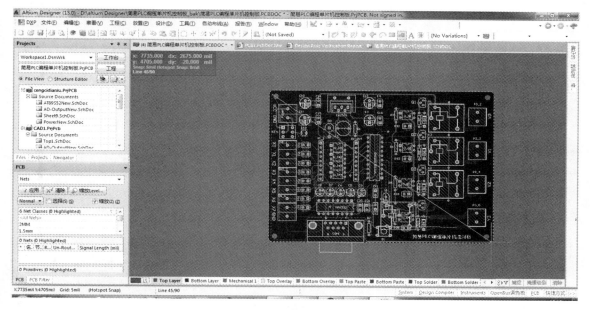

图 8-21　用鼠标画线确定敷铜范围

此时，围绕需敷铜范围的周边画线，单击鼠标左键退出画线状态，此后系统自动进行敷铜，如图 8-22 所示。

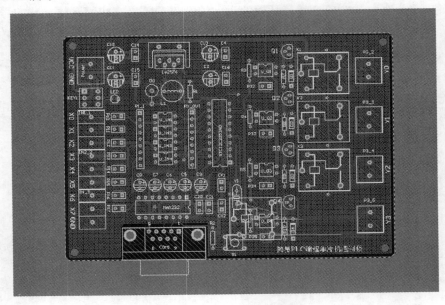

图 8-22　系统自动进行敷铜

从敷铜结果可知，敷铜是以圆角的形式出现的，如图 8-23 所示。

鼠标双击电路中的敷铜部分，系统将弹出敷铜设置对话框，在对话框中选择圆形敷铜，如图 8-24 所示。

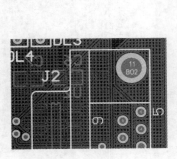

图 8-23　圆形敷铜

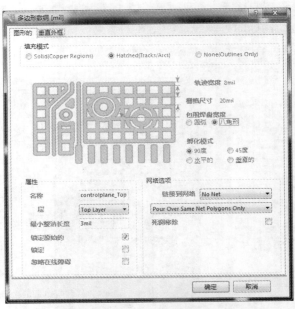

图 8-24　设置采用八角形敷铜

设置完成后，单击【确定】按钮确认设置，此时系统将弹出确认重新敷铜对话框，如图 8-25 所示。

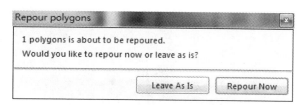

图 8-25　重新敷铜信息

单击【Repour Now】按钮，系统开始重新敷铜。八角形敷铜如图 8-26 所示。

八角形和圆形各有优点，但通常采用圆形敷铜。此外，用户可以注意到电路中有些位置的非均地（敷铜导线线宽与 GND 线宽不一致），如图 8-27 所示。

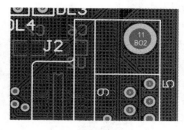

图 8-26　八角形敷铜

图 8-27　电路中的非均地部分

为避免非均地用户可重新设置规则，执行【设计】/【规则】菜单命令，在弹出的【PCB规则和约束编辑器】对话框中，选择【Plane】规则中的【Polygon Connect Style】子规则，如图 8-28 所示。

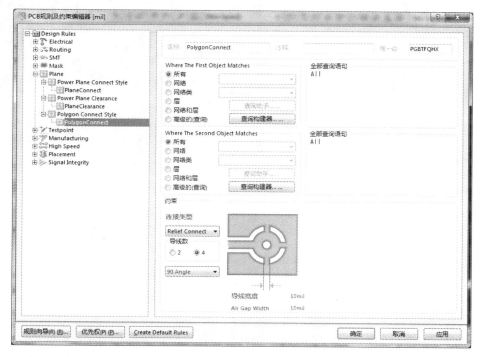

图 8-28　【Polygon Connect Style】子规则设置窗口

在该设置窗口中，原有敷铜导线宽度为 10mil，而用户设置的 GND 导线宽度为 20mil，因此用户需修改敷铜导线宽度值为 20mil，设置完成后，单击【正确】按钮，确认设置，然后重新敷铜，效果如图 8-29 所示，实现了均地，按照上述方法为底层敷铜，效果如图 8-30 所示。

图 8-29　设置敷铜导线宽度后重新敷铜的效果

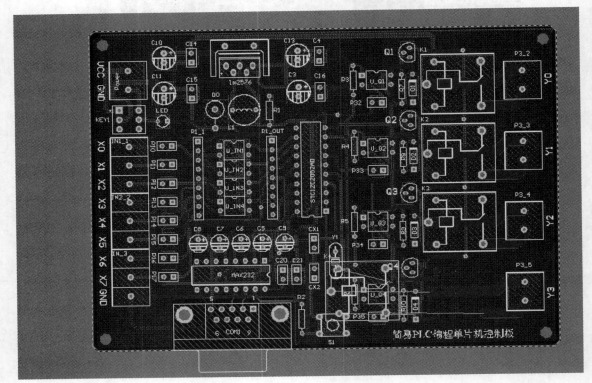

图 8-30　底层敷铜效果

8.4.2　删除敷铜

在 PCB 编辑界面中的板层标签栏中，选择层面为【Top Layer】，在敷铜区域单击鼠标，选中铺在顶层敷铜。然后拖动鼠标，将顶层敷铜拖到电路之外，如图 8-31 所示。

单击【No】按钮后，选中顶层敷铜，然后单击剪切工具或按下【Delete】键将顶层敷铜删除。同理，按照上述操作也可删除底层敷铜。

单击鼠标左键释放鼠标，此时系统将弹出询问对话框，如图 8-32 所示。

敷铜的一大好处是降低地线阻抗(所谓抗干扰也有很大一部分是地线阻抗降低带来的)。数字电路中存在大量尖峰脉冲电流，因此降低地线阻抗显得更有必要一些。普遍认为对于全由数字器件组成的电路，应该大面积铺地；而对于模拟电路，敷铜所形成的地线环路反而会引起电磁耦合干扰，得不偿失。因此，并不是每个电路都要敷铜。

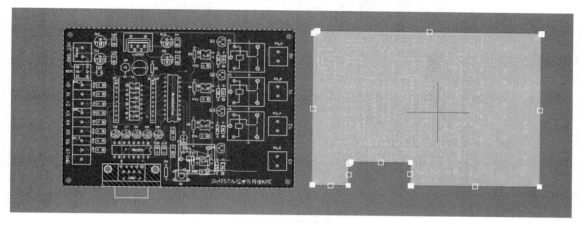

图 8-31　将顶层敷铜拖到电路之外

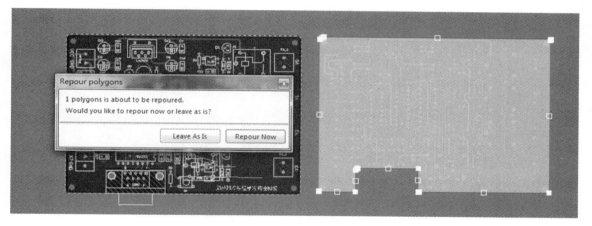

图 8-32　询问是否重新敷铜

8.5　PCB 的其他功能

在 PCB 设计中，鉴于用户的不同需求，除了前述功能之外，Altium Designer 15 还提供了其他功能。

8.5.1　重编元件标号

当将电路原理图导入 PCB 布局后，元件标号顺序不再有规律，如图 8-33 所示。

为了便于快速在电路板中查找元件，通常需要重编元件标号。执行【工具】/【重新标注】菜单命令，此时系统将弹出如图 8-34 所示的【根据位置反标】对话框。系统提供了五种排序方式（其意义见表 8-1 所列）并可以规定标注相对于元件的位置，这样的设置使 PCB 图更加美观。

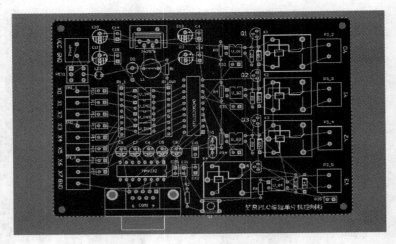

图 8-33　元件标号无规律

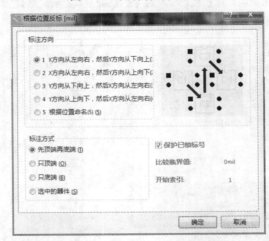

图 8-34　【根据位置反标】对话框。

表 8-1　系统提供五种排序方式的意义

名称	图解	说明
升序 X 然后升序 Y		由左至右，并且从下到上
升序 X 然后降序 Y		由左至右，并且从上到下
升序 Y 然后升序 X		由下而上，并且由左至右

名称	图解	说明
升序 Y 然后降序 X	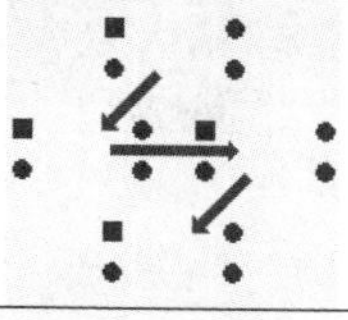 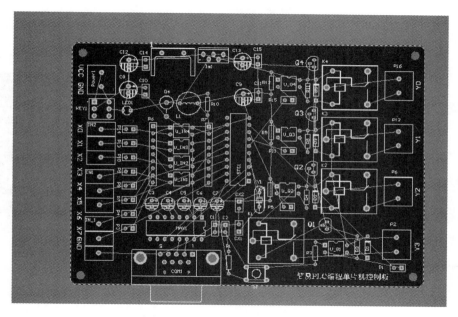	由上而下，并且由左至右
位置的名	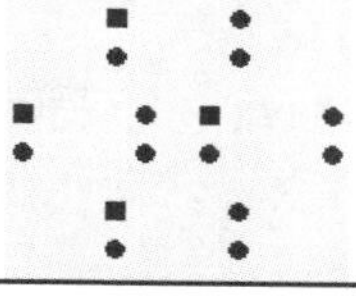	以坐标值排序（如 R1 的坐标值为 $X=50$、$Y=80$，则 R1 新的标号为 R050-080）。

本例采用系统的默认设置。单击【确定】按钮，系统自动对电路重排元件标号，如图 8-35 所示。

图 8-35　重排元件标号后的结果

8.5.2　放置文字标注

当 PCB 编辑完成后，用户可在电路板上标注电路板制板人及制板时间等信息。如在 PCB1.PcbDoc 文件中的 PCB 上标注制板时间。

将当前工作层切换为【Top Overlay】，如图 8-36 所示。

图 8-36　将当前工作层切换到【Top Overlay】

执行【放置】/【字符串】菜单命令此时鼠标以"十"字形光标形式出现，并在鼠标下跟随 String 字符串，如图 8-37 所示。

图 8-37　鼠标下跟随 String 字符串

按下【Tab】键，此时将弹出字符串属性设置对话框，在 Text 文本框中键入"简易 PLC 编程单片机控制板 2015"字样，如图 8-38 所示。

其他设置，如大小、字体、位置等参数进行采用默认设置，设置完成后，单击【确认】按钮确认设置，然后移动光标到期望的位置，单击鼠标左键，即可放置一个文字标注，如图 8-39 所示。单击鼠标右键，结束命令状态。

图 8-38　字符串属性设置对话框

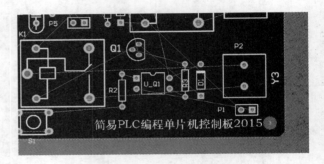

图 8-39　放置文字标注

8.5.3　在 PCB 中添加新元件

很多情况下，需要在布好线的电路板中引入其他元件，例如图 8-40 的 PCB 需要加入新元件（如焊盘、连接端子等）。

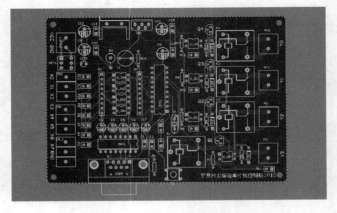

图 8-40　添加元件示例电路

1．添加焊盘

单击【布线】工具栏中的放置焊盘工具（或执行【放置】/【焊盘】菜单命令），如图 8-41 所示。

此时鼠标以"十"字光标形式出现，并在鼠标下跟随焊盘，如图 8-42 所示。

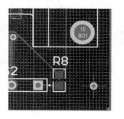

图 8-41　单击放置焊盘工具　　　　　图 8-42　鼠标下跟随焊盘

此时按下【Tab】键，即可打开焊盘的属性编辑窗口，在网络下拉框中选择焊盘所在的网络，如接地焊盘，属于 GND 网络如图 8-43 所示。

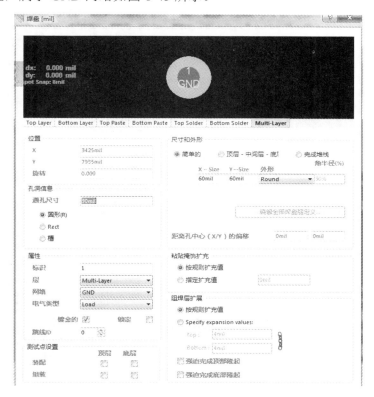

图 8-43　焊盘的属性编辑窗口

设置完成后，单击【退出】按钮，然后在期望放置焊盘的位置单击鼠标左键放置焊盘，此时用户可看到放置的焊盘通过飞线与 GND 网络相连，如图 8-44 所示。

2．添加连接端子

执行【放置】/【器件】菜单命令，系统会自动弹出【放置器件】对话框，如图 8-45 所示。

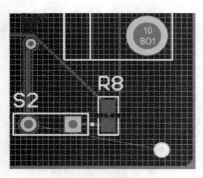

图 8-44 焊盘通过飞线与 GND 网络相连　　　　图 8-45 【放置器件】对话框

在该对话框中，选择【放置类型】为封装。在【元件详情】区域中，设置封装的类型，单击封装文本编辑框后面的 ▦ 按钮，则会弹出【浏览库】对话框，选择所需的封装类型，如图 8-46 所示。

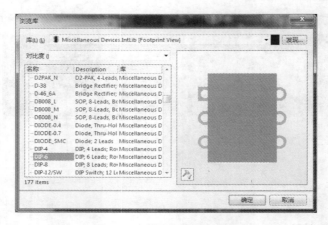

图 8-46 【浏览库】对话框

在【浏览库】对话框中，可以浏览所有添加库中的封装形式，也可以对未知库中的封装形式进行查找操作，对该对话框的操作与绘制原理图时对库的操作基本相同。浏览元件列表中的元件，查找期望的接插件。在本例中期望放置 PIN2 连接端子，如图 8-47 所示。

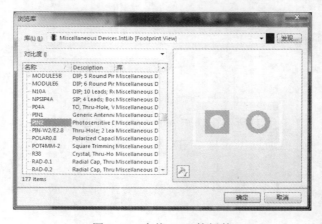

图 8-47 查找 SIP2 接插件

单击【确认】按钮，返回到【放置器件】对话框，如图 8-48 所示。

图 8-48 选择好封装形式

单击对话框最下方的【确定】按钮，此时鼠标以"十"字形光标形式出现，并在鼠标下跟随 PIN2 接插件，如图 8-49 所示。

用【Space】键调整元件方向后，在期望放置接插件的位置单击鼠标左键即可放置 PIN2 接插件，结果如图 8-50 所示。

图 8-49 鼠标下跟随 PIN2 接插件

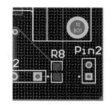

图 8-50 在电路中放置 SIP2 接插件

双击元件，即可打开元件编辑窗口，设置元件标号为 U5，如图 8-51 所示。

图 8-51 设置元件标号为 U5

设置完成后，单击【退出】按钮确认设置。然后执行【设计】/【网表】/【编辑网络】菜单命令，如图 8-52 所示。

此时系统将弹出如图 8-53 所示的【网表管理器】对话框。

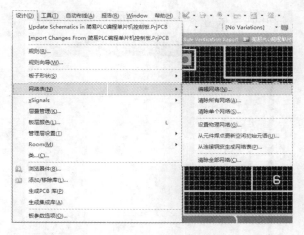

图 8-52　菜单命令【设计】/【网络表】/【编辑网络】

图 8-53　【网表管理器】对话框

在【板中的网络】中，选取 GND 网络后，单击【网表管理器】列表框中的【编辑】按钮，此时将弹出如图 8-54 所示【编辑网络】对话框。

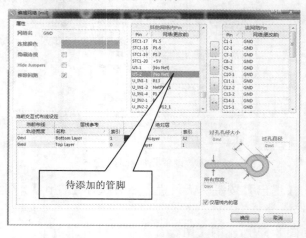

图 8-54　【编辑网络】对话框

在【其他网络内 Pin】中选择 U5-2 管脚，然后单击【>】按钮，将 U5-2 添加到 GND 网络中，如图 8-55 所示。

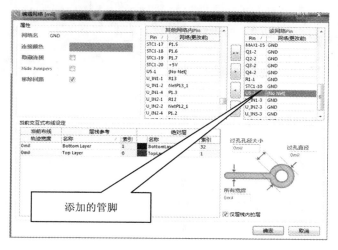

图 8-55　将 U4-2 添加到 GND 网络

设置完成后，单击"OK"按钮即可将 U5-2 管脚添加到 GND 网络。参照上述方式，将 U5-1 管脚添加到 VCC 网络，添加完成后，单击【确认】按钮退出网络列表管理器。此时用户可看到元件 PIN2 通过飞线与电路连接，如图 8-56 所示。

8.5.4　阵列粘贴

对于放置多个相同属性的 PCB 对象，可以使用阵列粘贴功能来实现，下面分别展示线性阵列粘贴电阻器与环形阵列粘贴 LED 的方法。

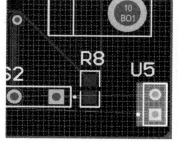

图 8-56　PIN2 接插件通过飞线与电路连接

1．线性阵列粘贴电阻

首先选中并复制要粘贴的对象，如图 8-57 所示。

单击常用工具组中的▨按钮，打开【设置粘贴阵列】对话框，如图 8-58 所示。可以定义阵列粘贴相关选项，这里按照图中显示的设置，完成设置后单击【确定】按钮，随即光标会附上一个十字形，然后在图纸合适位置单击鼠标来放置粘贴对象，操作完成后结果如图 8-59 所示。

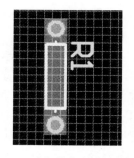

图 8-57　选择并复制电阻器

图 8-58　【设置粘贴阵列】对话框

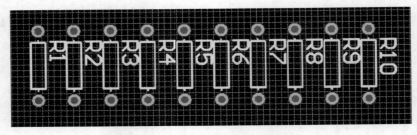

图 8-59　完成电阻的粘贴

可以发现电阻器的编号也随之自动增加。

2．环形阵列粘贴 LED

选中并复制要粘贴的对象，单击常用工具组中的 按钮，在打开【设置粘贴阵列】对话框，按照如图 8-60 所示定义该对话框的各选项。

设置完成单击【确定】按钮，此时光标同样会附上一个"十"字，先在被复制 LED 的圆心单击确定圆环的中心点，然后移动鼠标至合适位置再单击确定圆环的半径，操作完成后最终显示效果如图 8-61 所示。

图 8-60　选择并复制 LED

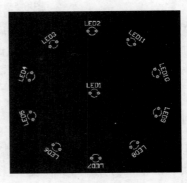

图 5-61　完成 LED 的复制

8.5.5　使用鼠标滑轮选择层

用户可以使用鼠标滑轮快速切换 PCB 的工作层，操作方法为将光标置于 PCB 的层标签栏之上，然后按【Ctrl】＋【Shift】组合按钮不松开再滚动鼠标滑轮。

8.6　密度分析

由于电子元件对热比较敏感，因此当电路板上的某个区域元件密度过高导致热能容易集中，这样会降低这一区域内的电子元件的使用寿命，因此，用户可在元件布局结束后，对布局好的电路板进行密度分析。执行【工具】/【密度图】菜单命令，如图 8-62 所示。

系统的密度分析图如图 8-63 所示。

在密度分析图中，用颜色表示密度级别，其中绿色表示低密度，黄色表示中密度，而红色表示高密度。从图中的密度分析结果可知，本例密度分布差异不大，密度分布较均匀。

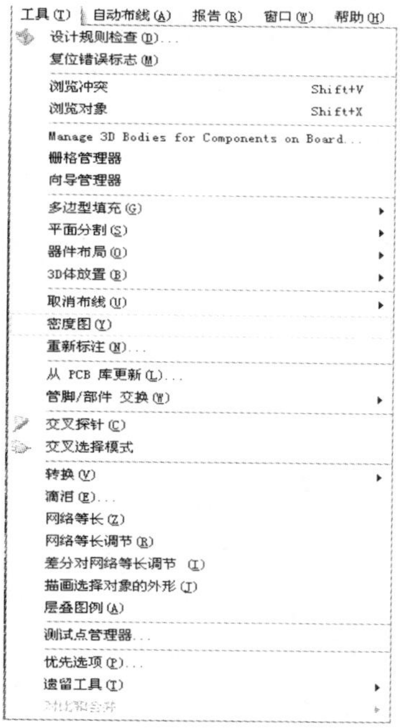

工具(T) 自动布线(A) 报告(R) 窗口(W) 帮助(H)
设计规则检查(D)...
复位错误标志(M)
浏览冲突 Shift+V
浏览对象 Shift+X
Manage 3D Bodies for Components on Board...
栅格管理器
向导管理器
多边型填充(G)
平面分割(S)
器件布局(O)
3D体放置(B)
取消布线(U)
密度图(Y)
重新标注(N)...
从 PCB 库更新(L)...
管脚/部件 交换(W)
交叉探针(C)
交叉选择模式
转换(V)
滴泪(E)...
网络等长(Z)
网络等长调节(R)
差分对网络等长调节 (I)
描画选择对象的外形(J)
层叠图例(A)
测试点管理器...
优先选项(P)...
遗留工具(T)

图 8-62 【密度图】命令

低密度区
中密度区
简易PLC编程单片机控制板2015

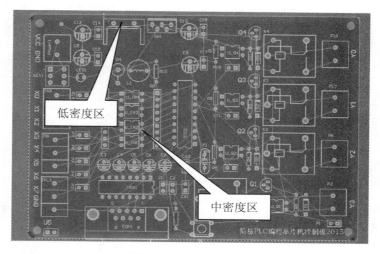

图 8-63 系统的密度分析图

8.7 3D 预览

此外，用户还可从 3D 图查看电路布局的密度，执行【工具】/【遗留工具】/【3D 显示】菜单命令，此时系统生成 3D 图，如图 8-64 所示。

简易PLC编程单片机控制板2015

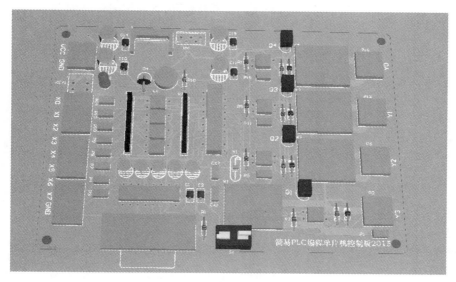

图 8-64 电路布局后的 3D 图

Altium designer 15 的 3D 拟真特性让用户提前看到用户焊接、安装元件后的 PCB 外观。

在 3D 效果图界面中，单击右下角【面板控制中心】中的【PCB 3D】面板，则会在 3D 效果图界面的左侧打开【PCB 3D】面板，如图 8-65 所示。该面板主要是用于控制 3D 图形的显示效果。

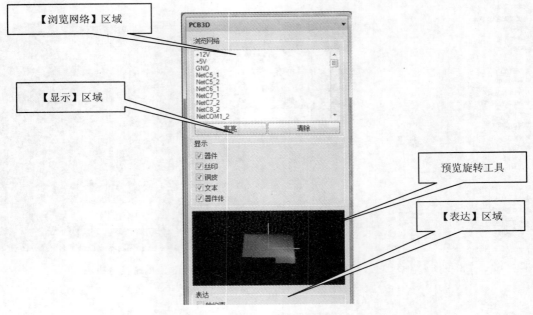

图 8-65　【PCB 3D】面板

【浏览网络】区域，在该区域中列出了当前 PCB 文件的所有网络。选择其中的一个或几个网络，如这里选中网络 GND，单击【高亮】按钮，则 3D 效果图中相应网络呈高亮状态显示，如图 8-66 所示。

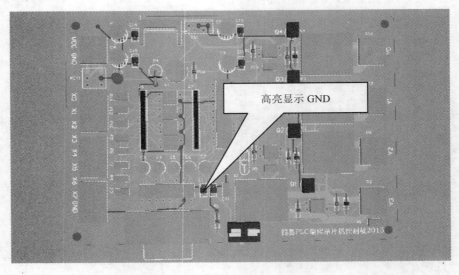

图 8-66　高亮显示 GND

当用户期望取消对 GND 的高亮显示时，单击【清除】按钮即可取消对 GND 网络的高亮显示。

264

【显示】区域列表中列出了 3D 影像中显示的元素，包括器件、丝印、铜皮、文本及器件体（电路板）。如取消器件选项，则在 3D 影像图中不再显示对应的内容，如图 8-67 所示。

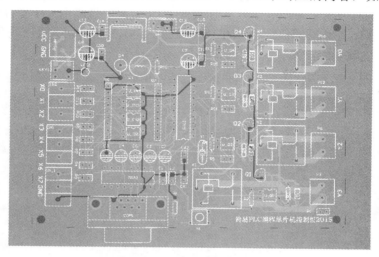

图 8-67　3D 影像图中不显示元件元素

【预览旋转工具】区域，预览旋转工具可以预览当前 3D 图形的方向及位置。移动光标到该区域中，单击鼠标左键，在该区域内上下左右拖动，3D 图形也会随之转动，可以看到不同方向上的 PCB 效果图，PCB 的 3D 影像图如图 8-68 所示。

（a）初始位置

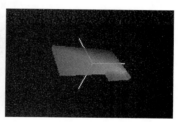

（b）旋转一个角度

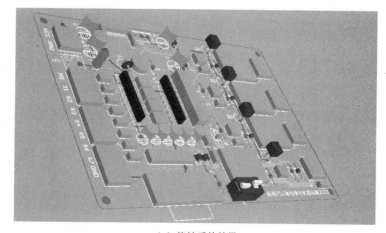

（c）旋转后的效果

图 8-68　PCB 的 3D 影像图

【表达】区域，该区域中包含两个复选框，分别是【坐标约束】和【线框】，用于控制 3D 图形的显示方式。

【轴约束】：选中该复选框后，每次光标调整 PCB 方向时只能沿一个坐标轴旋转。

【连接框】：选中该复选框后，3D 效果图将以线框的形式表现出来。这里我们选中该复选框，效果如图 8-69 所示。

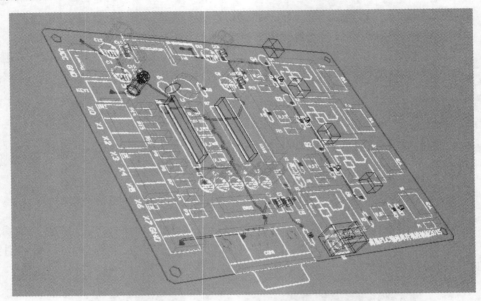

图 8-69　以线框形式显示 3D 影像图

第9章 ISD1420 语音模块 PCB 设计实例

本章的实例为一个 ISD1420 语音模块,可用 MCU 对该语音模块进行分段录放控制(0.5s/段,共 40 段)。ISD1420 是美国 ISD 公司出品的单片高保真语音录放 IC 芯片,芯片内部由振荡器、语音存储单元、前置放大器、自动增益控制电路、抗干扰滤波器、输出放大器等电路组成。一个最小的录放系统仅由一个麦克风、一个喇叭、两个按钮、一个电源、少数电阻电容组成。ISD1420 有两种工作模式:操作模式和地址模式。在地址模式下,ISD1420 可与 MCU 接口,利用 MCU 对 ISD1420 按地址分段进行录放控制。

9.1 新建 PCB 工程文件

执行【文件】/【新的】/【Project】菜单命令,如图 9-1 所示。在【Projects】面板中,系统创建了一个默认名为 PCB_Project1.PrjPCB 的空的 PCB 工程文件,如图 9-2 所示。

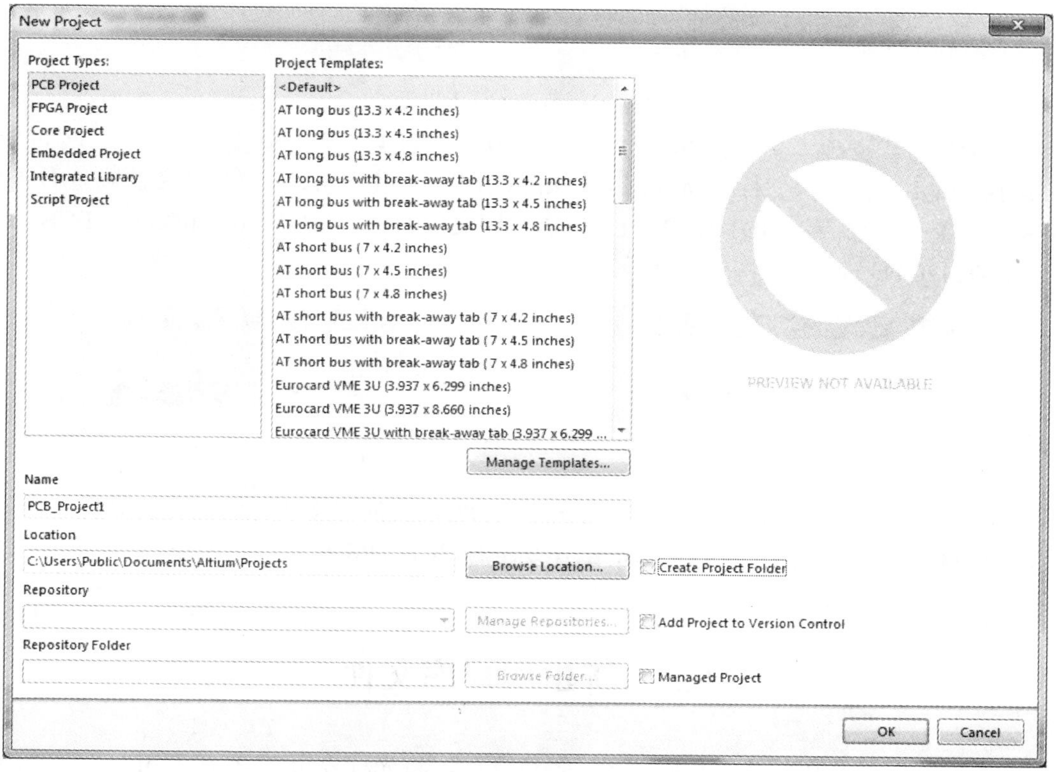

图 9-1　新建 PCB 工程文件

图 9-2 空的 PCB 工程文件

9.2　新建原理图和 PCB 文件

在新建的 PCB 工程文件中，将光标停留在 PCB_Project1.PrjPCB 上（蓝色部分），【单击鼠标右键】/【给工程添加新的】/【Schematic】（【PCB】），如图 9-3 所示菜单。操作后即可在当前工程文件中新建默认名为 Sheet1.SchDoc 的原理图文件，用类似的方法新建默认名为 PCB1.PcbDoc 的 PCB 文件，系统默认的原理图和 PCB 的文件名如图 9-4 所示。

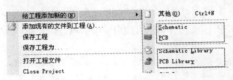

图 9-3　新建文件菜单

保存上述工程文件（参考图 9-3 的菜单项【保存工程】），选择好文件的存放位置，新建文件夹 ISD1420，将工程文件、原理图文件和 PCB 文件均以 ISD1420 命名（扩展名不同），即生成的工程文件名为：ISD1420.PrjPCB；原理图文件名为：ISD1420.SchDoc； PCB 文件名为：ISD1420.PcbDoc；如图 9-5 所示。

图 9-4　系统默认的文件名

图 9-5　用户命名的文件名

至此，语音模块的 PCB 工程文件、原理图和 PCB 图的空文件已经建好。另外，在正式绘制原理图和 PCB 图之前，首先要做的工作是进行 PCB 封装和原理图电路元件的设计。

9.3　新建用户库文件

用户库文件即 PCB 封装库和原理图元件库文件。将光标停留在 PCB_Project1.PrjPCB 上（蓝色部分），【单击鼠标右键】/【给工程添加新的】/【Schematic Library】（【PCB Library】），参考图 9-4 所示的菜单。

　　操作后即可在当前工程文件中新建默认名为 Schlib1.SchLib 的原理图元件库文件，用类似的方法新建默认名为 PCBLib1.PcbLib 的 PCB 封装库文件，系统默认的原理图元件库文件和 PCB 封装库文件名如图 9-6 所示。

　　保存原理图元件库文件和 PCB 封装库文件，选择好文件的存放位置，将原理图元件库文件和 PCB 封装库文件均以 ISD1420 命名（扩展名不同），生成的原理图元件库文件名为：ISD1420.SchLib，PCB 封装库文件名：ISD1420.PcbLib，如图 9-7 所示。

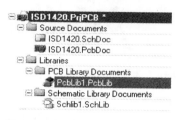

图 9-6　系统默认的库文件名

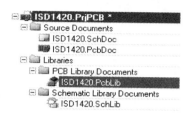

图 9-7　用户命名的库文件名

9.3.1　设计 PCB 封装

　　在新建原理图元件之前，通常要首先设计与原理图元件对应的 PCB 封装，本实例中，将以两种方式设计 PCB 封装。考虑到实例的大部分 PCB 封装均能在 Altium Designer 15 的系统库中找到，对这部分 PCB 封装可直接加以使用，并将其复制到用户的 PCB 封装库中。而对 Altium Designer 15 的系统库中没有的 PCB 封装则要另行设计，对这部分元件，通常可借助【工具】/【元器件向导】菜单进行设计。

1．用元器件向导设计 DIP28 封装

　　实例中的 ISD1420 为双列直插的 28 脚芯片（DIP28），该封装可利用 PCB 元器件向导来进行设计（参考第 4 章相关内容）。

　　具体操作顺序为：将标签式面板切换到【PCB Library】，打开 ISD1420.PcbLib 文件，执行【工具】/【元器件向导】菜单命令，单击【下一步】；出现如图 9-8 所示的封装图案（模型）对话框；选择 Dual In-line Packages(DIP)，单击【下一步】；设置焊盘尺寸，单击【下一步】；设置焊盘距离，单击【下一步】；设置外框宽度，单击【下一步】；设置焊盘总数：28，单击【下一步】；设置封装名称为 DIP28，单击【下一步】；单击【完成】。

图 9-8　封装图案（模型）对话框

2. 从系统库复制 AXIAL-0.4 封装

本例中的电阻、电容等器件，可以直接从 Altium Designer 15 的 PCB 库文件 Miscellaneous Devices.PcbLib 中复制而成。打开库文件 Miscellaneous Devices.PcbLib，将标签式面板切换到【PCB Library】，在元器件列表中找到 AXIAL-0.4 封装名称，如图 9-9 所示。

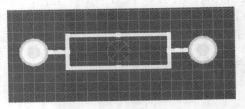

图 9-9　AXIAL-0.4 封装名称　　　　图 9-10　选择 AXIAL-0.4 封装图形

此时，AXIAL-0.4 封装出现在右边的元器件封装编辑窗口中，拖动鼠标选择 AXIAL-0.4 封装图形，如图 9-10 所示。执行【编辑】/【复制】菜单命令。打开 ISD1420.PcbLib 文件，在 ISD1420.PcbLib 库文件编辑窗口，执行【工具】/【新的空元件】菜单命令。执行【编辑】/【粘贴】菜单命令，即可将 AXIAL-0.4 封装从系统库复制到用户库中。双击元器件列表中的新建元器件的默认名称，出现如图 9-11 所示的 PCB 库元器件对话框，将元器件名称由 PCBComponent_1 改为 AXIAL0.4。

本实例中，其余 PCB 封装均可用上述两种方式设计，设计过程不再赘述，实例的全部 PCB 封装的名称列表如图 9-12 所示。

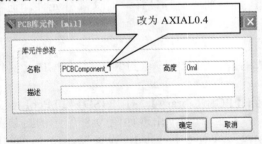

图 9-11　PCB 库元件对话框图　　　　图 9-12　实例的 PCB 封装名称列表

9.3.2　设计原理图元件

在 ISD1420 语音模块电路原理图中，大部分阻容元件等都能在 Altium Designer 15 的 Miscellaneous Devices.IntLib 和 Miscellaneous Connectors.IntLib 库文件中找到，实例中，仅需自己设计集成电阻 ICR 和 ISD1420 两个原理图元件，其他元件可直接利用 Altium Designer 15 库文件中的元件（部分元件可作适当修改）。

鼠标双击如图 9-7 所示的 ISD1420.SchLib 位置处，将标签式面板切换到【SCH Library】，打开如图图 9-13 所示的原理图元件编辑窗口

1. 设计 ICR 元件

执行【工具】/【新器件】菜单命令，新器件命名为 ICR。执行【放置】/【矩形】菜单命令，放置大小合适的矩形边框，所放置的集成电阻 ICR 的矩形边框如图 9-14 所示。利用【放置】/【线】菜单命令，用画【线】功能在上述矩形边框内画 8 电阻外形的长方形（可先画一个，再使用复制功能），如图 9-15 所示。

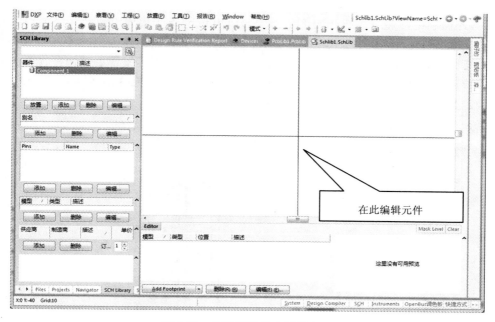

图 9-13 原理图元件库编辑窗口

在图 9-15 的基础上，执行【放置】/【管脚】菜单命令，放置标识为 1~9 的 9 个管脚，如图 9-16 所示。利用【放置】/【线】及【放置】/【椭圆】（画小圆点）菜单命令完成如图 9-17 所示的框内图形设计。利用【工具】/【重新命名器件】菜单命令将原理图元件名改为 ICR。

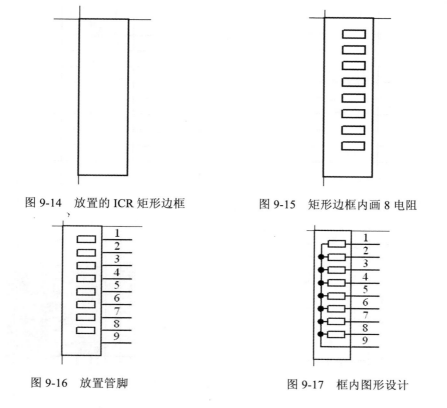

图 9-14　放置的 ICR 矩形边框　　　　图 9-15　矩形边框内画 8 电阻

图 9-16　放置管脚　　　　　　　　图 9-17　框内图形设计

最后，还需利用前述所建的 PCB 封装库 ISD1420.PcbLib 为集成电阻 ICR 添加对应的 PCB 封装。在如图 9-18 所示的窗口中，单击【Add Footprint】按钮；在弹出的【PCB 模型窗口】中，单击【浏览】按钮；在弹出的【浏览库】的窗口中，单击【发现】按钮；在弹出的【搜索库】的窗口中，输入 SIP9，单击【查找】按钮，从 ISD1420.PcbLib 库中选择 SIP9 封装，单击【确定】按钮，最终结果如图 9-19 所示。

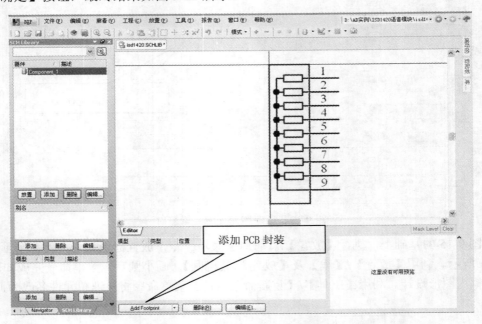

图 9-18　添加 PCB 封装

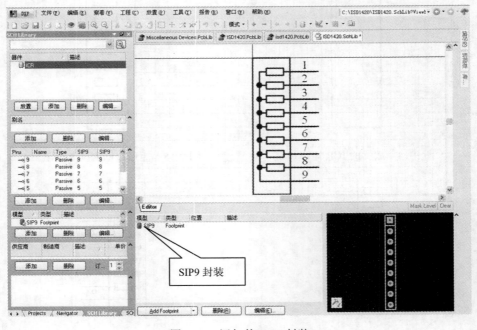

图 9-19　添加的 SIP9 封装

2．设计 ISD1420 元件

在原理图元件编辑窗口中，执行【工具】/【新器件】菜单命令，新器件命名为 ISD1420。执行【放置】/【矩形】菜单命令，放置大小合适的矩形边框，所放置的 ISD1320 的矩形边框如图 9-20 所示；执行【放置】/【管脚】菜单命令，放置标识为 1~28 的 28 个管脚（7，8，11，22，23 脚可不画），如图 9-21 所示。

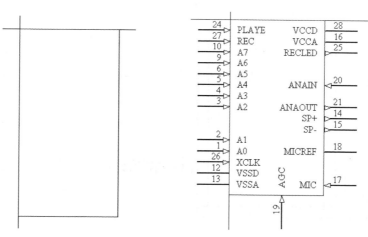

图 9-20　放置的 ISD1420 矩形边框　　　　图 9-21　放置管脚

最后，需利用前述所建的 PCB 封装库 ISD1420.PcbLib 为元件 ISD1420 添加对应的 PCB 封装。用类似的方法为 ISD1420 添加 DIP28 的 PCB 封装，最终结果如图 9-22 所示。

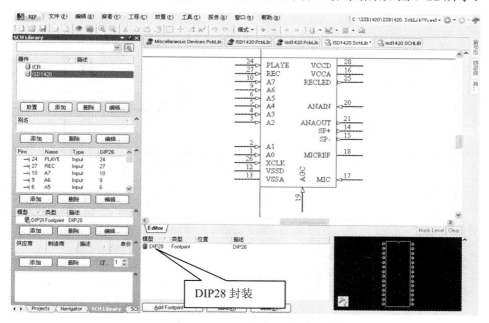

图 9-22　添加的 SIP9 封装

本例中，其余原理图元件可用上述类似的方法进行设计，设计过程不再赘述，实例的全部原理图器件列表如图 9-23 所示。

图 9-23　实例原理图器件列表

9.4　设计原理图

9.4.1　原理图的绘制

　　ISD1420 语音模块电路原理图如图 9-24 所示，在设计好 PCB 封装和原理图元件的基础上，打开前述已建的空原理图文件 ISD1420.SchDoc。在原理图编辑窗口中，依图首先放置 ISD1420、ICR、电阻、电容、MIC、SP、LED 等全部元件。将元件进行适当布局、进行连线、完成原理图的编辑。

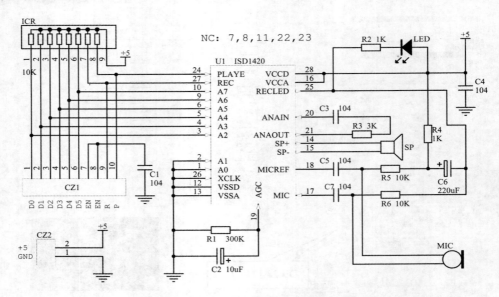

图 9-24　ISD1420 语音模块电路原理图

　　执行【放置】/【器件】菜单命令，弹出如图 9-25 所示的放置端口窗口，单击【选择】按钮，在弹出的浏览库窗口中，选择 ISD1420.SchLib 库，并选中 ISD1420 元件，如图 9-26 所示。单击【确定】后，即在当前原理图编辑窗口中放置元件 ISD1420，如图 9-27 所示。

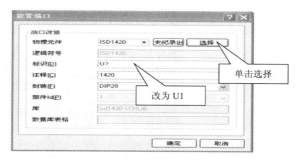

图 9-25　放置端口窗口

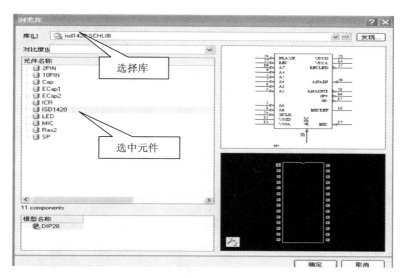

图 9-26　浏览库窗口

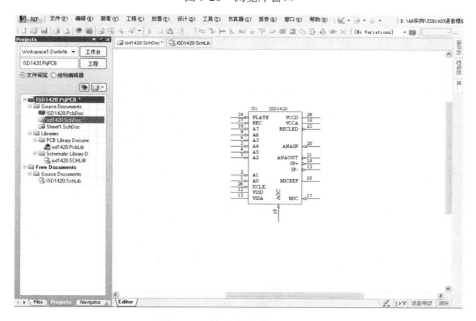

图 9-27　放置的元件 ISD1420

用类似的方法放置完实例的全部元件，包括 GND 和 VCC（+5V），并进行布局，如图 9-28 所示。

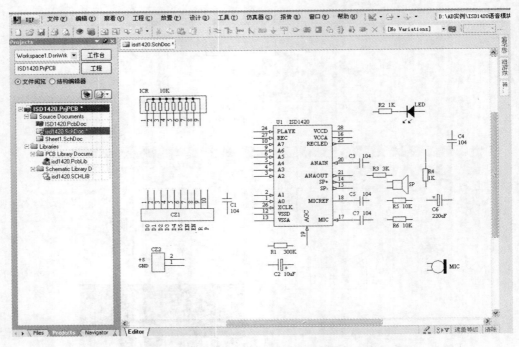

图 9-28　放置、布局元件

执行【放置】/【线】菜单命令，进行连线，完成全部原理图的编辑，如图 9-29 所示。

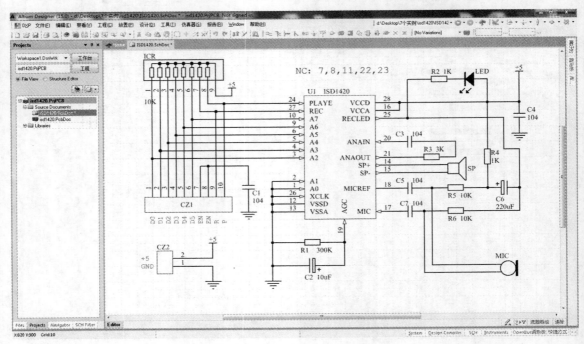

图 9-29　编辑完的原理图

9.4.2 原理图的处理

原理图绘制完后，在 PCB 设计之前，还应对原理图进行进一步的处理，如：原理图的编译、网络表生成等。

1. 原理图的编译

执行【工程】/【Compile Document isd1420.SchDoc】菜单命令，即可对原理图文件 isd1420.SchDoc 进行编译处理，如图 9-30 所示。

编译结果显示在【Message】窗口中，如图 9-31 所示，如果有错可根据提示信息，进行排错处理，部分警告信息查明原因后可忽略。

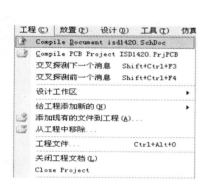

图 9-30　原理图编译菜单

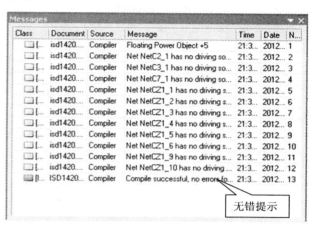

图 9-31　【Message】窗口

2. 网络表的生成

执行【设计】/【文件的网络表】/【Protel】菜单命令，如图 9-32 所示。系统会产生一个 isd1420.net 的网络表文件。

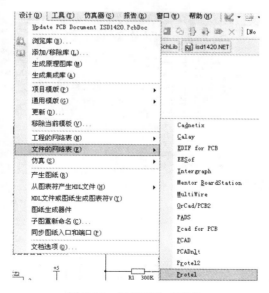

图 9-32　网络表生成菜单

277

9.5 设计 PCB 图

在设计好语音模块原理图的基础上，打开前述已建的空 PCB 文件 ISD1420.PcbDoc。在 PCB 编辑窗口中，依次进行放置布线框、装入网络表、元件布局、交互式布线等操作。

9.5.1 放置布线框

在 PCB 编辑窗口中，将板层标签切换到 Keep-Out Layer，执行【放置】/【走线】菜单命令，如图 9-33 所示。绘制一个矩形框（尺寸与电路板实际尺寸相同），如图 9-34 所示。

图 9-33　【走线】菜单

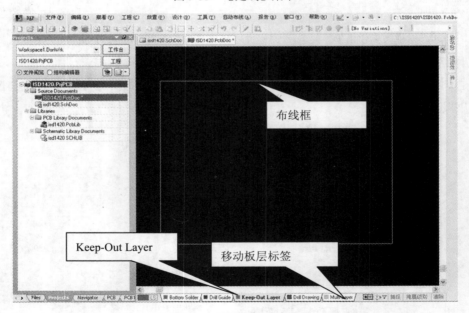

图 9-34　布线框

9.5.2 装入网络表

PCB 设计的依据是前述所生成的原理图的网络表文件，PCB 图和原理图是通过网络表文件来关联的。执行【设计】/【Import Changes From ISD1420.PrjPCB】菜单命令，如图 9-35

所示。网络表装入后，语音模块的全部 PCB 封装也一并载入，如图 9-36 所示。

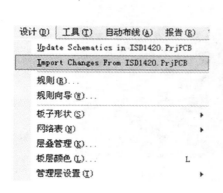

图 9-35　装入网络表菜单

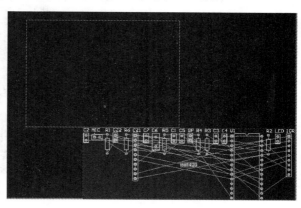

图 9-36　装入 PCB 封装

9.5.3　PCB 布局

由于 Altium Designer 15 的自动布局功能效果并不理想，通常采用手动方式进行布局。布局时，用鼠标逐一拖动封装元件依次放到布线框的合适位置，如图 9-37 所示。

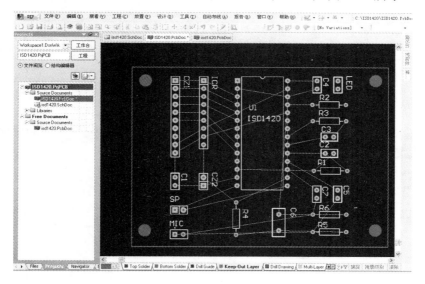

图 9-37　布局图

9.5.4　PCB 布线

由于 ISD1420 语音模块电路比较简单，从节约成本的角度考虑，本实例采用单层板设计，全部布线在 Bottom Layer 完成。执行【放置】/【交互式布线】菜单命令，如图 9-38 所示。

按网络表，结合原理图逐一进行交互式布线。本实例由于采用的是单层板设计，电路板上需加入一根飞线，为此，需要放置二个焊盘。ISD1420 语音模块最后的 PCB 图如图 9-39 所示。

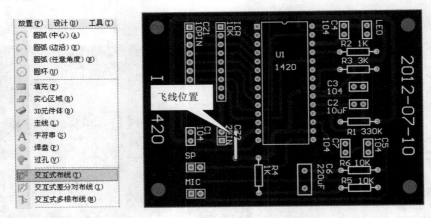

图 9-38 交互式布线菜单   图 9-39 ISD1420 语音模块 PCB 图

9.5.5 设计规则检查

设计规则检查（DRC）也是 PCB 设计的一个重要环节，通过设计规则检查可以发现 PCB 布线过程中有无违反设计规则的地方，确保 PCB 设计的正确性。执行【工具】/【设计规则检查】菜单命令，如图 9-40 所示，弹出窗口如图 9-41，单击运行即可。

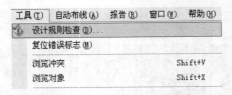

图 9-40 设计规则检查菜单

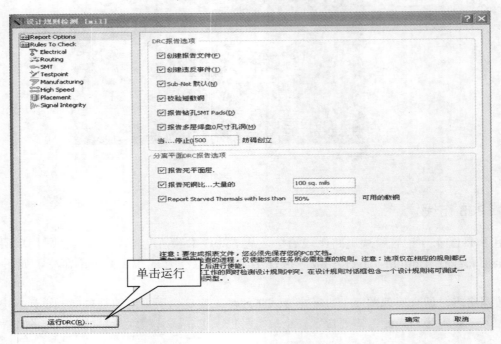

图 9-41 设计规则检查窗口

第 10 章　串行显示模块 PCB 设计实例

本章的 PCB 设计实例为一个四位数码串行显示模块，可用于 MCU（51 单片机、AVR、ARM）、CPLD、FPGA 等系统，使用时只需二根 I/O 即可实现多位数码的显示。电路中，采用 LM317T 可调稳压器，将输出电压稳定在 2V 左右，并作为数码管的供电电源，这样可以省去数十只限流电阻，简化了电路和 PCB 的设计。

10.1　新建 PCB 工程文件

执行【文件】/【新的】/【工程】/【PCB 工程】菜单命令，如图 10-1 所示。在【Projects】面板中，系统创建了一个默认名为 PCB_Project1.PrjPCB 的空的 PCB 工程文件。

10.2　新建原理图和 PCB 文件

在新建的 PCB 工程文件中，将光标停留在 PCB_Project1.PrjPCB 上（蓝色部分），【单击鼠标右键】/【给工程添加新的】/【Schematic】（【PCB】），操作后即可在当前工程文件中新建默认名为 Sheet1.SchDoc 的原理图文件，用类似的方法新建默认名为 PCB1.PCBDoc 的 PCB 文件。

保存上述工程文件，选择好文件的存放位置，新建文件夹 disp164，将工程文件、原理图文件和 PCB 文件均以 disp164 命名（扩展名不同），即生成的工程文件名为：disp164.PrjPCB；原理图文件名为：disp164.SchDoc；PCB 文件名为：disp164.PCBDoc。

至此，串行显示模块的 PCB 工程文件、原理图和 PCB 图的空文件已经建好。另外，在正式绘制原理图和 PCB 图之前，首先要做的工作是进行 PCB 封装和原理图电路元件的设计。

10.3　新建用户库文件

用户库文件即 PCB 封装库和原理图元件库文件。将光标停留在 PCB_Project1.PrjPCB 上（蓝色部分），【单击鼠标右键】/【给工程添加新的】/【Schematic　Library】（【PCB Library】）。操作后即可在当前工程文件中新建默认名为 Schlib1.SchLib 的原理图元件库文件，用类似的方法新建默认名为 "PCBLib1.PCBLib" 的 PCB 封装库文件。

保存原理图元件库文件和 PCB 封装库文件，选择好文件的存放位置，将原理图元件库文件和 PCB 封装库文件均以 disp164 命名（扩展名不同），生成的原理图元件库文件名为：

disp164.SchLib，PCB 封装库文件名：disp164.PCBLib。新建的全部文件如图 10-1 所示。

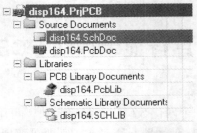

图 10-1 用户命名的文件名

10.3.1 设计 PCB 封装

在新建原理图元件之前，通常要首先设计与原理图元件对应的
PCB 封装。实例中，大部分所用到的 PCB 封装均能在 Altium
Designer 15 的系统库 Miscellaneous Devices.PCBLib 和 Miscellaneous
Connectors. PCBLib 中找到，因此，设计时只需将所用封装复制到
用户的 PCB 封装库中即可。

图 10-2 系统库源文件路径

执行【文件】/【打开】菜单命令，系统库源文件路径如图 10-2
所示，找到所需的库源文件并进行摘取操作，如图 10-3、图 10-4
所示。摘取操作后当前工程中系统库文件如图 10-5 所示。

图 10-3 打开系统库源文件

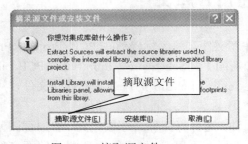

图 10-4 摘取源文件

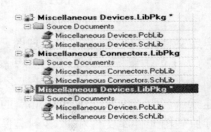

图 10-5 系统库文件

1. 从系统库复制 H 封装

实例中，所用数码管的封装名为 H，打开库文件 Miscellaneous Devices.PCBLib 后，将标签式面板切换到【PCB Library】，在元器件列表中找到数码管的封装名 H，如图 10-6 所示。

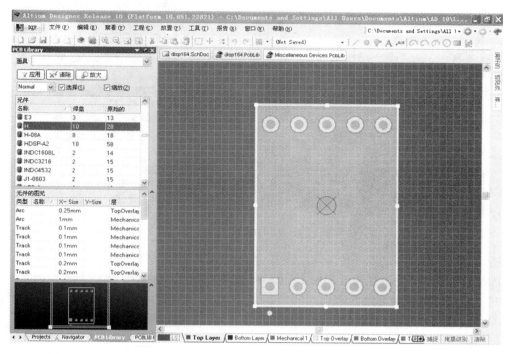

图 10-6　数码管的封装

此时，H 的封装出现在右边的元器件封装编辑窗口中，拖动鼠标选择 H 的封装图形，如图 10-7 所示。执行【编辑】/【复制】菜单命令。打开 disp164.PCBLib 文件，在 disp164.PCBLib 库文件编辑窗口，执行【工具】/【新的空元件】菜单命令。执行【编辑】/【粘贴】菜单命令，即可将 H 封装从系统库复制到用户库中。双击元器件列表中的新建元器件的默认名称，出现如图 10-8 所示的 PCB 库元器件对话框，将元器件名称由 PCBComponent_1 改为 H。

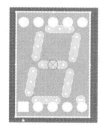

图 10-7　选择 H 封装图形　　　图 10-8　PCB 库元件对话框

2. 从系统库复制 DIP-14 封装

在库文件"Miscellaneous Devices.PCBLib"的元器件列表中找到 DIP-14 封装名，如图 10-9 所示。此时，拖动鼠标选择 DIP-14 的封装图形，如图 10-10 所示。执行【编辑】/【复制】

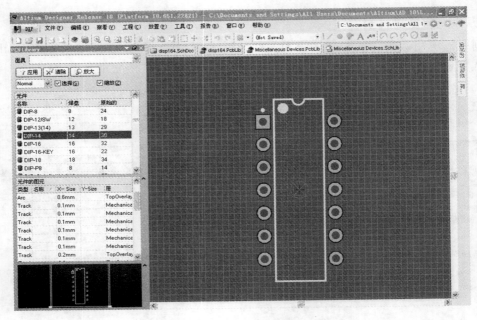

图 10-9 DIP-14 封装

菜单命令。打开 disp164.PCBLib 文件，在 disp164.PCBLib 库文件编辑窗口，执行【工具】/【新的空元件】菜单命令。执行【编辑】/【粘贴】菜单命令，即可将 H 封装从系统库复制到用户库中。双击元器件列表中的新建元器件的默认名称，出现如图 10-11 所示的 PCB 库元器件对话框，将元器件名称由 PCBComponent_1 改为 DIP-14。

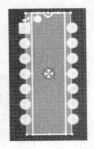

图 10-10 选择 DIP-14 封装图形

图 10-11 PCB 库元件对话框

本例中，其余 PCB 封装设计过程不再赘述，实例的全部 PCB 封装的名称列表如图 10-12 所示，用户库文件名为 disp164.PCBLib。

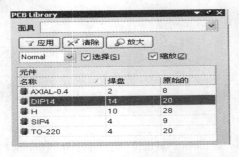

图 10-12 实例的 PCB 封装名称列表

284

10.3.2　设计原理图元件

在串行显示模块电路原理图电路中，部分元件可在 Altium Designer 15 的 Miscellaneous Devices.SchLib 和 Miscellaneous Connectors.SchLib 系统库文件中找到（有的库需另行安装），系统库文件的路径可参考图 10-2，个别电路元件需自行设计。

1. 从系统库复制 Dpy Blue-CA 元件

对系统库已有的原理图电路元件，设计时只需将所用的元件从系统库复制到用户库 disp164.SchLib 中即可。

打开 Miscellaneous Devices.SchLib 系统库文件，将标签式面板切换到【SCH Library】，在库文件中选择 Dpy Blue-CA 元件，如图 10-13 所示。

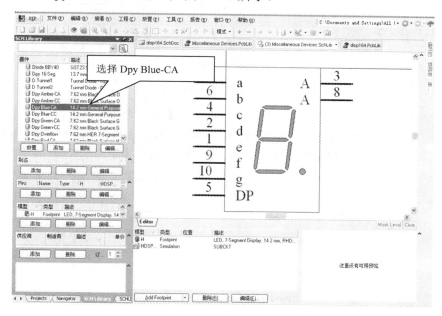

图 10-13　实例的 PCB 封装名称列表

执行【工具】/【复制器件】菜单命令，如图 10-14 所示，选择目标库为 disp164.SchLib，如图 10-15 所示，【确定】后完成 Dpy Blue-CA 的复制。

图 10-14　复制器件菜单

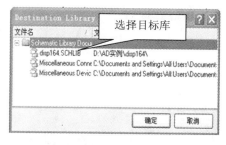

图 10-15　选择目标库

2. 设计 LM317T 元件

打开 disp164.SchLib 用户库，将标签式面板切换到【SCH Library】，在如图 10-16 所示的原理图元件编辑窗口中进行 LM317T 元件的设计。

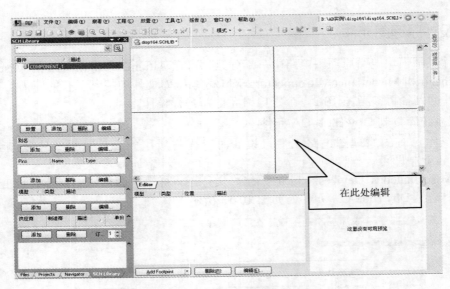

图 10-16　原理图元件库编辑窗口

在原理图元件编辑窗口中，执行【工具】/【新器件】菜单命令，新器件命名为 LM317T。执行【放置】/【矩形】菜单命令，放置大小合适的矩形边框，所放置的 LM317T 的矩形边框如图 10-17 所示；执行【放置】/【管脚】菜单命令，放置标识为 1~3 的三个管脚，如图 10-18 所示。

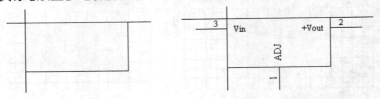

图 10-17　放置 LM317T 矩形边框　　　　图 10-18　放置管脚

利用前述所建的 PCB 封装库 disp164.PCBLib 为元件 LM317T 添加对应的 PCB 封装，如图 10-19 所示。

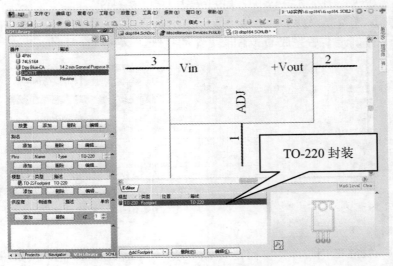

图 10-19　添加的 TO-220 封装

286

本例中，其余原理图元件可用上述类似的方法进行设计，设计过程不再赘述，实例的全部原理图器件列表如图 10-20 所示。

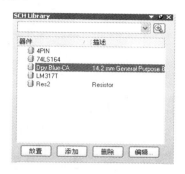

图 10-20　实例原理图器件列表

10.4　设计原理图

10.4.1　原理图的绘制

串行显示模块电路原理图如图 10-21 所示，在设计好 PCB 封装和原理图元件的基础上，打开空原理图文件 disp164.SchDoc。在原理图编辑窗口中，依图首先放置 LM317T、74LS164、数码管、电阻等全部元件。将元件进行适当布局、进行连线、完成原理图的编辑。

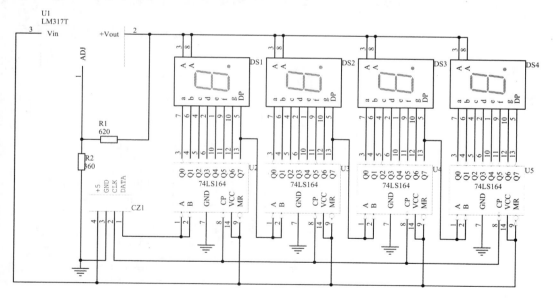

图 10-21　串行显示模块电路原理图

执行【放置】/【器件】菜单命令，从 disp164.SchLib 用户库中选择器件，依次放置 LM317T、4 个 74LS164、4 个数码管、2 个电阻、1 个四端连接器等全部元件（包括 GND），并进行布局，如图 10-22 所示。

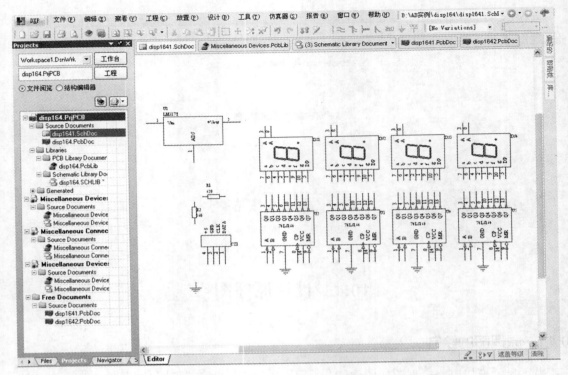

图 10-22　放置、布局元件

执行【放置】/【线】菜单命令，进行连线，完成全部原理图的编辑，如图 10-23 所示。

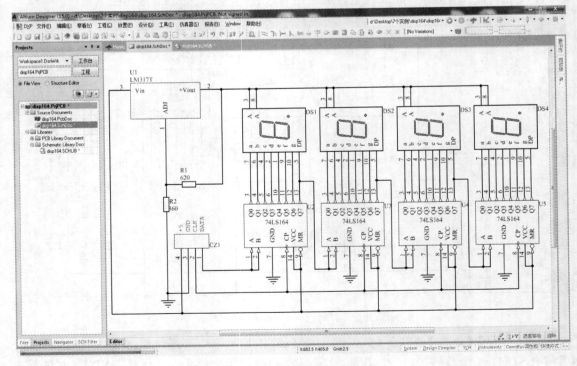

图 10-23　编辑完的原理图

10.4.2 原理图的处理

原理图绘制完后，在 PCB 设计之前，还应对原理图进行进一步的处理，如：原理图的编译、网络表生成等。

1. 原理图的编译

执行【工程】/【Compile Document disp164.SchDoc】菜单命令，即可对原理图文件 isd1420.SchDoc 进行编译处理，如图 10-24 所示。

图 10-24　原理图编译菜单

编译结果显示在【Message】窗口中，如图 10-25 所示，如果有错可根据提示信息，进行排错处理，部分警告信息查明原因后可忽略。

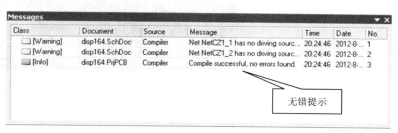

图 10-25　编译【Message】窗口

2. 网络表的生成

执行【设计】/【文件的网络表】/【Protel】菜单命令，系统会产生一个 disp164.net 的网络表文件，网络表生成【Message】窗口如图 10-26 所示。

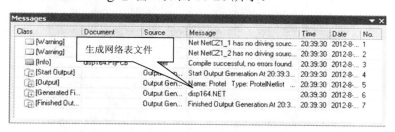

图 10-26　网络表生成【Message】窗口

10.5　设计 PCB 图

在设计好原理图的基础上，打开已建空 PCB 文件 disp164.PCBDoc。在 PCB 编辑窗口中，依次进行放置布线框、装入网络表、元件布局、自动布线等操作。

10.5.1 放置布线框

在 PCB 编辑窗口中，将板层标签切换到 Keep-Out Layer，执行【放置】/【走线】菜单命令，绘制一个矩形框（尺寸与电路板实际尺寸相同）。

10.5.2 装入网络表

执行【设计】/【Import Changes From disp164.PrjPCB】菜单命令，如图 10-27 所示。网络表装入后，串行显示模块的全部 PCB 封装也一并载入，如图 10-28 所示。

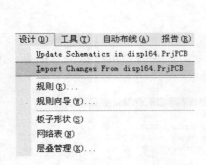

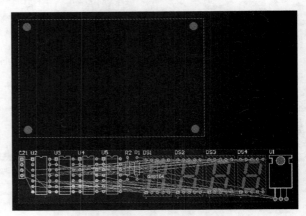

图 10-27　装入网络表菜单　　　　　　图 10-28　装入 PCB 封装

10.5.3 PCB 布局

布局时，用鼠标逐一拖动封装元件依次放到布线框的合适位置，如图 10-29 所示。

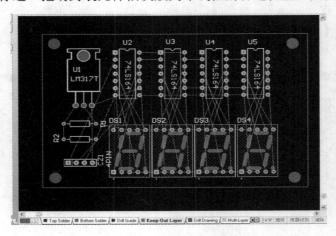

图 10-29　布局图

10.5.4 PCB 自动布线

为了提高设计的工作效率，减少布线差错，通常采用自动布线方式。执行【自动布线】/【全部】菜单命令，如图 10-30 所示。

图 10-30　自动布线菜单

弹出布线策略窗口，采用系统默认的自动布线策略，单击【Route　All】按钮，开始自动布线，自动布线策略窗口如图 10-31 所示。

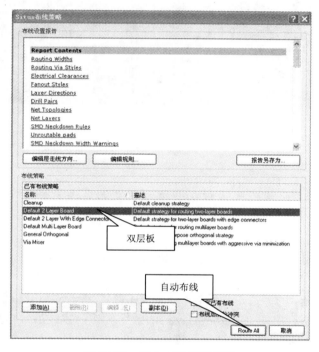

图 10-31　自动布线策略窗口

自动布线完成后，【Message】窗口报告自动布线的相关信息，如图 10-32 所示，串行显示模块 PCB 自动布线的效果如图 10-33 所示。

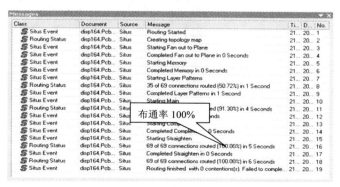

图 10-32　自动布线【Message】窗口

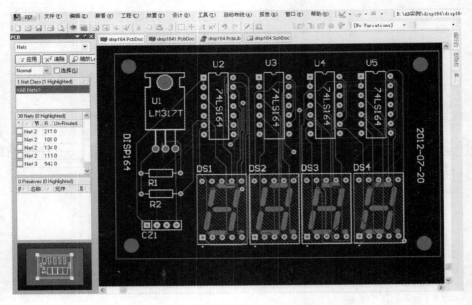

图 10-33 串行显示模块 PCB 自动布线效果

10.5.5 PCB 后续处理

自动布线完成后，通常还应进行必要的后续处理，如：敷铜操作、设计规则检查（DRC）等。

1．敷铜操作

对地线大面积敷铜，除了具备了屏蔽功能外，还可以使 PCB 承载更大的电流。执行【放置】/【多边形敷铜】菜单命令，如图 10-34 所示。

弹出如图 10-35 所示的多边形敷铜窗口，按图中参数进行设置，【确定】后，用鼠标选择 PCB 的四个边，而后进行底层 (Bottom Layer)的敷铜操作；完成后，再用同样的方法对项层（Top Layer）进行敷铜。disp164 串行显示模块最后的 PCB 图如图 10-36 所示。

图 10-34 【多边形敷铜】菜单

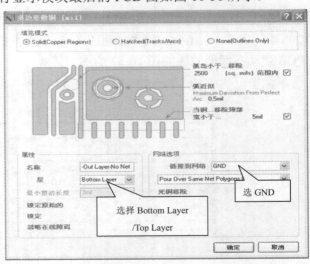

图 10-35 多边形敷铜窗口

292

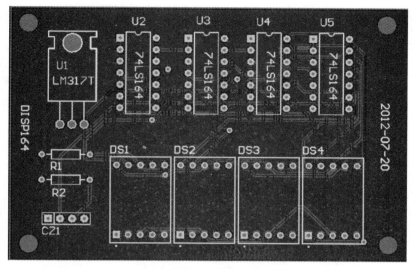

（a）底层（Bottom Layer）

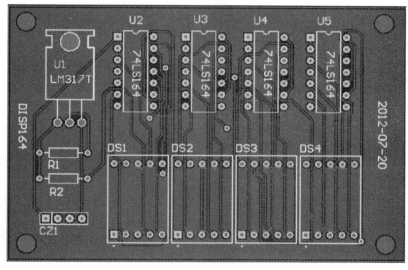

（b）顶层（Top Layer）

图 10-36   disp164 串行显示模块 PCB 图

2．设计规则检查

设计规则检查（DRC）也是 PCB 设计的一个重要环节，通过设计规则检查可以发现 PCB 布线过程中有无违反设计规则的地方，确保 PCB 设计的正确性。执行【工具】/【设计规则检查】菜单命令，如图 10-37 所示，弹出窗口如图 10-38，单击运行即可。

图 10-37   设计规则检查菜单

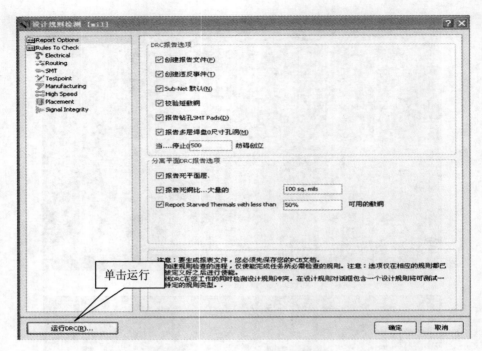

图 10-38　设计规则检查窗口

第 11 章　RFID 模块 PCB 设计实例

本章的 PCB 设计实例为一个 RFID 模块，即射频识别（Radio Frequency Identification，RFID），又称电子标签，是一种通信技术，可通过无线电信号识别特定目标并读写相关数据。FM1702SL 芯片是复旦微电子股份有限公司基于 ISO14443 标准设计的非接触卡读卡机专用芯片。RFID 模块采用 FM1702SL 芯片，其支持 SPI 接口，可与 MCU（51 单片机、AVR、ARM等）接口构成 RFID 应用系统，广泛应用于图书馆管理、门禁控制、电子锁、道路自动收费、一卡通应用等领域。

11.1　新建 PCB 工程文件

执行【文件】/【新的】/【工程】/【PCB 工程】菜单命令，如图 11-1 所示。在【Projects】面板中，系统创建了一个默认名为 PCB_Project1.PrjPCB 的空的 PCB 工程文件。

11.2　新建原理图和 PCB 文件

在新建的 PCB 工程文件中，将光标停留在 PCB_Project1.PrjPCB 上（蓝色部分），【单击鼠标右键】/【给工程添加新的】/【Schematic】（【PCB】），操作后即可在当前工程文件中新建默认名为 Sheet1.SchDoc 的原理图文件，用类似的方法新建默认名为 PCB1.PcbDoc 的 PCB文件。

保存上述工程文件，选择好文件的存放位置，新建文件夹 rfid1702，将工程文件、原理图文件和 PCB 文件均以 rfid1702 命名，即生成的工程文件名为：rfid1702.PrjPCB；原理图文件名为：rfid1702.SchDoc；PCB 文件名为：rfid1702.PcbDoc。

至此，RFID 模块的 PCB 工程文件、原理图和 PCB 图的空文件已经建好。另外，在正式绘制原理图和 PCB 图之前，首先要做的工作是进行 PCB 封装和原理图电路元件的设计。

11.3　新建用户库文件

用户库文件即 PCB 封装库和原理图元件库文件。将光标停留在 PCB_Project1.PrjPCB 上（蓝色部分），【单击鼠标右键】/【给工程添加新的】/【Schematic Library】（【PCB Library】）。操作后即可在当前工程文件中新建默认名为 Schlib1.SchLib 的原理图元件库文件，用类似的方法新建默认名为"PCBLib1.PcbLib"的 PCB 封装库文件。

保存原理图元件库文件和 PCB 封装库文件,选择好文件的存放位置,将原理图元件库文件和 PCB 封装库文件均以 rfid1702 命名（扩展名不同）,生成的原理图元件库文件名为:rfid1702.SchLib,PCB 封装库文件名:rfid1702.PcbLib。新建的全部文件如图 11-1 所示。

图 11-1　用户命名的文件名

11.3.1　设计 PCB 封装

在新建原理图元件之前,通常要首先设计与原理图元件对应的 PCB 封装。实例中,部分 PCB 封装可从 Altium Designer 10 系统的库文件中获取,而部分 PCB 封装则要另行设计。

1．用元器件向导设计 SO24W 封装

实例中,贴片芯片 FM1702SL 采用 24 脚 SO24W 封装,该封装可利用 PCB 元器件向导来进行设计（参考第 4 章相关内容）。

具体操作顺序为:打开 rfid1702.PcbLib 文件,将标签式面板切换到【PCB Library】,执行【工具】/【元器件向导】菜单命令,单击【下一步】;按图 11-2~图 11-7 所示进行操作,最后单击【完成】。

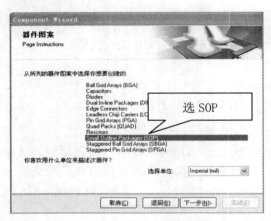

图 11-2　封装图案（模型）对话框

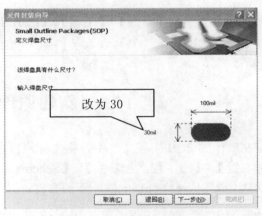

图 11-3　设置焊盘尺寸对话框

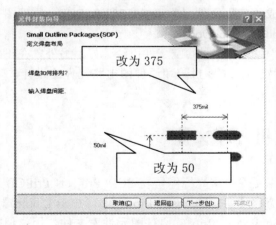

图 11-4　设置焊盘布局对话框

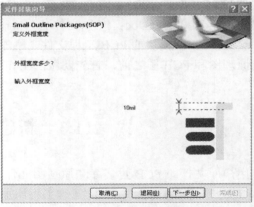

图 11-5　设置外框宽度对话

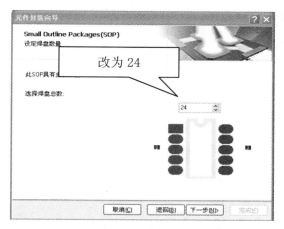

图 11-6　设置焊盘数量对话框　　　　　　图 11-7　设置封装名称对话框

2．设计天线 PCB 封装

RFID 模块中，通常直接利用 PCB 的 Bottom Layer 层来铺设天线，设计时，可以将天线看成为一个 PCB 封装元件，如图 11-8 所示，以后在 PCB 设计时可以直接加以引用，也可将天线的 PCB 封装图形直接复制到 PCB 设计环境中。

图 11-8 所示的天线由 4 圈螺旋的圆弧和直线构成，天线的四个角均为 4 个半径不一的圆弧，如图 11-9 所示。圆弧或直线线间中心点相距 60mil，圆弧和直线宽度均为 40mil，圆弧或直线间间隙宽度为 20mil。具体操作顺序如下。

图 11-8　RFID 模块的天线　　　　　　图 11-9　每角的四个圆弧

（1）打开 rfid1702.PcbLib 文件，将标签式面板切换到【PCB Library】,执行【工具】/【新的空元件】菜单命令。

（2）在元器件封装编辑窗口中，PCB 切换到 Bottom Layer，执行【放置】/【圆弧（任意角度）】菜单命令，在窗口中放置一个任意圆弧。

（3）双击该圆弧，弹出如图 11-10 所示的圆弧特性窗口，按图 11-10 设置好参数（半径 250mil，宽度 40mil，起始角度 0°，终止角度 90°），【确定】后，再复制三个同样的圆弧（共 4 个圆弧）。

（4）将所复制的三个圆弧的半径参数分别设置为 190mil、130mil 和 70mil，并按图 11-11 放置好四个圆弧，圆弧间的间隙为 20mil，即两个圆弧中心点相距 60mil。距离测量可以用【报告】/【测量距离】菜单命令，如图 11-12 所示。当光标移动的最小间隔过大时，可执行【察看】/【栅格】/【设置跳转栅格】菜单命令，将其设置到时 5mil 以内。

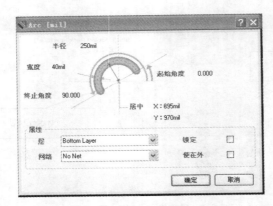

图 11-10 圆弧特性窗口

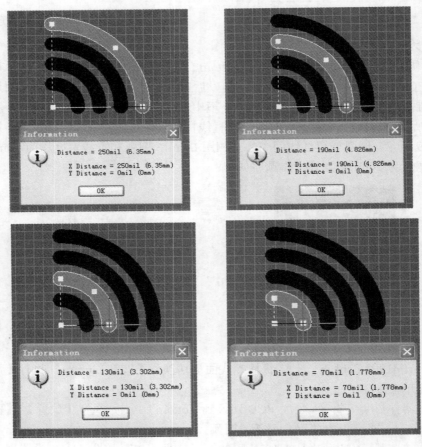

图 11-11 4 个圆弧的半径

（5）用鼠标将四个圆弧整体选中，复制后贴粘三组相同的圆弧（共四组），四组圆弧分别整体选中后用空格进行旋转，并按图 11-13 放置，放置时，右上角的圆弧组要比左上角的圆弧组低 60mil，其余各角是对称放置。

（6）执行【放置】/【走线】菜单命令，按图 11-8 的形状走线，并将走线宽度改为 40mil，X 方向走线长度约为 1110mil，Y 方向走线长度左边约为 1430mil、右边约为 1370mil。实际走线距离依据 PCB 的实际尺寸而定，不同的距离会影响到天线回路的调谐特性。

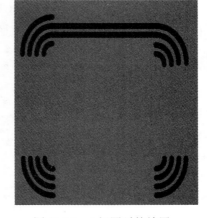

图 11-12　2 个圆弧中心点的距离　　　　图 11-13　4 组圆弧的放置

（7）执行【放置】/【过孔】菜单命令，按图 11-8 的位置放置三个过孔，过孔的标识从左到右分别为 3、2、1（双击过孔，在弹出的窗口中修改）。

（8）最后，将所设计的封装的名称改为 TX。

本例中，其余 PCB 封装设计过程不再赘述，实例的全部 PCB 封装的名称列表如图 11-14 所示，用户库文件名为 rfid1702.PcbLib。

11.3.2　设计原理图元件

在 RFID 模块电路原理图电路中，部分元件可在 Altium Designer 10 的 Miscellaneous Devices.SchLib 和 Miscellaneous Connectors.SchLib 系统库文件中找到（有的库需另行安装），个别电路元件需自行设计。

图 11-14　实例的 PCB 封装名称列表

1．设计 FM1702SL 元件

打开 rfid1702.SchLib 用户库，将标签式面板切换到【SCH Library】，在如图 11-15 所示的原理图元件编辑窗口中进行 FM1702SL 元件的设计。

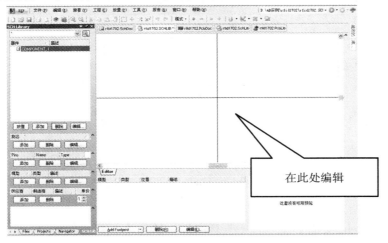

图 11-15　原理图元件库编辑窗口

在原理图元件编辑窗口中,执行【工具】/【新器件】菜单命令,新器件命名为 FM1702SL。执行【放置】/【矩形】菜单命令,放置大小合适的矩形边框,所放置的 FM1702SL 的矩形边框如图 11-16 所示;执行【放置】/【管脚】菜单命令,放置标识为 1~24 的 24 个管脚,如图 11-17 所示。

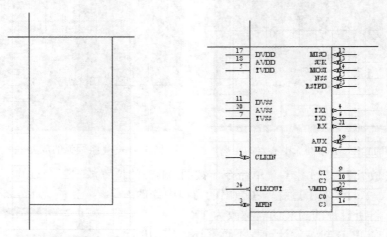

图 11-16　放置 LM317T 矩形边框　　　　图 11-17　放置管脚

利用前述所建的 PCB 封装库 rfid1702.PcbLib 为元件 FM1702SL 添加对应的 PCB 封装,如图 11-18 所示。

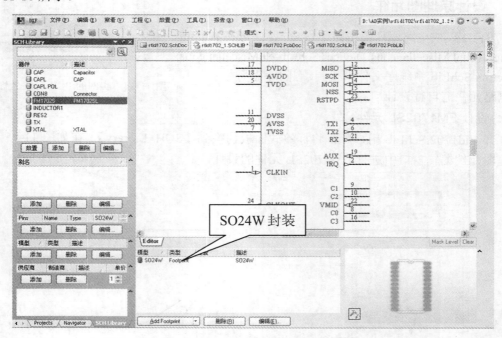

图 11-18　添加的 SO24W 封装

2. 设计 TX 元件

打开 rfid1702.SchLib 用户库,将标签式面板切换到【SCH Library】,在原理图元件编辑窗口中进行 TX 元件的设计。

300

在原理图元件编辑窗口中，执行【工具】/【新器件】菜单命令，新器件命名为 TX。执行【放置】/【矩形】菜单命令，放置大小合适的矩形边框，所放置的 TX 的矩形边框；执行【放置】/【管脚】菜单命令，放置标识为 1~3 的三个管脚，如图 11-19 所示。

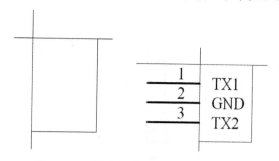

图 11-19　放置 TX 矩形边框和放置管脚

利用前述所建的 PCB 封装库 rfid1702.PcbLib 为元件 TX 添加对应的 PCB 封装，如图 11-20 所示。

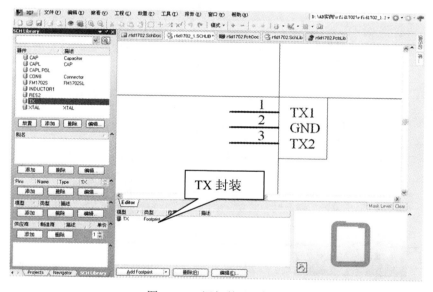

图 11-20　添加的 TX 封装

本例中，其余原理图元件可用上述类似的方法进行设计，设计过程不再赘述，实例的全部原理图器件列表如图 11-21 所示。

图 11-21　实例原理图器件列表

11.4 设计原理图

11.4.1 原理图的绘制

RFID 模块电路原理图如图 11-22 所示,分为 FM1702SL 单元电路和天线电路。在设计好 PCB 封装和原理图元件的基础上,打开空原理图文件 rfid1702.SchDoc。在原理图编辑窗口中,依图首先放置全部元件。将元件进行适当布局、进行连线、完成原理图的编辑。

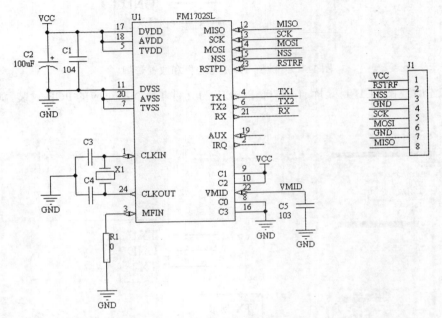

（a）FM1702SL 单元电路原理图

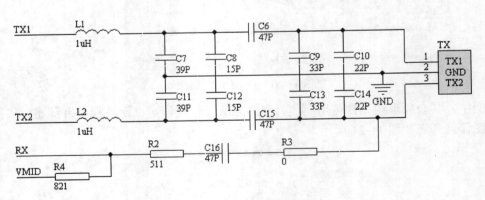

（b）天线电路原理图

图 11-22　RFID 模块电路原理图

执行【放置】/【器件】菜单命令,从 rfid1702.SchLib 用户库中选择器件,依次放置 FM1702SL、晶振、端口连接器、电阻、电容、电感等全部元件（包括 GND）,并进行布局,如图 11-23 所示。

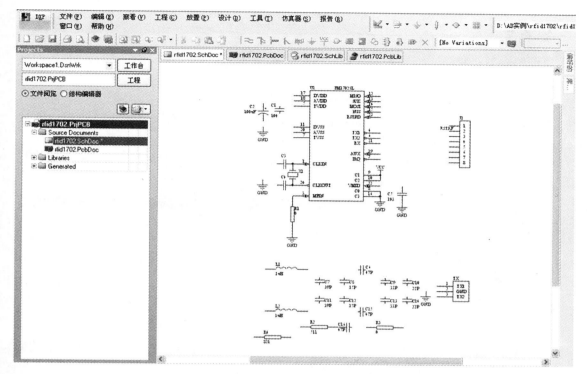

图 11-23　放置、布局元件

执行【放置】/【线】菜单命令，进行连线，完成全部原理图的编辑，如图 11-24 所示。

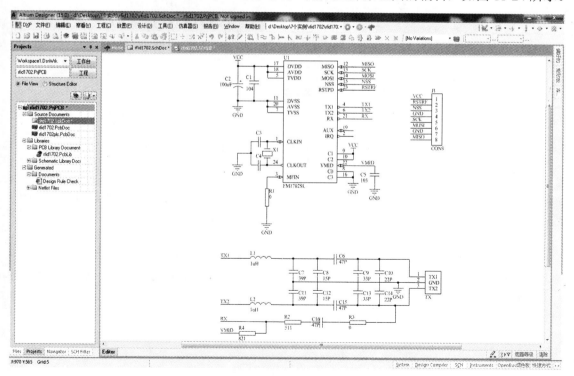

图 11-24　编辑完的原理图

11.4.2　原理图的处理

原理图绘制完后，在 PCB 设计之前，还应对原理图进行进一步的处理，如：原理图的编译、网络表生成等。

1．原理图的编译

执行【工程】/【Compile Document rfid1702.SchDoc】菜单命令，即可对原理图文件 isd1420.SchDoc 进行编译处理，如图 11-25 所示。

编译结果显示在【Message】窗口中，如图 11-26 所示，如果有错可根据提示信息，进行排错处理，部分警告信息查明原因后可忽略。

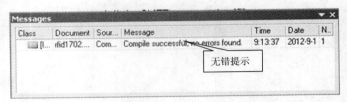

图 11-25　原理图编译菜单　　　　　　　　图 11-26　编译【Message】窗口

2．网络表的生成

执行【设计】/【文件的网络表】/【Protel】菜单命令，系统会产生一个 rfid1702.net 的网络表文件，网络表生成【Message】窗口如图 11-27 所示。

图 11-27　网络表生成【Message】窗口

11.5　设计 PCB 图

在设计好原理图的基础上，打开已建空 PCB 文件 rfid1702.PcbDoc。在 PCB 编辑窗口中，依次进行放置布线框、装入网络表、元件布局、自动布线等操作。

11.5.1　放置布线框

在 PCB 编辑窗口中，将板层标签切换到 Keep-Out Layer，执行【放置】/【走线】菜单命令，绘制一个矩形框（尺寸与电路板实际尺寸相同）。

11.5.2　装入网络表

执行【设计】/【Import Changes From rfid1702.PrjPCB】菜单命令，如图 11-28 所示。网络表装入后，RFID 模块的全部 PCB 封装也一并载入。

设计 (D) 工具 (T) 自动布线 (A) 报告 (R)

Update Schematics in rfid1702.PrjPCB

Import Changes From rfid1702.PrjPCB

规则 (R)...
规则向导 (W)...

板子形状 (S)
网络表 (N)
层叠管理 (K)...
板层颜色 (L)...   L
管理层设置 (T)
Room (M)
类... (C)...

图 11-28　装入网络表菜单

11.5.3　PCB 布局

布局时，用鼠标逐一拖动封装元件依次放到布线框的合适位置，如图 11-29 所示。

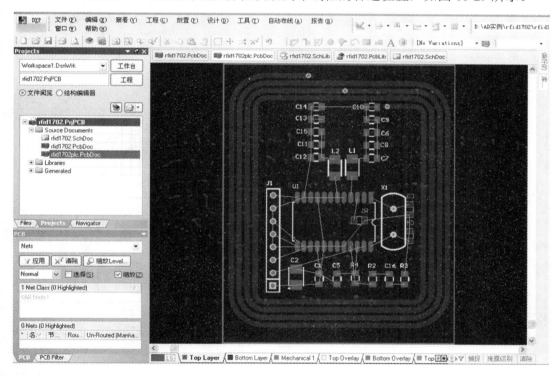

图 11-29　装入 PCB 封装

11.5.4　PCB 布线

在进行全部网络布线之前，首先应对部分电路连线（电源正极、GND 等）进行加粗预布线，然后再对其他全部网络进行交互式布线。

1．加粗预布线

修改规则设置加粗线宽为 40mil。执行【设计】/【规则】菜单命令，如图 11-30 所示，弹出规则窗口如图 11-31 所示，将首选尺寸和最大宽度均设为 40mil。

图 11-30　规则菜单

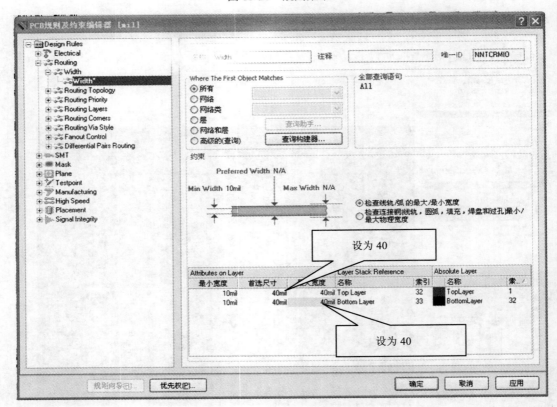

图 11-31　PCB 规则窗口

执行【自动布线】/【网络】菜单命令，如图 11-32 所示，选择 VCC、GND 等网络线进行加粗预布线。加粗预布线完成后，再将图 11-31 所示的首选尺寸和最大宽度设为 10mil。

2. 交互式布线

在加粗预布线的基础上，其余全部网络则采用交互式布线。执行【放置】/【交互式布线】菜单命令，如图 11-33 所示，用交互式布线进行其余布线及调整，RFID 模块最终 PCB 效果图如图 11-34 所示。

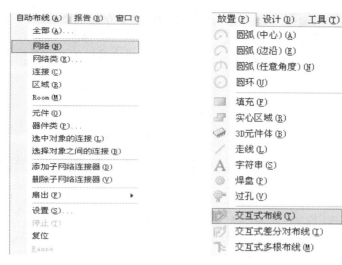

| 图 11-32　自动布线菜单 | 图 11-33　交互式布线菜单 |

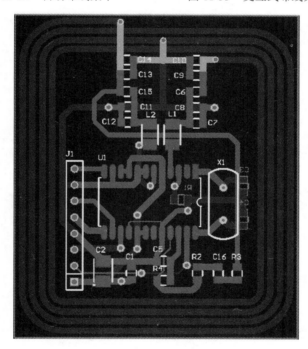

图 11-34　RFID 模块 PCB 效果图

11.5.5　PCB 后续处理

自动布线完成后，通常还应进行必要的后续处理，如：敷铜操作、设计规则检查（DRC）等。由于 RFID 模块工作频率较高，大面积敷铜后，高频下其分布参数对电路的影响较大，故实例中不进行敷铜操作，仅进行设计规则检查。

设计规则检查（DRC）也是 PCB 设计的一个重要环节，通过设计规则检查可以发现 PCB 布线过程中有无违反设计规则的地方，确保 PCB 设计的正确性。执行【工具】/【设计规则检查】菜单命令，如图 11-35 所示，弹出窗口如图 11-36，单击运行即可。

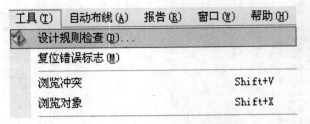

图 11-35　设计规则检查菜单

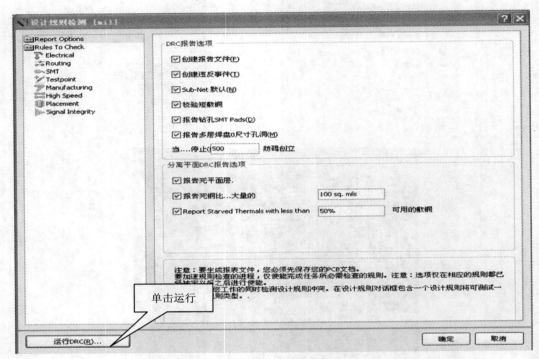

图 11-36　设计规则检查窗口

第 12 章　CPLD 简易实验板 PCB 设计实例

本章设计的实例为一个 CPLD 简易实验板，实验板所用的 CPLD 为 Xilinx 的 XC95108，板上 I/O 资源通过接插件全部引出，50MHz 有源晶体振荡器做为系统时钟，另有八个 LED 用于输出显示。实验板可与其他模块一起可构成数字控制系统，借助 ISE 集成软件开发平台，用硬件描述语言、原理图输入等方法，实现数字系统的学习、开发设计。

12.1　新建 PCB 工程文件

执行【文件】/【新的】/【工程】菜单命令，在【Projects】面板中，系统创建了一个默认名为 PCB_Project1.PrjPCB 的空的 PCB 工程文件。

12.2　新建原理图和 PCB 文件

在新建的 PCB 工程文件中，将光标停留在 PCB_Project1.PrjPCB 上（蓝色部分），【单击鼠标右键】/【给工程添加新的】/【Schematic】(【PCB】)，操作后即可在当前工程文件中新建默认名为 Sheet1.SchDoc 的原理图文件，用类似的方法新建默认名为 PCB1.PcbDoc 的 PCB 文件。

保存上述工程文件，选择好文件的存放位置，新建文件夹 cpld95xx，将工程文件、原理图文件和 PCB 文件均 cpld95xx 命名（扩展名不同），即生成的工程文件名为：cpld95xx.PrjPCB；原理图文件名为：cpld95xx.SchDoc；PCB 文件名为：cpld95xx.PcbDoc。

12.3　新建用户库文件

用户库文件即 PCB 封装库和原理图元件库文件。将光标停留在 PCB_Project1.PrjPCB 上（蓝色部分），【单击鼠标右键】/【给工程添加新的】/【Schematic Library】(【PCB Library】)。操作后即可在当前工程文件中新建默认名为 Schlib1.SchLib 的原理图元件库文件，用类似的方法新建默认名为 "PCBLib1.PcbLib" 的 PCB 封装库文件。

保存原理图元件库文件和 PCB 封装库文件，选择好文件的存放位置，将原理图元件库文件和 PCB 封装库文件均以 cpld95xx 命名（扩展名不同），生成的原理图元件库文件名为：cpld95xx.SchLib，PCB 封装库文件名：cpld95xx.PcbLib。新建的全部文件如图 12-1 所示。

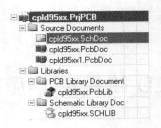

图 12-1　用户命名的文件名

12.3.1　设计 PCB 封装

实例中，部分 PCB 封装可在 Altium Designer 15 系统的 Miscellaneous Devices.PcbLib、Miscellaneous Connectors. PcbLib 和 Xilinx XC9500.IntLib 等库文件中找到，系统库源文件路径如图 12-2 所示，也可将其他共享库文件复制到该路径下（系统库源文件摘取操作详见第 10 章相关内容），设计时只需将所用的封装复制到用户的 PCB 封装库中即可，而系统库中没有的 PCB 封装则要另行设计。

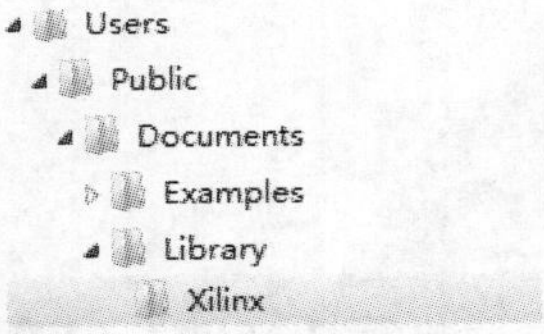

1．从系统库复制 PQ100_N 封装

实例中，所用数码管的封装名为 H，打开库文件 Xilinx XC9500.IntLib 后，　将标签式面板切换到【PCB Library】，在元器件列表中找到数码管的封装名 PQ100_N，如图 12-3 所示。

图 12-2　系统库源文件路径

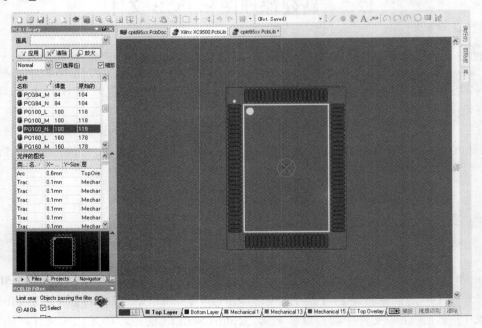

图 12-3　系统库中 PQ100_N 封装

此时，PQ100_N 的封装出现在右边的元器件封装编辑窗口中，拖动鼠标选择 PQ100_N 的封装图形；执行【编辑】/【复制】菜单命令；打开 cpld95xx.PcbLib 文件，在 cpld95xx.PcbLib 库文件编辑窗口，执行【工具】/【新的空元件】菜单命令；执行【编辑】/【粘贴】菜单

命令，中心定位，即可将 PQ100_N 封装从系统库复制到用户库中，如图 12-4 所示。双击元器件列表中的新建元器件的默认名称，将元器件名称由 PCBComponent_1 改为 PQ100_N。

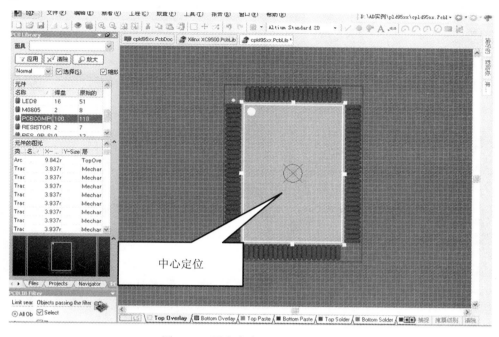

图 12-4　用户库中 PQ100_N 封装

2. 用元器件向导设计 0805 封装

实例中，贴片电阻采用的是 0805 封装，该封装可利用 PCB 元器件向导来进行设计（参考第 4 章相关内容）。

具体操作顺序为：打开 cpld95xx.PcbLib 文件，将标签式面板切换到【PCB Library】，执行【工具】/【元器件向导】菜单命令，单击【下一步】；按图 12-5~图 12-10 所示进行操作，最后单击【完成】。

图 12-5　封装图案（模型）对话框

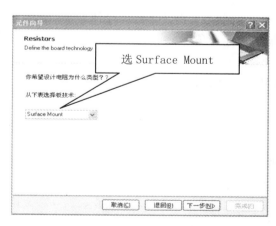

图 12-6　封装类型对话框

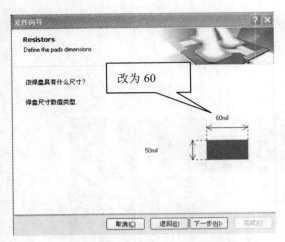

图 12-7　设置焊盘尺寸对话框

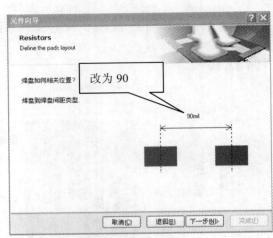

图 12-8　设置焊盘间距对话框

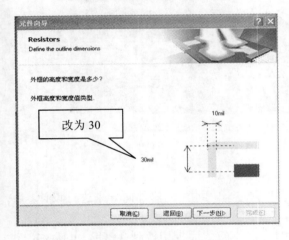

图 12-9　设置外框尺寸对话框

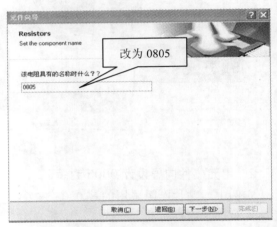

图 12-10　设置封装名称对话框

3. 设计 5070 封装

实例中，50MHz 有源晶体振荡器采用的是 5070 封装，该封装可以在元器件封装编辑窗口中自建（参考第 4 章相关内容），具体操作顺序为：

（1）打开 cpld95xx.PcbLib 文件，将标签式面板切换到【PCB Library】，执行【工具】/【新的空元件】菜单命令。

（2）在元器件封装编辑窗口中，执行【放置】/【焊盘】菜单命令，在窗口中放置一个圆形焊盘。

（3）双击该焊盘，弹出如图 12-11 的焊盘特性窗口，按图 12-11 设置好参数，【确定】后，焊盘形状由圆形改为长方形，其标识为 1；再复制三个同样的焊盘，将所复制焊盘的标识依次改为 2、3、4。

（4）焊盘的位置及距离如图 12-12、图 12-13 所示，移动焊盘位置，使四个焊盘的中心距离在 X 方向为 150mil，Y 方向为 200mil，距离测量方法：执行【报告】/【距离测量】菜单命令，鼠标选择两个焊盘的中心点即可。当光标移动的最小间隔过大时，可执行【察看】/【栅格】/【设置跳转栅格】菜单命令，将其设置到时 5mil 以内。

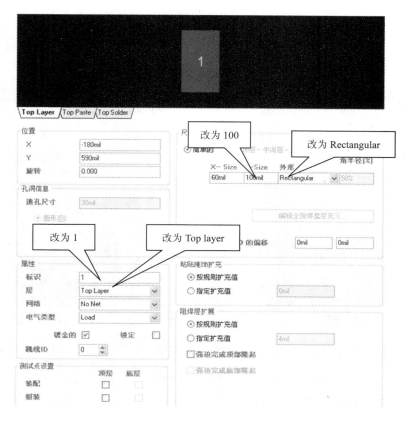

图 12-11　焊盘特性窗口

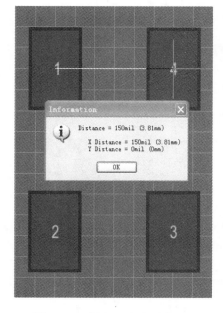

图 12-12　焊盘 X 方向距离

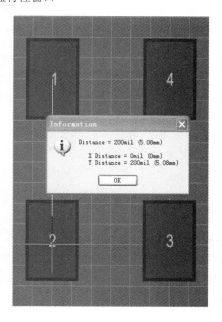

图 12-13　焊盘 Y 方向距离

（5）执行【编辑】/【设置参考】/【定位】菜单命令，将参考原点定位到 1 脚，如图 12-14 所示。

（6）在 TOP Overlay 层，执行【放置】/【走线】菜单命令，画 5070 封装的外框，如图 12-15 所示。

（7）最后，将所设计的封装的名称改为 5070。

 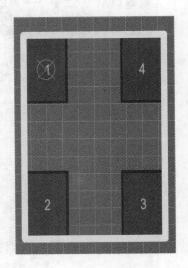

图 12-14　参考原点定位　　　　　　　图 12-15　为封装画外框

本例中，其余 PCB 封装设计过程不再赘述，实例的全部 PCB 封装的名称列表如图 12-16 所示，用户库文件名为 cpld95xx.PcbLib。

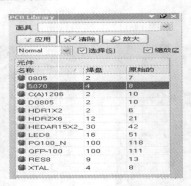

图 12-16　实例的 PCB 封装名称列表

12.3.2　设计原理图元件

在 CPLD 简易实验板电路原理图电路中，部分元件可在 Altium Designer 15 的 Miscellaneous Devices.SchLib 和 Miscellaneous Connectors.SchLib 系统库文件中找到（有的库需另行安装），个别电路元件需自行设计。

1．从系统库复制 Header 5X2 元件

对系统库已有的原理图电路元件，设计时只需将所用的元件从系统库复制到用户库 cpld95xx.SchLib 中即可。打开 Miscellaneous Connectors.SchLib 系统库文件，将标签式面板切

换到【SCH Library】，在库文件中选择 Header 5X2 元件，如图 12-17 所示。

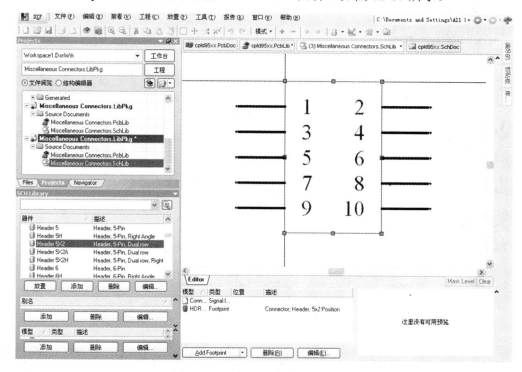

图 12-17　系统的 Header 5X2 元件

执行【工具】/【复制器件】菜单命令，选择目标库为 cpld95xx.SchLib，如图 12-18 所示，
【确定】后完成 Header 5X2 的复制。

图 12-18　选择目标库窗口

2. 设计 XC95108 元件

打开 cpld95xx.SchLib 用户库，将标签式面板切换到【SCH Library】，在如图 12-19 所示
的原理图元件编辑窗口中进行 XC95108 元件的设计。

在原理图元件编辑窗口中，执行【工具】/【新器件】菜单命令，新器件命名为 XC95108。
执行【放置】/【矩形】菜单命令，放置大小合适的矩形边框。

在矩形边框四周，执行【放置】/【管脚】菜单命令，放置标识为 1~100 的 100 个管脚，
如图 12-20 所示。

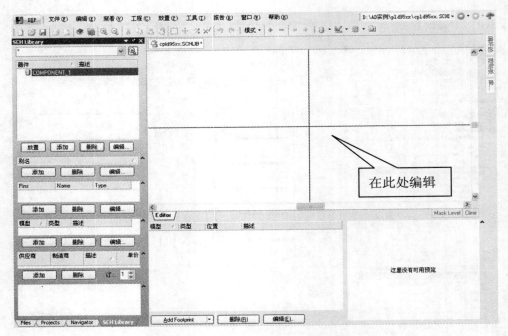

图 12-19　原理图元件库编辑窗口

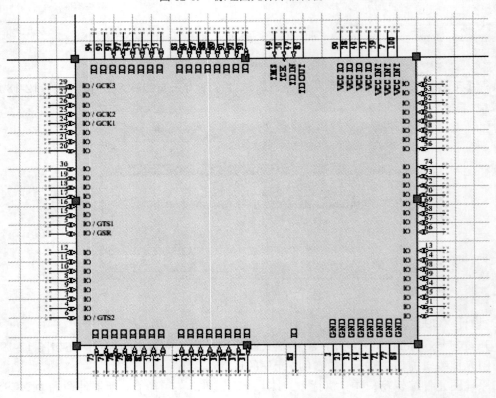

图 12-20　原理图元件 XC95108

利用前述所建的 PCB 封装库 cpld95xx.PcbLib 为元件 XC95108 添加对应的 PCB 封装，如图 12-21 所示。

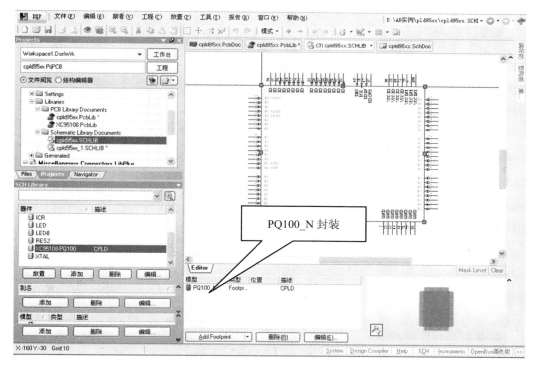

图 12-21　添加的 PQ100_N 封装

本例中，其余原理图元件可用类似的方法进行设计，设计过程不再赘述，实例的全部原理图器件列表如图 12-22 所示。

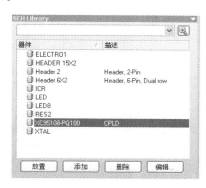

图 12-22　实例原理图器件列表

12.4　设计原理图

12.4.1　原理图的绘制

CPLD 简易实验板电路原理图如图 12-23 所示。分为核心芯片 XC95108、LED 输出显示、时钟电路（50MHz 有源晶体振荡器）、JTAG、电源和 I/O 端口连接器等部分。

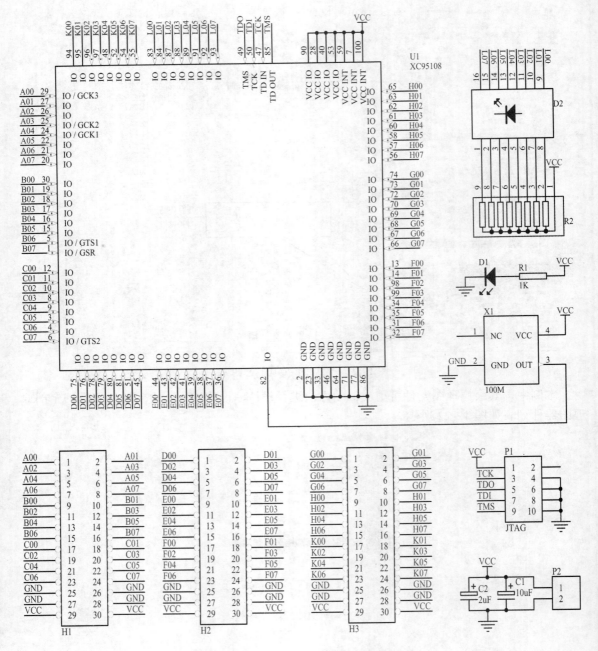

图 12-23　cpld95xx 简易实验板电路原理图

　　在设计好 PCB 封装和原理图元件的基础上，打开空原理图文件 cpld95xx.SchDoc。在原理图编辑窗口中，依图首先放置 XC95108、I/O 端口连接器、50MHz 有源晶体振荡器等全部元件。将元件进行适当布局、进行连线、完成原理图的编辑。

　　执行【放置】【器件】菜单命令，从 cpld95xx.SchLib 用户库中选择器件，依次放置 XC95108、三个端口连接器、JTAG 端口连接器、电源端口连接器、50MHz 有源晶体振荡器、LED 发光二极管、集成电阻、电阻、电容等全部元件，并进行布局，如图 12-24 所示。

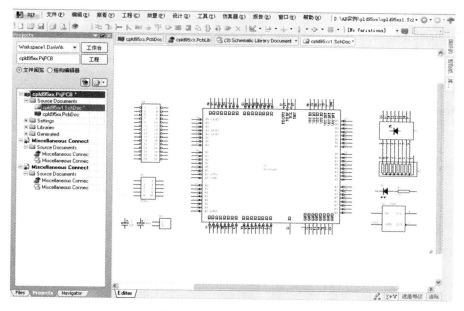

图 12-24 放置、布局元件

执行【放置】/【网络标号】菜单命令，按图 12-23 所示，在 XC95108 的管脚、I/O 端口连接器管脚、JTAG 端口连接器、LED 发光管管脚、50MHz 有源晶体振荡器管脚上放置网络标号。原理图是通过网络标号来说明彼此的连接关系，因此，所放置的网络标号一定要匹配（至少要有两个网络标号是同名的）。

执行【放置】/【线】菜单命令，进行连线，完成全部原理图的编辑，如图 12-25 所示。对未使用的脚，为避免产生编译错误或警告，可执行【放置】/【指示】/【No ERC】菜单命令（或用工具栏图标 ✕ 放置），将 No ERC 放置到相应的管脚上。

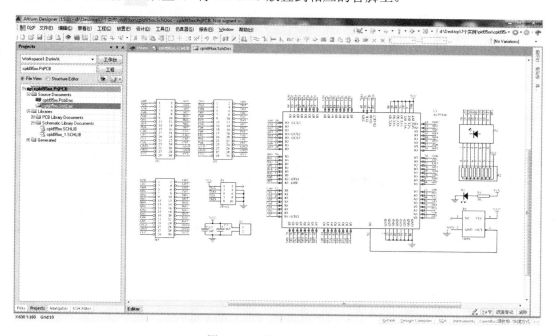

图 12-25 编辑完的原理图

12.4.2 原理图的处理

原理图绘制完后，在 PCB 设计之前，还应对原理图进行进一步的处理，如：原理图的编译、网络表生成等。

1. 原理图的编译

执行【工程】/【Compile Document cpld95xx.SchDoc】菜单命令，即可对原理图文件 cpld95xx.SchDoc 进行编译处理，如图 12-26 所示。

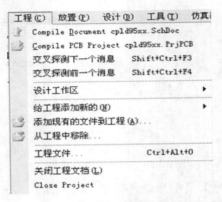

图 12-26 原理图编译菜单

编译结果显示在【Message】窗口中，如图 12-27 所示，如果有错可根据提示信息进行排错处理，部分警告信息查明原因后可忽略。

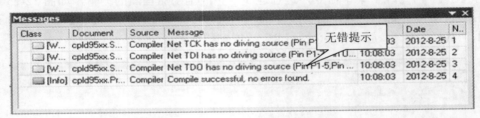

图 12-27 编译【Message】窗口

2. 网络表的生成

执行【设计】/【文件的网络表】/【Protel】菜单命令，系统会产生一个 cpld95xx.net 的网络表文件，网络表生成【Message】窗口如图 12-28 所示。

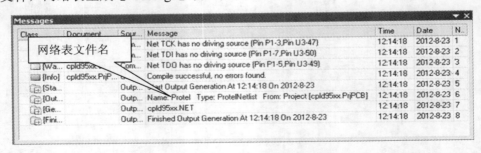

图 12-28 网络表生成【Message】窗口

320

12.5 设计 PCB 图

在设计好原理图的基础上，打开已建空 PCB 文件 cpld95xx.PcbDoc。在 PCB 编辑窗口中，依次进行放置布线框、装入网络表、元件布局、自动布线等操作。

12.5.1 放置布线框

在 PCB 编辑窗口中，将板层标签切换到 Keep-Out Layer，执行【放置】/【走线】菜单命令，绘制一个矩形框（尺寸与电路板实际尺寸相同）。

12.5.2 装入网络表

执行【设计】/【Import Changes From cpld95xx.PrjPCB】菜单命令，如图 12-29 所示。网络表装入后，CPLD 简易实验板的全部 PCB 封装也一并载入。

图 12-29　装入网络表菜单

12.5.3 PCB 布局

布局时，用鼠标逐一拖动封装元件依次放到布线框的合适位置，如图 12-30 所示。

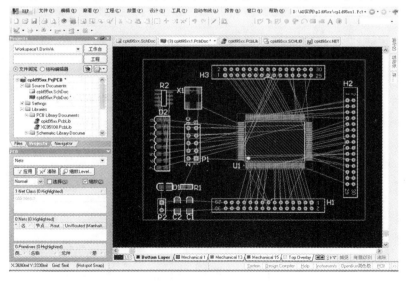

图 12-30　布局图

12.5.4　PCB 自动布线

为了提高设计的工作效率，减少布线差错，通常采用自动布线方式。执行【自动布线】/【全部】菜单命令，如图 12-31 所示。

图 12-31　自动布线菜单

弹出布线策略窗口，采用系统默认的自动布线策略，单击【Route All】按钮，开始自动布线，自动布线策略窗口如图 12-32 所示。

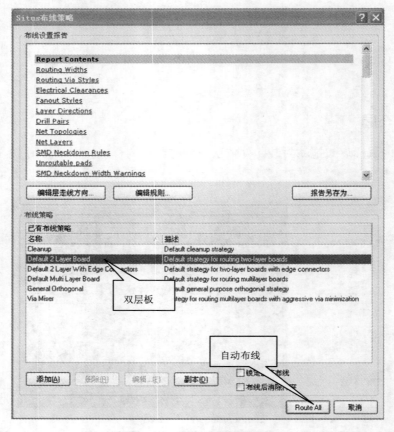

图 12-32　自动布线策略窗口

自动布线完成后，【Message】窗口报告自动布线的相关信息，如图 12-33 所示，CPLD 简易实验板 PCB 自动布线效果如图 12-34 所示。

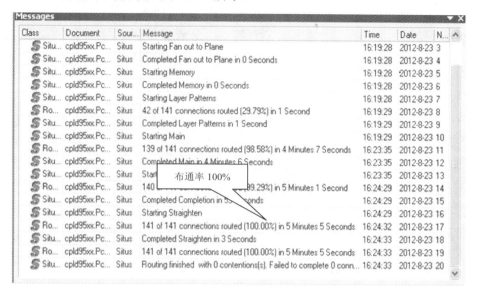

图 12-33　自动布线【Message】窗口

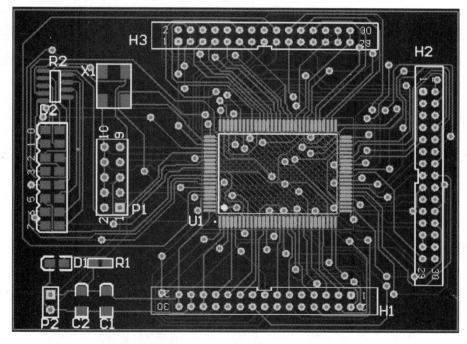

图 12-34　CPLD 简易实验板 PCB 自动布线效果

12.5.5　PCB 后续处理

自动布线完成后，通常还应进行必要的后续处理，如：敷铜操作、设计规则检查（DRC）等。

1. 敷铜操作

对地线大面积敷铜，除了具备了屏蔽功能外，还可以使 PCB 承载更大的电流。执行【放置】/【多边形敷铜】菜单命令，如图 12-35 所示。

弹出如图 12-36 所示的多边形敷铜窗口，按图中参数进行设置，【确定】后，用鼠标选择 PCB 的四个边角（共单击鼠标五次：首先单击起始角、依次单击其他三个角，最后再单击起始角），即可进行底层 (Bottom Layer)的敷铜操作；完成后，再用同样的方法对项层（Top Layer）进行敷铜。CPLD 简易实验板最后的 PCB 图如图 11-37 所示。

图 12-35 多边形敷铜菜单

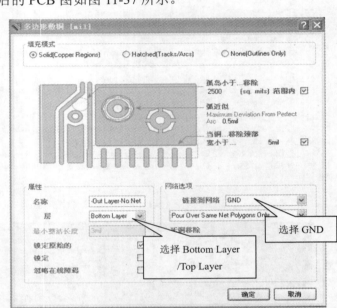

图 12-36 多边形敷铜窗口

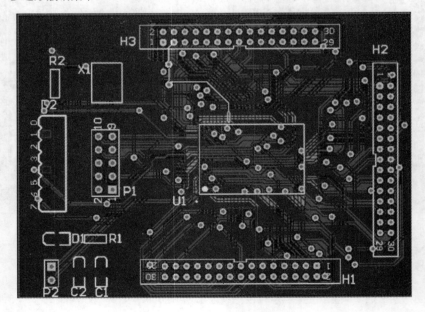

（a）底层（Bottom Layer）

324

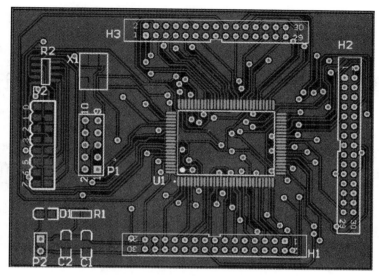

（b）项层（Top Layer）

图 12-37　cpld95xx 简易实验板 PCB 图

2. 设计规则检查

设计规则检查（DRC）也是 PCB 设计的一个重要环节，通过设计规则检查可以发现 PCB 布线过程中有无违反设计规则的地方，确保 PCB 设计的正确性。执行【工具】/【设计规则检查】菜单命令，如图 12-38 所示，弹出窗口如图 12-39 单击运行即可。

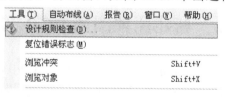

图 12-38　设计规则检查菜单

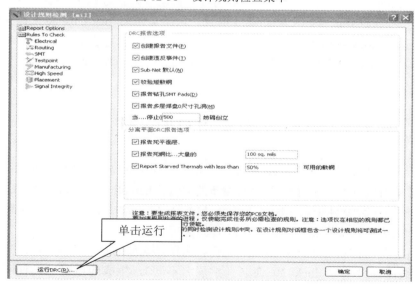

图 12-39　设计规则检查窗口

第13章　MSP430 电子锁控制板 PCB 设计实例

本章设计的实例为一个低功耗电子锁控制板，电子锁控制板所用的主控芯片为是美国 TI 公司的 MSP430F123 单片机，MSP430 系列单片机是一种 16 位超低功耗、具有精简指令集的混合信号处理器。电子锁控制板上主要包括 MSP430F123 控制单元、电机驱动单元、机械锁接口、供电单元、实时钟芯片、数据存储单元、RFID 接口、红外线接口等部分，由于采用电池供电，系统进行了低功耗的设计。

13.1　新建 PCB 工程文件

执行【文件】/【新的】/【工程】菜单命令，在【Projects】面板中，系统创建了一个默认名为 PCB_Project1.PrjPCB 的空的 PCB 工程文件。

13.2　新建原理图和 PCB 文件

在新建的 PCB 工程文件中，将光标停留在 PCB_Project1.PrjPCB 上（蓝色部分），【单击鼠标右键】/【给工程添加新的】/【Schematic】（【PCB】），操作后即可在当前工程文件中新建默认名为 Sheet1.SchDoc 的原理图文件，用类似的方法新建默认名为 PCB1.PcbDoc 的 PCB 文件。

保存上述工程文件，选择好文件的存放位置，新建文件夹 lock430，将工程文件、原理图文件和 PCB 文件均 lock430 命名（扩展名不同），即生成的工程文件名为：lock430.PrjPCB；原理图文件名为：lock430.SchDoc；PCB 文件名为：lock430.PcbDoc。

13.3　新建用户库文件

用户库文件即 PCB 封装库和原理图元件库文件。将光标停留在 PCB_Project1.PrjPCB 上（蓝色部分），【单击鼠标右键】/【给工程添加新的】/【Schematic　Library】（【PCB Library】）。操作后即可在当前工程文件中新建默认名为 Schlib1.SchLib 的原理图元件库文件，用类似的方法新建默认名为 "PCBLib1.PcbLib" 的 PCB 封装库文件。

保存原理图元件库文件和 PCB 封装库文件，选择好文件的存放位置，将原理图元件库文件和 PCB 封装库文件均以 lock430 命名（扩展名不同），生成的原理图元件库文件名为：lock430.SchLib，PCB 封装库文件名：lock430.PcbLib。新建的全部文件如图 13-1 所示。

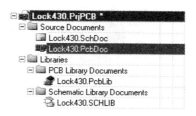

图 13-1　用户命名的文件名

13.3.1　设计 PCB 封装

实例中，部分 PCB 封装可从 Altium Designer 15 系统的库文件中获取，而大部分 PCB 封装则要另行设计。

1．用元器件向导设计 SMD8A 封装

实例中，贴片 8 脚 IC 采用的是 SMD8A 封装，该封装可利用 PCB 元器件向导来进行设计（参考第 4 章相关内容）。

具体操作顺序为：打开 lock430.PcbLib 文件，将标签式面板切换到【PCB Library】，执行【工具】/【元器件向导】菜单命令，单击【下一步】；按图 13-2~图 13-7 所示进行操作，最后单击【完成】。

图 13-2　封装图案（模型）对话框

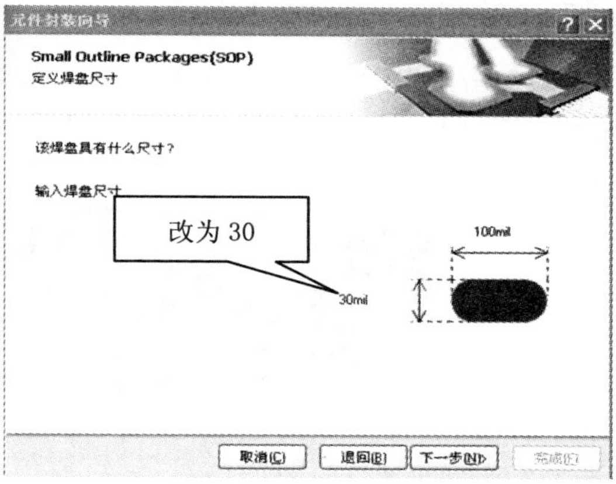

图 13-3　设置焊盘尺寸对话框

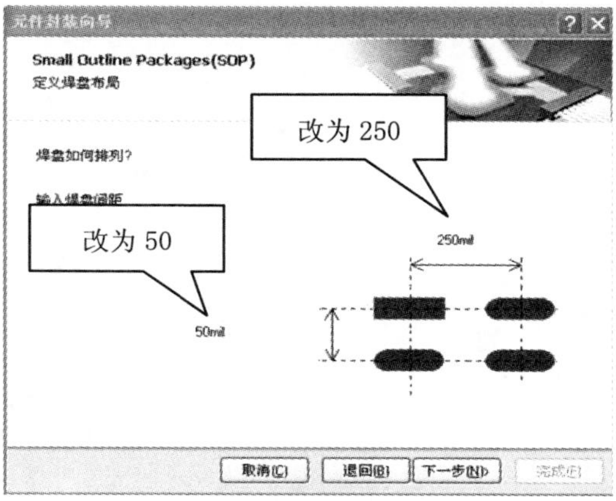

图 13-4　设置焊盘布局对话框

图 13-5　设置外框宽度对话框

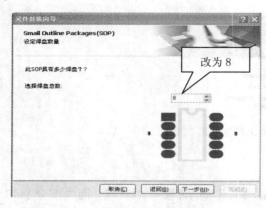

图 13-6　设置焊盘数量对话框　　　　　　　　图 13-7　设置封装名称对话框

2. 设计 SOT-89 封装

实例中，RH5RE33 三端稳压器采用的是 SOT-89 封装，该封装可以在元器件封装编辑窗口中自建（参考第 4 章相关内容），具体操作顺序为：

（1）打开 lock430.PcbLib 文件，将标签式面板切换到【PCB Library】，执行【工具】/【新的空元件】菜单命令。

（2）在元器件封装编辑窗口中，执行【放置】/【焊盘】菜单命令，在窗口中放置一个圆形焊盘。

（3）双击该焊盘，弹出如图 13-8 的焊盘特性窗口，按图 13-8 设置好参数，【确定】后，焊盘形状由圆形改为长方形，其标识为 1；再复制两个同样的焊盘，将所复制焊盘的标识依次改为 2、3；并将标识为 2 焊盘的 X-Size 改为 200mil。

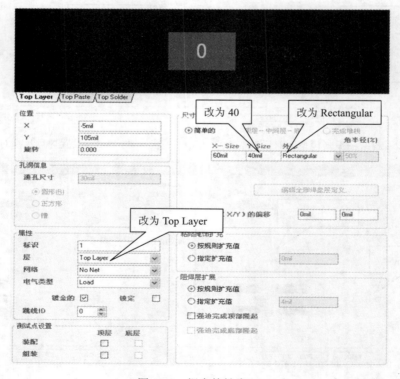

图 13-8　焊盘特性窗口

328

（4）焊盘的位置及距离如按图 13-9、图 13-10 所示，移动焊盘位置，使三个焊盘的中心距离在 Y 方向为 60mil，距离测量方法：执行【报告】/【距离测量】菜单命令，鼠标选择两个焊盘的中心点即可。当光标移动的最小间隔过大时，可执行【察看】/【栅格】/【设置跳转栅格】菜单命令，将其设置到时 5mil 以内。

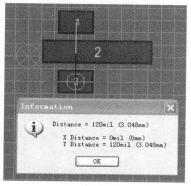
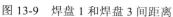

图 13-9　焊盘 1 和焊盘 3 间距离

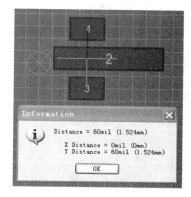

图 13-10　焊盘 1 和焊盘 2 间距离

（5）执行【编辑】/【设置参考】/【定位】菜单命令，将参考原点定位到 1 脚，如图 13-11 所示。

（6）在 TOP Overlay 层，执行【放置】/【走线】菜单命令，画 SOT-89 封装的外框，如图 13-12 所示。

（7）最后，将所设计的封装的名称改为 SOT-89。

本例中，其余 PCB 封装设计过程不再赘述，实例的全部 PCB 封装的名称列表如图 13-13 所示，用户库文件名为 lock430.PcbLib。

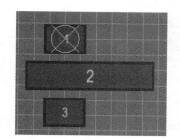

图 13-11　参考原点定位

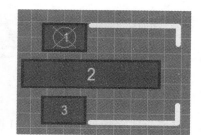

图 13-12　为封装画外框

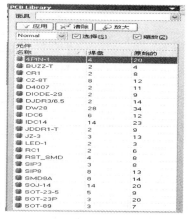

图 13-13　实例的 PCB 封装名称列表

13.3.2　设计原理图元件

在 MSP430 电子锁控制板原理图电路中，部分元件可在 Altium Designer 的 Miscellaneous Devices.SchLib 和 Miscellaneous Connectors.SchLib 系统库文件中找到（有的库需另行安装），大部分电路元件需自行设计。

1. 从系统库复制 Header 7X2 元件

对系统库已有的原理图电路元件，设计时只需将所用的元件从系统库复制到用户库

lock430.SchLib 中即可。打开 Miscellaneous Connectors.SchLib 系统库文件，将标签式面板切换到【SCH Library】，在库文件中选择 Header 7X2 元件，如图 13-14 所示。

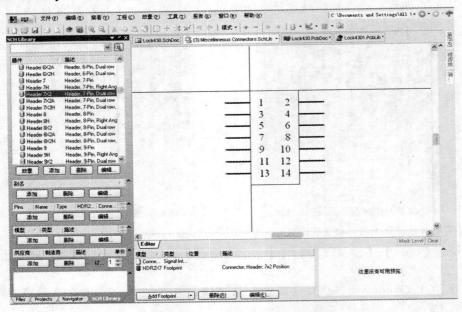

图 13-14　系统的 Header 7X2 元件

执行【工具】/【复制器件】菜单命令，选择目标库为 lock430.SchLib，如图 13-15 所示，【确定】后完成 Header 7X2 的复制。

图 13-15　选择目标库窗口

2. 设计 AE2501B 元件

打开 lock430.SchLib 用户库，将标签式面板切换到【SCH Library】，在如图 13-16 所示的原理图元件编辑窗口中进行 AE2501B 元件的设计。

在原理图元件编辑窗口中，执行【工具】/【新器件】菜单命令，新器件命名为 AE2501B。执行【放置】/【矩形】菜单命令，放置大小合适的矩形边框。

在矩形边框四周，执行【放置】/【管脚】菜单命令，放置标识为 1～8 的 8 个管脚，如图 13-17 所示。

利用前述所建的 PCB 封装库 lock430.PcbLib 为元件 AE2501B 添加对应的 PCB 封装，如图 13-18 所示。

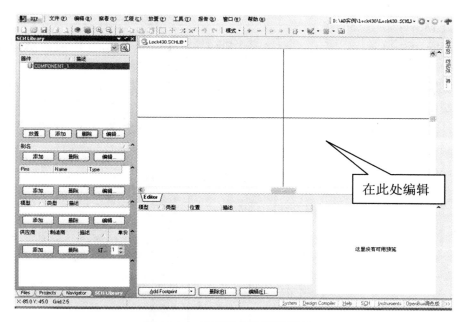

图 13-16　原理图元件库编辑窗口

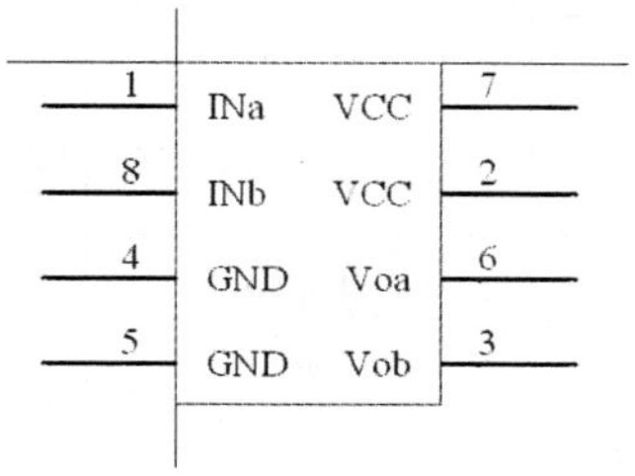

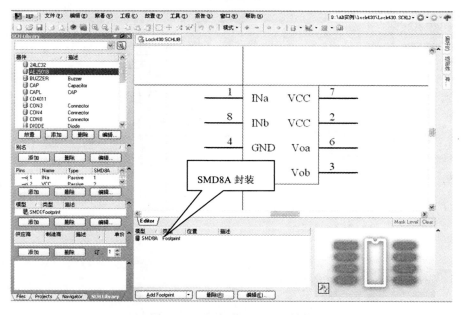

图 13-17　原理图元件 AE2501B

图 13-18　添加的 SMD8A 封装

3. 设计 MSP430F123IDW 元件

打开 lock430.SchLib 用户库，将标签式面板切换到【SCH Library】，在原理图元件编辑窗口中进行 MSP430F123IDW 元件的设计。

在原理图元件编辑窗口中，执行【工具】/【新器件】菜单命令，新器件命名为 MSP430F123IDW。执行【放置】/【矩形】菜单命令，放置大小合适的矩形边框。

在矩形边框四周，执行【放置】/【管脚】菜单命令，放置标识为 1～28 的 28 个管脚，如图 13-19 所示。

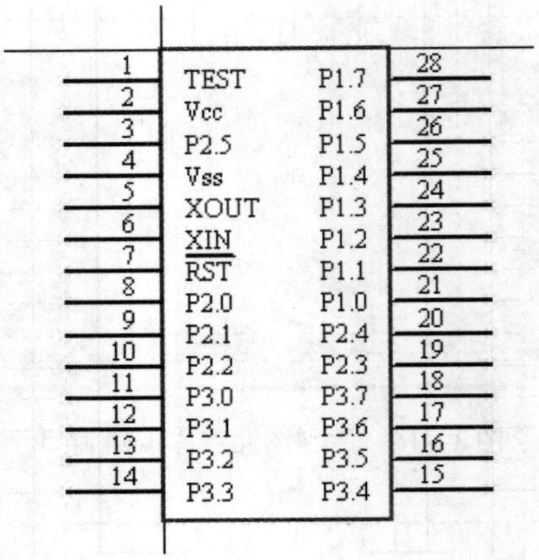

图 13-19   原理图元件 MSP430F123IDW

利用前述所建的 PCB 封装库 lock430.PcbLib 为元件 MSP430F123IDW 添加对应的 PCB 封装，如图 13-20 所示。

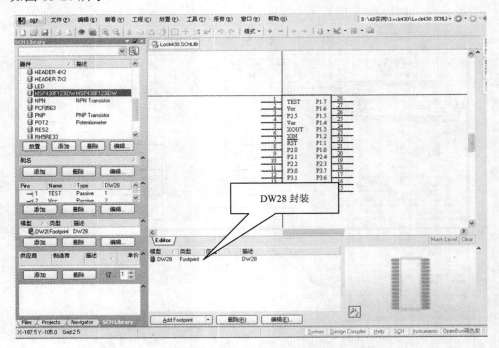

图 13-20   添加的 DW28 封装

本例中，其余原理图元件可用类似的方法进行设计，设计过程不再赘述，实例的全部原理图器件列表如图 13-21 所示。

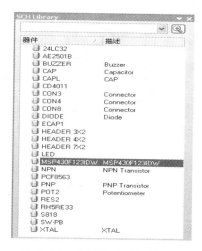

图 13-21　实例原理图器件列表

13.4　设计原理图

13.4.1　原理图的绘制

MSP430 电子锁控制板电路原理图如图 13-22~图 13-29 所示。图 13-22 为 MSP430F123 控制单元、图 13-23 为红外线收发单元、图 13-24 为电机驱动、LED 接口、图 13-25 为实时钟单元、图 13-26 为供电单元、图 13-27 为数据存储单元、图 13-28 为报警、JTAG 接口、图 13-29 为机械锁、RFID 接口。

在设计好 PCB 封装和原理图元件的基础上，打开空原理图文件 lock430.SchDoc。在原理图编辑窗口中，依图首先放置 MSP430F123、CD4011、AE2501B、PCF8563、24LC32、S818A33、RH5RE33 等全部元件。将元件进行适当布局、进行连线、完成原理图的编辑。

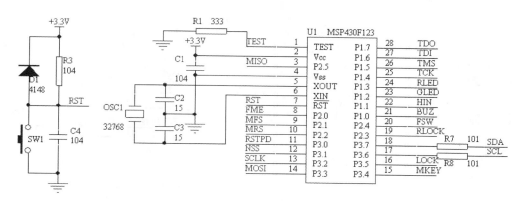

图 13-22　MSP430F123 控制单元

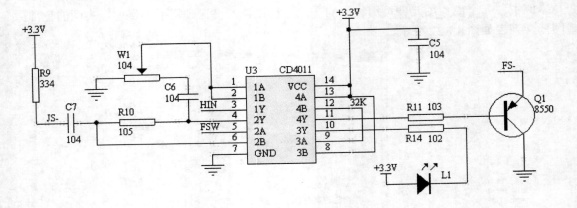

图 13-23　红外线收发单元

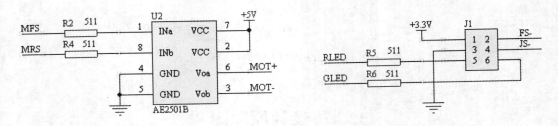

图 13-24　电机驱动、LED 接口

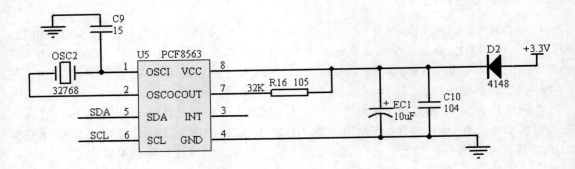

图 13-25　实时钟单元

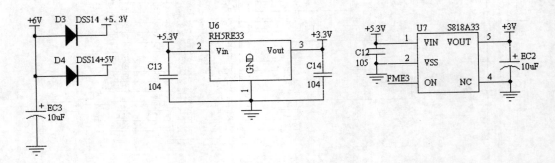

图 13-26　供电单元

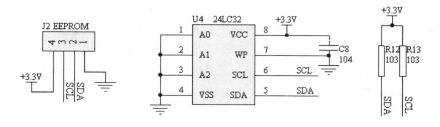

图 13-27　数据存储单元

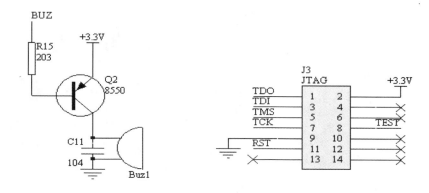

图 13-28　报警、JTAG 接口

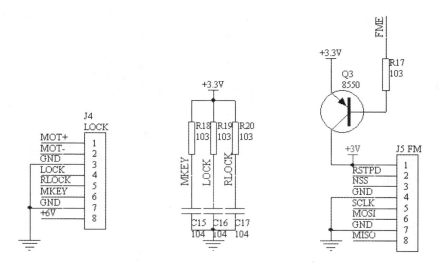

图 13-29　机械锁、RFID 接口

执行【放置】/【器件】菜单命令，从 lock430.SchLib 用户库中选择器件，依次放置放置
MSP430F123、CD4011、AE2501B、PCF8563、24LC32、S818A33、RH5RE33、端口连接器、
三极管、晶振、电阻、电容等全部元件，并进行布局，如图 13-30 所示。

执行【放置】/【网络标号】菜单命令，按图 13-22～图 13-29，在 U1～U7、端口连接器
等器件的管脚上放置网络标号。原理图是通过网络标号来说明彼此的连接关系，因此，所放
置的网络标号一定要匹配（至少要有两个网络标号是同名的）。

335

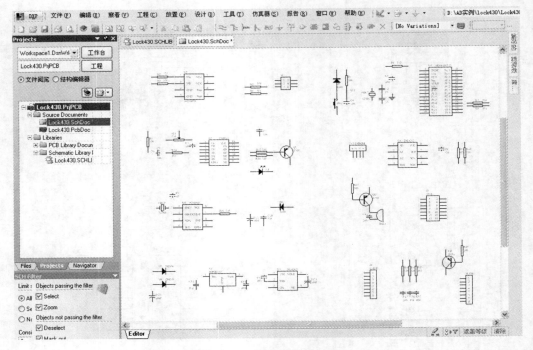

图 13-30　放置、布局元件

执行【放置】/【线】菜单命令，进行连线，完成全部原理图的编辑，如图 13-31 所示。对未使用的脚，为避免产生编译错误或警告。可执行【放置】/【指示】/【No ERC】菜单命令（或用工具栏图标 × 放置），将 No ERC 放置到相应的管脚上。

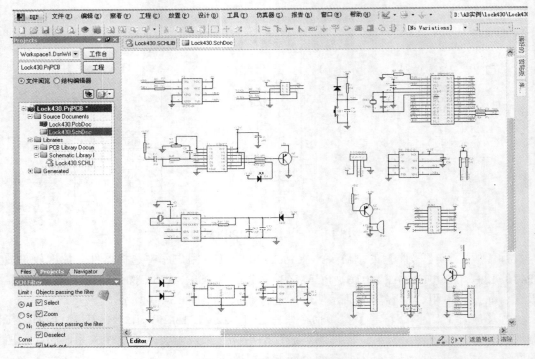

图 13-31　编辑完的原理图

13.4.2 原理图的处理

原理图绘制完后，在 PCB 设计之前，还应对原理图进行进一步的处理，如：原理图的编译、网络表生成等。

1．原理图的编译

执行【工程】/【Compile Document lock430.SchDoc】菜单命令，即可对原理图文件 lock430.SchDoc 进行编译处理，如图 13-32 所示。

编译结果显示在【Message】窗口中，如图 13-33 所示，如果有错可根据提示信息，进行排错处理，部分警告信息查明原因后可忽略。

图 13-32　原理图编译菜单

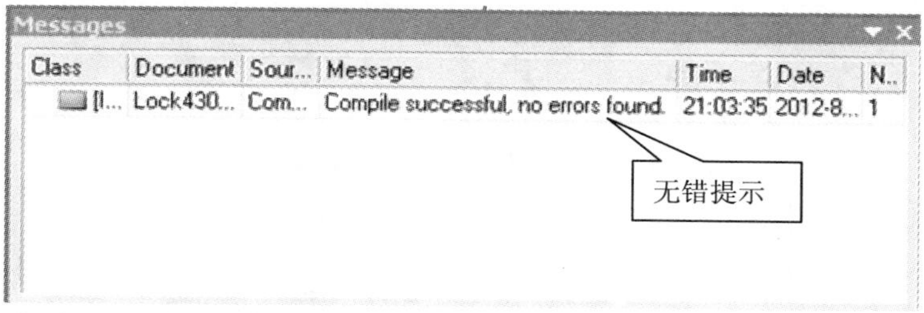

图 13-33　编译【Message】窗口

2．网络表的生成

执行【设计】/【文件的网络表】/【Protel】菜单命令，系统会产生一个 lock430.net 的网络表文件，网络表生成【Message】窗口如图 13-34 所示。

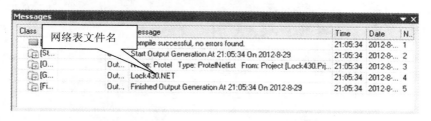

图 13-34　网络表生成【Message】窗口

13.5　设计 PCB 图

在设计好原理图的基础上，打开已建空 PCB 文件 lock430.PcbDoc。在 PCB 编辑窗口中，依次进行放置布线框、装入网络表、元件布局、自动布线等操作。

13.5.1　放置布线框

在 PCB 编辑窗口中，将板层标签切换到 Keep-Out Layer，执行【放置】/【走线】菜单命令，绘制一个矩形框（尺寸与电路板实际尺寸相同）。

13.5.2 装入网络表

执行【设计】/【Import Changes From lock430.PrjPCB】菜单命令，如图 13-35 所示。网络表装入后，MSP430 电子锁控制板的全部 PCB 封装也一并载入。

图 13-35 装入网络表菜单

13.5.3 PCB 布局

布局时，用鼠标逐一拖动封装元件依次放到布线框的合适位置，如图 13-36 所示。

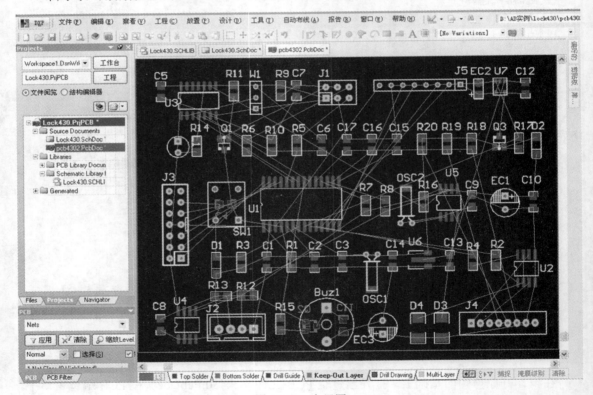

图 13-36 布局图

13.5.4 PCB 自动布线

为了提高设计的工作效率，减少布线差错，通常采用自动布线方式。由于实例的电机驱动单元部分的工作电流较大，因此，在进行全部网络布线之前，首先应对这部分的电路连线、电源正极、GND 等进行加粗预布线，然后再对其他全部网络进行自动布线。

1．加粗预布线

修改规则设置加粗线宽为 30mil。执行【设计】/【规则】菜单命令，如图 13-37 所示，弹出规则窗口如图 13-38 所示，将首选尺寸和最大宽度均设为 30mil。

图 13-37　规则菜单

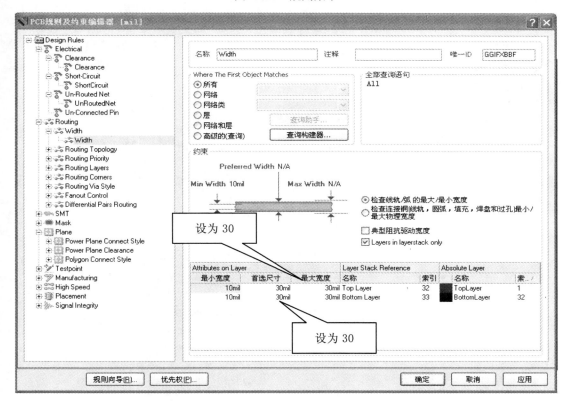

图 13-38　PCB 规则窗口

执行【自动布线】/【网络】菜单命令，如图 13-39 所示，选择+6V、+5V、3.3、GND、电机输出等网络线进行加粗预布线，布线效果如图 13-40 所示。加粗预布线完成后，再将图 13-38 所示的首选尺寸和最大宽度均设为 10mil。

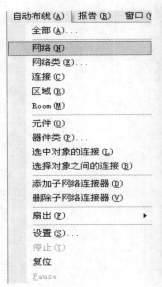

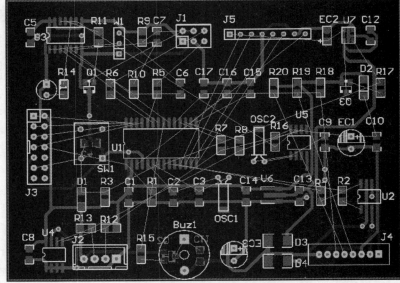

图 13-39　自动布线菜单　　　　　　　　　图 13-40　加粗预布线效果

2．自动布线

在加粗预布线的基础上，其余全部网络则采用自动布线。执行【自动布线】/【全部】菜单命令，弹出布线策略窗口，如图 13-41 所示，采用系统默认的自动布线策略，单击【Route All】按钮，开始自动布线。

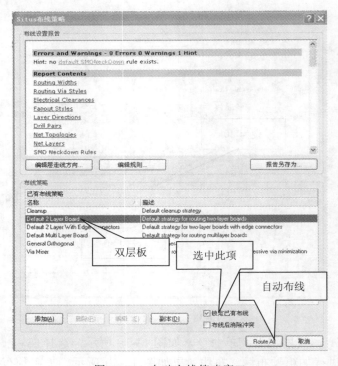

图 13-41　自动布线策略窗口

自动布线完成后，【Message】窗口报告自动布线的相关信息，如图 13-42 所示，MSP430

电子锁控制板 PCB 自动布线效果如图 13-43 所示。

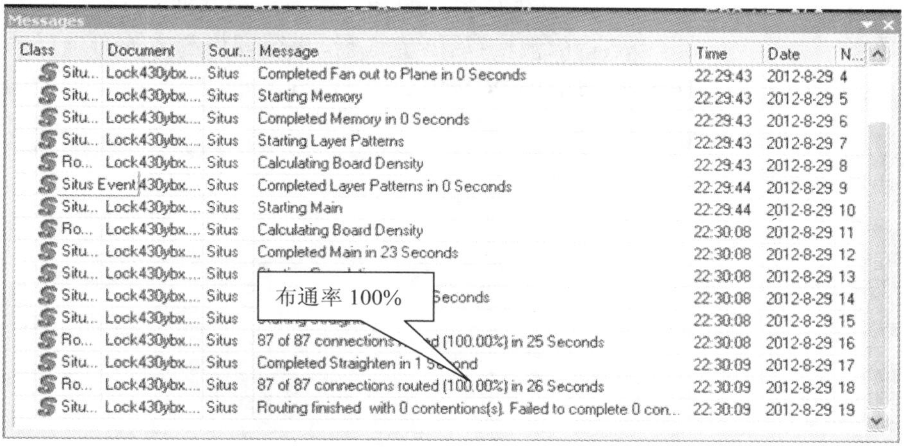

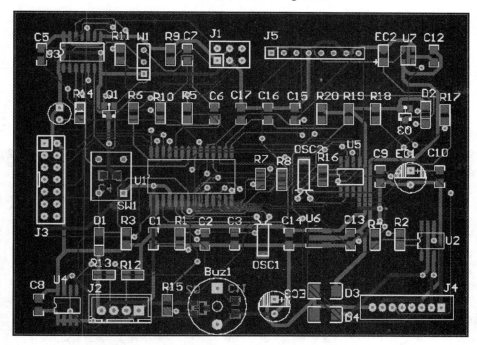

图 13-42　自动布线【Message】窗口

图 13-43　MSP430 电子锁控制板 PCB 自动布线效果

13.5.5　PCB 后续处理

自动布线完成后，通常还应进行必要的后续处理，如：敷铜操作、设计规则检查（DRC）等。

1．敷铜操作

对地线大面积敷铜，除了具备了屏蔽功能外，还可以使 PCB 承载更大的电流。执行【放置】/【多边形敷铜】菜单命令，如图 14-44 所示。

弹出如图 14-45 所示的多边形敷铜窗口，按图中参数进行设置，【确定】后，用鼠标选择 PCB 的四个边角（共单击鼠标五次：首先单击起始角、依次单击其他三个角，最后再单击起始角），即可进行底层（Bottom Layer）的敷铜操作；完成后，再用同样的方法对项层（Top Layer）进行敷铜。MSP430 电子锁控制板最后的 PCB 图如图 11-46 所示。

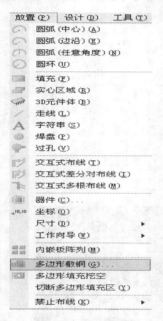

图 14-44　多边形敷铜菜单

图 14-45　多边形敷铜窗口

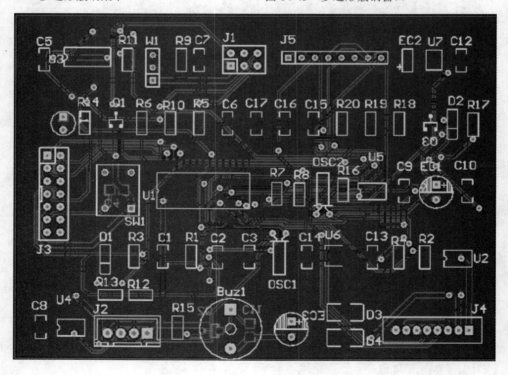

（a）底层（Bottom Layer）

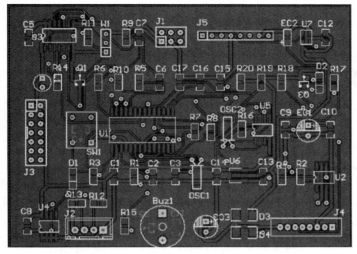

（b）顶层（Top Layer）

图 14-46　MSP430 电子锁控制板 PCB 图

2．设计规则检查

设计规则检查（DRC）也是 PCB 设计的一个重要环节，通过设计规则检查可以发现 PCB 布线过程中有无违反设计规则的地方，确保 PCB 设计的正确性。执行【工具】/【设计规则检查】菜单命令，如图 14-47 所示，弹出窗口如图 14-48，单击运行即可。

图 14-47　设计规则检查菜单

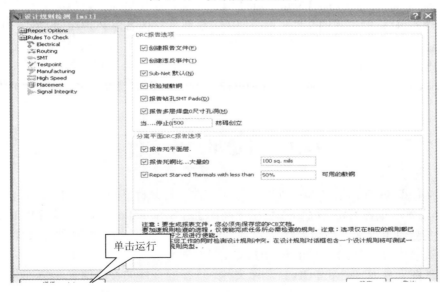

图 14-48　设计规则检查窗口

第 14 章　ARM 简易实验板 PCB 设计实例

本章设计的实例为一个 ARM 简易实验板，实验板所用的主控芯片是意法半导体集团的 STM32F103RBT6。STM32 系列采用 ARM Cortex-M3 内核，是一种高性能、低成本、低功耗的 32 位微控制器（MCU）。ARM 简易实验板的板上硬件资源通过端口连接器全部引出，实验板既能用外接电源供电，也可以通过 mini-USB 接口取电，板上有用于输入/输出的按键和 LED，还有用于编程下载的 JTAG 接口及 RS-232 接口。实验板可与其他模块一起构成控制系统，借助 MDK 集成软件开发平台，实现 ARM MCU 系统的学习、开发设计。

14.1　新建 PCB 工程文件

执行【文件】/【新的】/【工程】菜单命令，在【Projects】面板中，系统创建了一个默认名为 PCB_Project1.PrjPCB 的空的 PCB 工程文件。

14.2　新建原理图和 PCB 文件

在新建的 PCB 工程文件中，将光标停留在 PCB_Project1.PrjPCB 上（蓝色部分），【单击鼠标右键】/【给工程添加新的】/【Schematic】（【PCB】），操作后即可在当前工程文件中新建默认名为 Sheet1.SchDoc 的原理图文件，用类似的方法新建默认名为 PCB1.PcbDoc 的 PCB 文件。

保存上述工程文件，选择好文件的存放位置，新建文件夹 armstm32，将工程文件、原理图文件和 PCB 文件均以 armstm32 命名（扩展名不同），即生成的工程文件名为：armstm32.PrjPCB；原理图文件名为：armstm32.SchDoc；PCB 文件名为：armstm32.PcbDoc。

14.3　新建用户库文件

用户库文件即 PCB 封装库和原理图元件库文件。将光标停留在 PCB_Project1.PrjPCB 上（蓝色部分），【单击鼠标右键】/【给工程添加新的】/【Schematic　Library】（【PCB Library】）。操作后即可在当前工程文件中新建默认名为 Schlib1.SchLib 的原理图元件库文件，用类似的方法新建默认名为"PCBLib1.PcbLib"的 PCB 封装库文件。

保存原理图元件库文件和 PCB 封装库文件，选择好文件的存放位置，将原理图元件库文件和 PCB 封装库文件均以 armstm32 命名（扩展名不同），生成的原理图元件库文件名为：

armstm32.SchLib，PCB 封装库文件名：armstm32.PcbLib。新建的全部文件如图 14-1 所示。

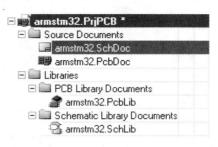

图 14-1　用户命名的文件名

14.3.1　设计 PCB 封装

实例中，部分 PCB 封装可从 Altium Designer 15 系统的库文件中获取，而大部分 PCB 封装则要另行设计。

1.　用元器件向导设计 SOP16 封装

实例中，贴片 16 脚 IC 采用的是 SOP16 封装，该封装可利用 PCB 元器件向导来进行设计（参考第 4 章相关内容）。

具体操作顺序为：打开 armstm32.PcbLib 文件，将标签式面板切换到【PCB Library】，执行【工具】/【元器件向导】菜单命令，单击【下一步】；按图 14-2~图 14-7 所示进行操作，最后单击【完成】。

图 14-2　封装图案（模型）对话框

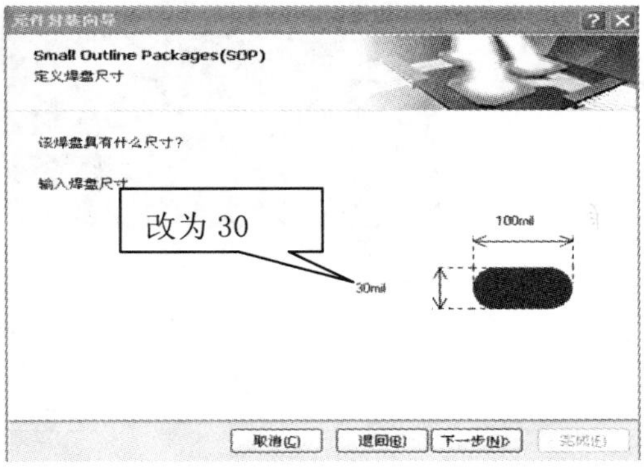

图 14-3　设置焊盘尺寸对话框

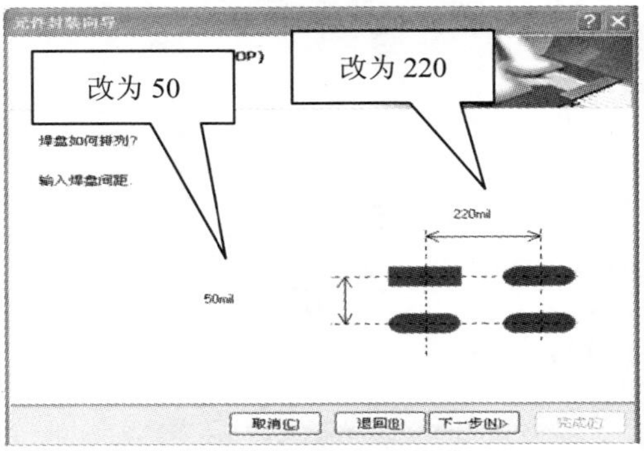

图 14-4　设置焊盘布局对话框

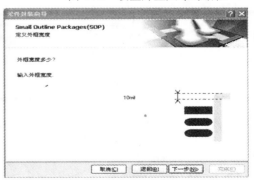

图 14-5　设置外框宽度对话框

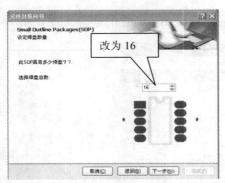
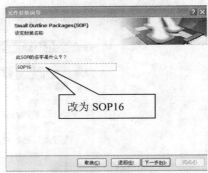

图 14-6　设置焊盘数量对话框　　　　　图 14-7　设置封装名称对话框

2. 设计 TQF64 封装

实例中，STM32F103RBT6 芯片采用的是 TQF64 封装，该封装可以在元器件封装编辑窗口中自建（参考第 4 章相关内容），具体操作顺序为：

（1）打开 armstm32.PcbLib 文件，将标签式面板切换到【PCB Library】,执行【工具】/【新的空元件】菜单命令。

（2）在元器件封装编辑窗口中，执行【放置】/【焊盘】菜单命令，在窗口中放置一个圆形焊盘。

（3）双击该焊盘，弹出如图 14-8 的焊盘特性窗口，按图 14-8 设置好参数,【确定】后，焊盘形状由圆形改为长方形，其标识为 1，先复制 4 个同样的焊盘。

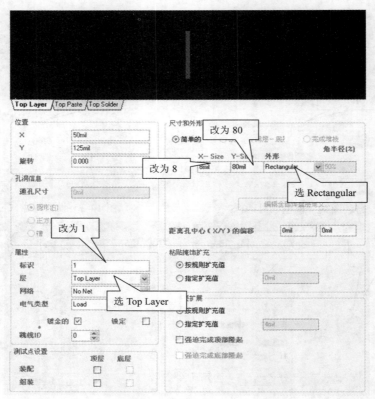

图 14-8　焊盘特性窗口

346

（4）焊盘的位置按图 14-9 所示排放，使 4 个焊盘的每二个焊盘中心距离为 20mil，距离测量方法：执行【报告】/【距离测量】菜单命令，鼠标选择 2 个焊盘的中心点即可。当光标移动的最小间隔过大时，可执行【察看】/【栅格】/【设置跳转栅格】菜单命令，将其设置到时 5mil 以内。

（5）再将 4 个焊盘作为整体复制 4 次，这样共有 16 个焊盘，二端焊盘中心相距 300mil，如图 14-10 所示。

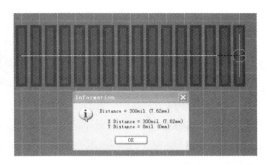

图 14-9　2 个焊盘间的距离　　　　　　图 14-10　二端焊盘中心距离

（6）在 TOP Overlay 层，执行【放置】/【走线】菜单命令，放置一个边长为 355mil 的正方形框；执行【编辑】/【设置参考】/【定位】菜单命令，将参考原点定位到正方形的左上角，如图 14-11 所示。

（7）将前述（5）所形成的 16 个焊盘再整体进行复制 4 次，形成 4 组 64 个焊盘（16×4），将 4 组焊盘完全"对称"排放在正方形框的四周，如图 14-12 所示，上、下、左、右二对边焊盘中心相距 485mil。

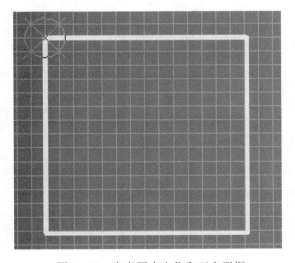

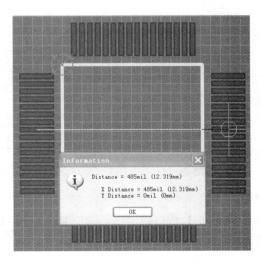

图 14-11　参考原点定位和正方形框　　　　图 14-12　对边焊盘中心相距

（8）更改 64 个焊盘的标识：对每一个焊盘均需打开如图 14-8 的焊盘特性窗口，从左上角左边上方的第 1 个焊盘开始，按逆时针方向将每一个焊盘的标识依次改为：1、2、3…64。即 "左边" 先从上到下（标识为：1~16）、"下边" 再从左到右（标识为：17~32）、"右边" 再从下到上（标识为：33~48）、最后 "上边" 从右到左（标识为：49~64）。

（9）最后，将所设计的封装的名称改为 TQF64。

3. 设计 PSW 封装

实例中，电源开关 S1 采用的是 PSW 封装，该封装可以在元器件封装编辑窗口中自建，具体操作顺序为：

（1）打开 armstm32.PcbLib 文件，将标签式面板切换到【PCB Library】,执行【工具】/【新的空元件】菜单命令。

（2）在元器件封装编辑窗口中，执行【放置】/【焊盘】菜单命令，在窗口中放置一个圆形焊盘。

（3）双击该焊盘，在弹出的焊盘特性窗口中，将 X-Size 及 Y-Size 均设为 60mil，通孔尺寸设为 40mil。复制 5 个同样的焊盘，共 6 个焊盘。

（4）在焊盘特性窗口中，将 6 个焊盘的的标识依次改为 1、2、3、4、5、6，并将标识为 1 的焊盘形状改为方形焊盘（Rectangular）。

（5）按图 14-13 放置好 6 个焊盘，并调整好焊盘间的间距，焊盘间中心相距，X 方向间距为 197mil，Y 方向间距为 79mil。执行【编辑】/【设置参考】/【定位】菜单命令，将参考原点定位到标识为 1 的焊盘。

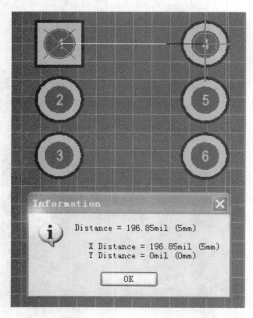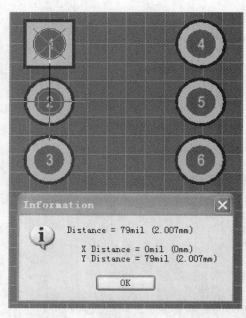

图 14-13　焊盘间的距离

（6）在 TOP Overlay 层，执行【放置】/【走线】菜单命令，放置一个长方形框；如图 14-14 所示。

（7）最后，将所设计的封装的名称改为 PSW。

本例中，其余 PCB 封装设计过程不再赘述，实例的全部 PCB 封装的名称列表如图 14-15 所示，用户库文件名为 armstm32.PcbLib。

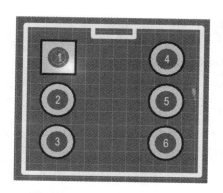

元件		
名称	焊盘	原始的
0805	2	7
CR1	2	8
DL	2	6
DSUB1.385-2H9	11	29
HDR1X2	2	6
HDR2X10	20	30
HDR2X16	32	40
JZ-2	2	6
JZ-3	3	13
MINI-USB	9	17
PSW	6	13
REG1117	4	8
RST	4	8
SOP16	16	22
TQF64	64	68
VR5	3	9

图 14-14　封装的长方形外框　　　图 14-15　实例的 PCB 封装名称列表

14.3.2　设计原理图元件

在 ARM 简易实验板原理图电路中，部分元件可在 Altium Designer 15 的 Miscellaneous Devices.SchLib 和 Miscellaneous Connectors.SchLib 系统库文件中找到（有的库需另行安装），部分电路元件需自行设计。

1．从系统库复制 Header 10X2 元件

对系统库已有的原理图电路元件，设计时只需将所用的元件从系统库复制到用户库 armstm32.SchLib 中即可。打开 Miscellaneous Connectors.SchLib 系统库文件，将标签式面板切换到【SCH Library】，在库文件中选择 Header 10X2 元件，如图 14-16 所示。

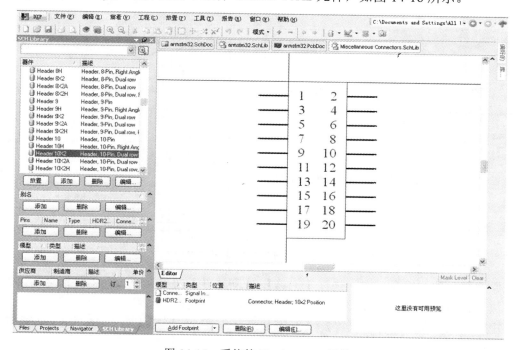

图 14-16　系统的 Header 10X2 元件

执行【工具】/【复制器件】菜单命令，选择目标库为 armstm32.SchLib，如图 14-17 所示，【确定】后完成 Header 10X2 的复制。

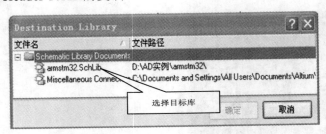

图 14-17 选择目标库窗口

2. 设计 3232 元件

3232 元件即 MAX3232，MAX3232 是一种 RS-232 通信收发器，其作用是实现 CMOS 与 RS-232 间的电平转换。打开 armstm32.SchLib 用户库，将标签式面板切换到【SCH Library】，在如图 14-18 所示的原理图元件编辑窗口中进行 3232 元件的设计。

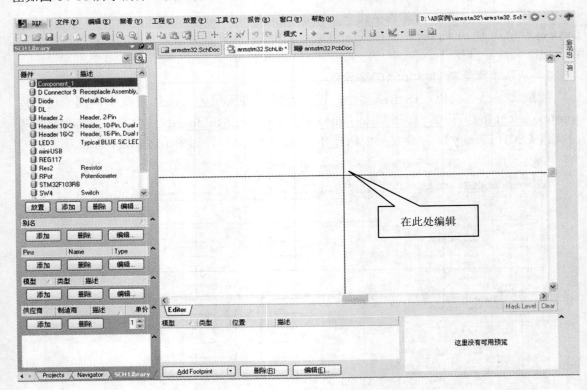

图 14-18 原理图元件库编辑窗口

在原理图元件编辑窗口中，执行【工具】/【新器件】菜单命令，新器件命名为 3232。执行【放置】/【矩形】菜单命令，放置大小合适的矩形边框。

在矩形边框四周，执行【放置】/【管脚】菜单命令，放置标识为 1~16 的 16 个管脚，如图 14-19 所示。

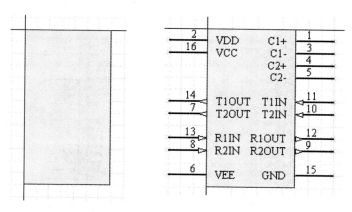

图 14-19　原理图元件 3232

利用前述所建的 PCB 封装库 armstm32.PcbLib 为元件 3232 添加对应的 PCB 封装，如图 14-20 所示。

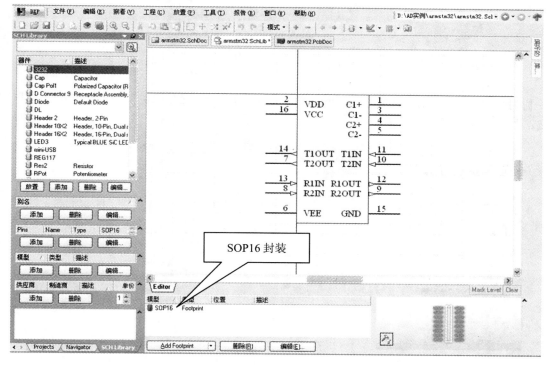

图 14-20　添加的 SOP16 封装

3. 设计 STM32F103RBT6 元件

打开 armstm32.SchLib 用户库，将标签式面板切换到【SCH Library】，在原理图元件编辑窗口中进行 STM32F103RBT6 元件的设计。

在原理图元件编辑窗口中，执行【工具】/【新器件】菜单命令，新器件命名为 STM32F103RBT6。执行【放置】/【矩形】菜单命令，放置大小合适的矩形边框。

在矩形边框四周，执行【放置】/【管脚】菜单命令，放置标识为 1~64 的 64 个管脚，如图 14-21 所示。

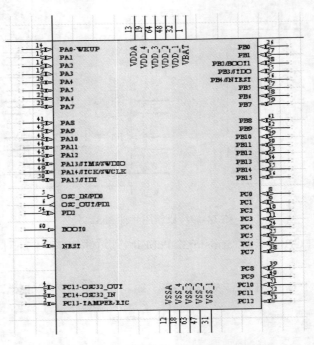

图 14-21　原理图元件 STM32F103RBT6

利用前述所建的 PCB 封装库 armstm32.PcbLib 为元件 STM32F103RBT6 添加对应的 PCB
封装，如图 14-22 所示。

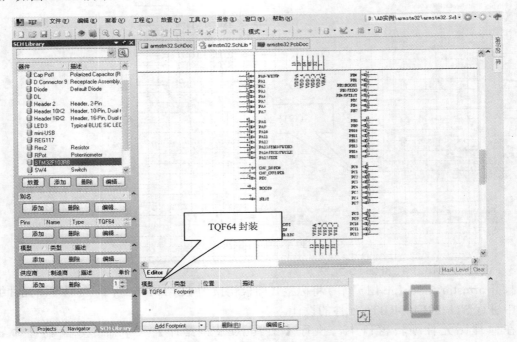

图 14-22　添加的 TQF64 封装

本例中，其余原理图元件可用类似的方法进行设计，设计过程不再赘述，实例的全部原
理图器件列表如图 14-23 所示。

图 14-23　实例原理图器件列表

14.4　设计原理图

14.4.1　原理图的绘制

ARM 简易实验板电路原理图如图 14-24~图 14-30 所示。图 14-24 为 STM32F103RBT6 控制单元、图 14-25 为 RS-232 通信接口单元、图 14-26 为 I/O 端口连接器、图 14-27 为 USB 接口、供电单元、图 14-28 为 BOOT0、BOOT1 配置端口、图 14-29 为模拟量、开关量输入端口、图 14-30 为 LED 显示、JTAG 接口。

在设计好 PCB 封装和原理图元件的基础上，打开空原理图文件 armstm32.SchDoc。在原理图编辑窗口中，依图首先放置 STM32F103RBT6、3232、端口连接器等全部元件。将元件进行适当布局、进行连线、完成原理图的编辑。

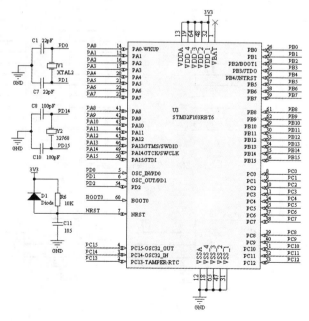

图 14-24　STM32F103RBT6 控制单元

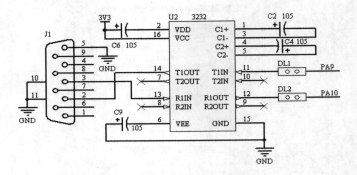

图 14-25　RS-232 通信接口单元

PB4	P5		PB3
PD2	1	2	PC12
PC11	3	4	PC10
PA15	5	6	PA14
3V3	7	8	GND
PA13	9	10	PA12
PA11	11	12	PA10
PA9	13	14	PA8
PC9	15	16	PC8
PC7	17	18	PC6
PB15	19	20	PB14
PB13	21	22	PB12
3V3	23	24	GND
PB11	25	26	PB10
PB2	27	28	PB1
PB0	29	30	PC5
	31	32	

PB6	P6		PB5
BOOT0	1	2	PB7
PB9	3	4	PB8
3V3	5	6	GND
PC13	7	8	VBAT
PC15	9	10	PC14
PD1	11	12	PC0
PC0	13	14	NRST
PC2	15	16	PC1
GND	17	18	PC3
PA0	19	20	3V3
PA2	21	22	PA1
GND	23	24	PA3
PA4	25	26	3V3
PA6	27	28	PA5
PC4	29	30	PA7
	31	32	

PA0	P7		PB0
PA1	1	2	PB1
PA2	3	4	PB2
PA3	5	6	PB3
PA4	7	8	PB4
PA5	9	10	PB5
PA6	11	12	PB6
PA7	13	14	PB7
PA8	15	16	PB8
PA9	17	18	PB9
PA10	19	20	PB10
PA11	21	22	PB11
PA12	23	24	PB12
PA13	25	26	PB13
PA14	27	28	PB14
PA15	29	30	PB15
	31	32	

PC0	P8		PD0
PC1	1	2	PD1
PC2	3	4	PD2
PC3	5	6	PD3
PC4	7	8	PD4
PC5	9	10	PD5
PC6	11	12	PD6
PC7	13	14	PD7
PC8	15	16	PD8
PC9	17	18	PD9
PC10	19	20	PD10
PC11	21	22	PD11
PC12	23	24	PD12
PC13	25	26	PD13
PC14	27	28	PD14
PC15	29	30	PD15
	31	32	

图 14-26　I/O 端口连接器

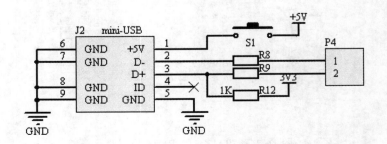

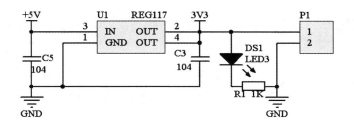

图 14-27　USB 接口、供电单元

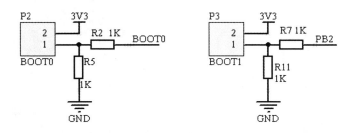

图 14-28　BOOT0、BOOT1 配置端口

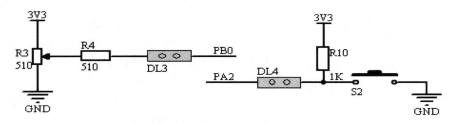

图 14-29　模拟量、开关量输入端口

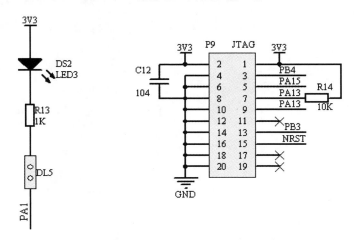

图 14-30　LED 显示、JTAG 接口

　　执行【放置】/【器件】菜单命令，从 armstm32.SchLib 用户库中选择器件，依次放置放置 STM32F103RBT6、3232、REG117、端口连接器、晶振、电阻、电容等全部元件，包括+5V、3V3、GND 的放置，并进行布局，如图 14-31 所示。

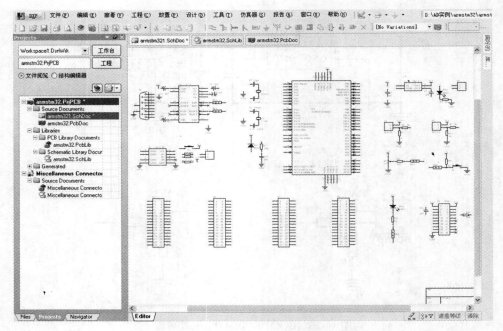

图 14-31　放置、布局元件

执行【放置】/【网络标号】菜单命令，按图 14-24~图 14-30，在 U3、P5～P8 端口连接器 JTAG 等器件的管脚上放置网络标号。原理图是通过网络标号来说明彼此的连接关系，因此，所放置的网络标号一定要匹配（至少要有两个网络标号是同名的）。

执行【放置】/【线】菜单命令，进行连线，完成全部原理图的编辑，如图 14-32 所示。对未使用的脚，为避免产生编译错误或警告。可执行【放置】/【指示】/【No ERC】菜单命令（或用工具栏图标 ✕ 放置），将 No ERC 放置到相应的管脚上。

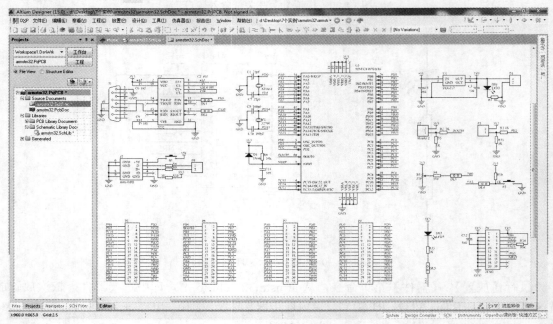

图 14-32　编辑完的原理图

14.4.2　原理图的处理

原理图绘制完后，在 PCB 设计之前，还应对原理图进行进一步的处理，如：原理图的编译、网络表生成等。

1．原理图的编译

执行【工程】/【Compile Document armstm32.SchDoc】菜单命令，即可对原理图文件armstm32.SchDoc 进行编译处理，如图 14-33 所示。

编译结果显示在【Message】窗口中，如图 14-34 所示，如果有错，可根据提示信息进行排错处理，部分警告信息查明原因后可忽略。

图 14-33　原理图编译菜单

图 14-34　编译【Message】窗口

2．网络表的生成

执行【设计】/【文件的网络表】/【Protel】菜单命令，系统会产生一个 armstm32.net 的网络表文件，网络表生成【Message】窗口如图 14-35 所示。

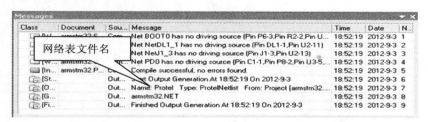

图 14-35　网络表生成【Message】窗口

14.5　设计 PCB 图

在设计好原理图的基础上，打开已建空 PCB 文件 armstm32.PcbDoc。在 PCB 编辑窗口中，依次进行放置布线框、装入网络表、元件布局、自动布线等操作。

14.5.1　放置布线框

在 PCB 编辑窗口中，将板层标签切换到 Keep-Out Layer，执行【放置】/【走线】菜单命令，绘制一个矩形框（尺寸与电路板实际尺寸相同）。

14.5.2 装入网络表

执行【设计】/【Import Changes From armstm32.PrjPCB】菜单命令,如图 14-36 所示。网络表装入后,ARM 简易实验板的全部 PCB 封装也一并载入。

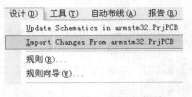

图 14-36 装入网络表菜单

14.5.3 PCB 布局

布局时,用鼠标逐一拖动封装元件依次放到布线框的合适位置,如图 14-37 所示。有时为了提高走线的布通率、使板面美观,可以将部分贴片元件放置到 PCB 的背面(Bottom Layer)。如本例的 U2、C2、C4、C6、C9 等元件,放置时,用鼠标双击该元件,在出现的特性窗口中,将元件的放置层由 Top Layer 更改为 Bottom Layer 即可。

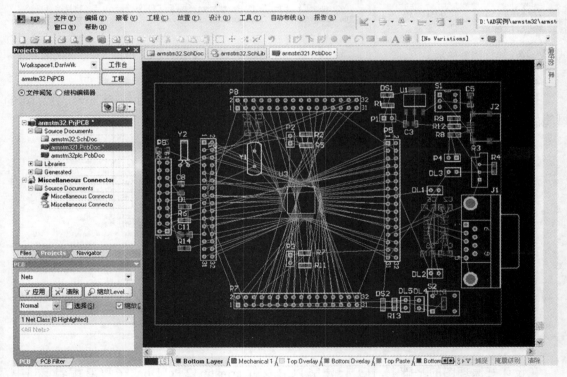

图 14-37 布局图

14.5.4 PCB 自动布线

为了提高设计的工作效率,减少布线差错,通常采用自动布线方式。由于实验板是通过 mini-USB 接口取电的,因此,这部分电路以及电源单元的电流较大,在进行全部网络布线之前，首先应对这部分的电路连线、电源正极、GND 等进行加粗预布线，然后再对其他全部网络进行自动布线。

1. 加粗预布线

修改规则设置加粗线宽为 20mil。执行【设计】/【规则】菜单命令，如图 14-38 所示，弹出规则窗口如图 14-39 所示，将首选尺寸设为 20mil，最大宽度设为 30mil。

图 14-38　规则菜单

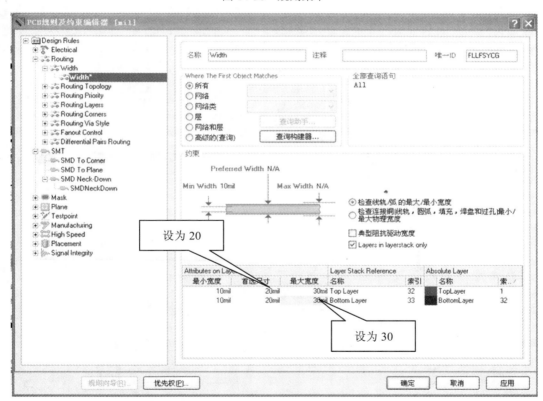

图 14-39　PCB 规则窗口

执行【自动布线】/【网络】菜单命令，如图 14-40 所示，选择 5V、3V3、GND 等网络线进行加粗预布线，布线效果如图 14-41 所示。加粗预布线完成后，再将图 14-39 所示的首选尺寸设为 10mil。

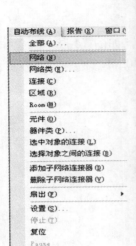

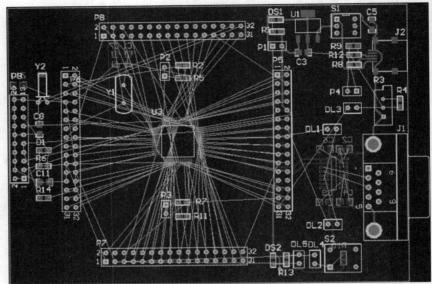

图 14-40　自动布线菜单　　　　　　　　　　图 14-41　加粗预布线效果

2．自动布线

在加粗预布线的基础上，其余全部网络则采用自动布线。执行【自动布线】/【全部】菜单命令，弹出布线策略窗口，如图 14-42 所示，采用系统默认的自动布线策略，单击【Route All】按钮，开始自动布线。

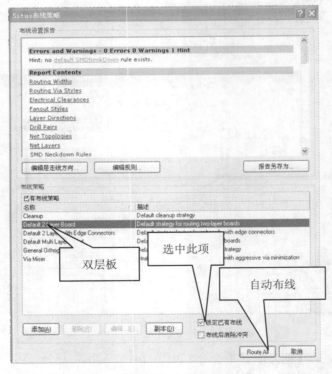

图 14-42　自动布线策略窗口

360

自动布线完成后，【Message】窗口报告自动布线的相关信息，如图 14-43 所示，ARM 简易实验板 PCB 自动布线效果如图 14-44 所示。

Messages

Class	Document	Sou...	Message	Time	Date	N...
Sit...	armstm32.P...	Situs	Routing Started	19:07:32	2012-9-2	1
Ro...	armstm32.P...	Situs	Creating topology map	19:07:33	2012-9-2	2
Sit...	armstm32.P...	Situs	Starting Fan out to Plane	19:07:33	2012-9-2	3
Sit...	armstm32.P...	Situs	Completed Fan out to Plane in 0 Seconds	19:07:33	2012-9-2	4
Sit...	armstm32.P...	Situs	Starting Memory	19:07:33	2012-9-2	5
Sit...	armstm32.P...	Situs	Completed Memory in 0 Seconds	19:07:33	2012-9-2	6
Sit...	armstm32.P...	Situs	Starting Layer Patterns	19:07:33	2012-9-2	7
Ro...	armstm32.P...	Situs	41 of 193 connections routed (21.24%) in 1 Second	19:07:33	2012-9-2	8
Sit...	armstm32.P...	Situs	Completed Layer Patterns in 1 Second	19:07:34	2012-9-2	9
Sit...	armstm32.P...	Situs	Starting Main	19:07:34	2012-9-2	10
Ro...	armstm32.P...	Situs	191 of 193 connections routed (98.96%) in 3 Minutes 19 Secon...	19:10:52	2012-9-2	11
Sit...	armstm32.P...	Situs	Completed Main in 3 Minutes 18 Seconds	19:10:53	2012-9-2	12
Sit...	armstm32.P...	Situs	Starting Completion	19:10:53	2012-9-2	13
Ro...	armstm32.P...	Situs	192 of 193 connections routed (99.48%) in 4 Minutes 11 Secon...	19:11:43	2012-9-2	14
Sit...	armstm32.P...	Situs	Completed Completion in 50 Seconds	19:11:43	2012-9-2	15
Sit...	armstm32.P...	Situs	Starting Straighten	19:11:43	2012-9-2	16
Ro...	armstm32.P...	Situs	193 of 193 connections routed (100.00%) in 4 Minutes 15 Seco...	19:11:47	2012-9-2	17
Sit...	armstm32.P...	Situs	Completed Straighten in 4 Seconds	19:11:48	2012-9-2	18
Ro...	armstm32.P...	Situs	193 of 193 connections routed (100.00%) in 4 Minutes 16 Seco...	19:11:49	2012-9-2	19
Sit...	armstm32.P...	Situs	Routing finished with 0 contentions(s). Failed to complete 0 co...	19:11:49	2012-9-2	20

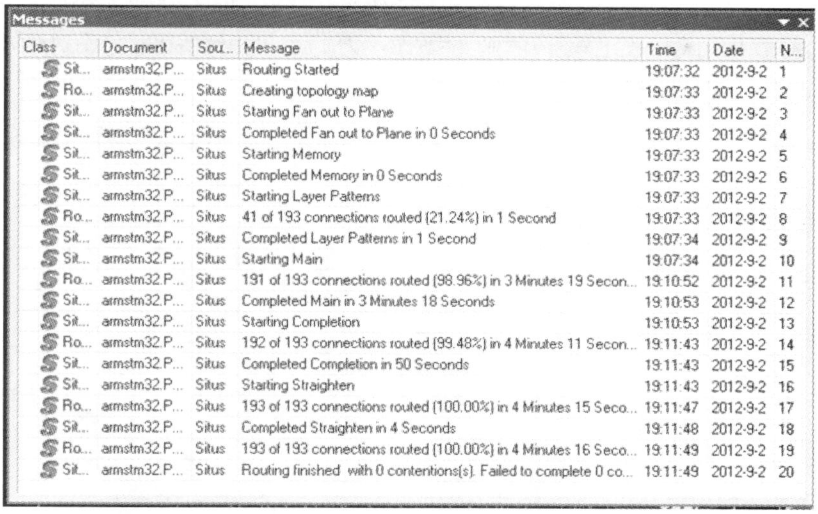

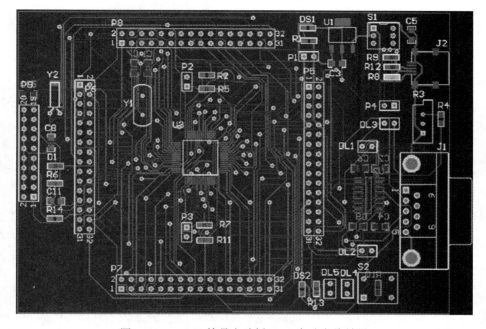

图 14-43 自动布线【Message】窗口

图 14-44 ARM 简易实验板 PCB 自动布线效果

14.5.5 PCB 后续处理

自动布线完成后，通常还应进行必要的后续处理，如：敷铜操作、设计规则检查（DRC）等。

1．敷铜操作

对地线大面积敷铜，除了具备了屏蔽功能外，还可以使 PCB 承载更大的电流。执行【放置】/【多边形敷铜】菜单命令，如图 14-45 所示。

　　弹出如图 14-46 所示的多边形敷铜窗口，按图中参数进行设置，【确定】后，用鼠标选择 PCB 的四个边角（共单击鼠标五次：首先单击起始角、依次单击其他三个角，最后再单击起始角），即可进行底层（Bottom Layer）的敷铜操作；完成后，再用同样的方法对顶层（Top Layer）进行敷铜。ARM 简易实验板最后的 PCB 图如图 11-47 所示。

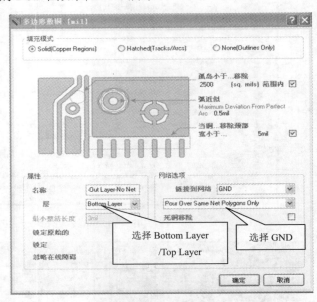

图 14-45　多边形敷铜菜单　　　　　　　　　图 14-46　多边形敷铜窗口

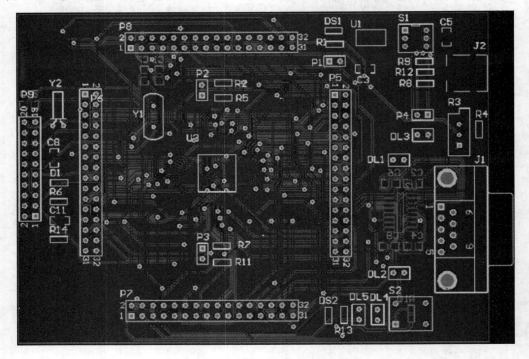

（a）底层（Bottom Layer）

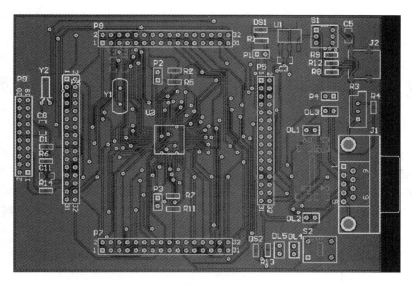

（b）顶层（Top Layer）

图 14-47　ARM 简易实验板 PCB 图

2．设计规则检查

设计规则检查（DRC）也是 PCB 设计的一个重要环节，通过设计规则检查可以发现 PCB 布线过程中有无违反设计规则的地方，确保 PCB 设计的正确性。执行【工具】/【设计规则检查】菜单命令，如图 14-48 所示，弹出窗口如图 14-49，单击运行即可。

图 14-48　设计规则检查菜单

图 14-49　设计规则检查窗口

第 15 章　PCI 简易实验卡 PCB 设计实例

本章设计的实例为一个 PCI 简易实验卡，实验卡所用的接口芯片是南京沁恒电子的 CH365。CH365 是一个连接 PCI 总线的通用接口芯片，支持 I/O 端口映射、存储器映射、扩展 ROM 以及中断。CH365 将 32 位高速 PCI 总线转换为简便易用的类似于 ISA 总线的 8 位主动并行接口，用于制作低成本的基于 PCI 总线的计算机板卡。图 15-1 所示为其一般应用框图。

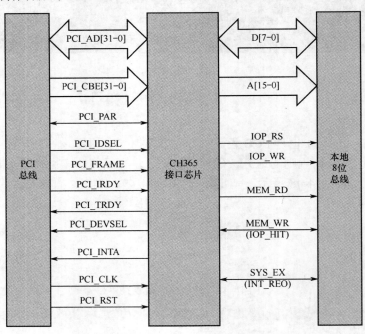

图 15-1　CH365 一般应用框图

PCI简易实验卡上的本地8位总线通过接插件全部引出，利用焊盘阵列，用户只需基于PCI简易实验卡即可将自己所设计的电路与PCI总线接口，实现与PCI总线的无缝连接。实验卡同时将+12V、-12V、5V电源引出，方便各种应用的需要。PCI简易实验卡除了可用于高校的实验教学外（微机接口实验、课程设计、毕业设计），还可用于微机PCI总线接口的开发应用，适用于高速实时的I/O控制卡、通讯接口卡、数据采集卡等。

15.1　新建 PCB 工程、原理图和 PCB 文件

启动Altium Designer 15后，显示图15-2所示的软件界面，在界面左侧的【Files】栏里面找到【从模板新建文件】，如图15-3所示。

单击【PCB Projects】利用模板创建新的PCB工程。

在【New Project】窗口中，如图15-4所示，选择已有的模板工程文件名为：PCI short card 5V - 32 BIT.PrjPCB，单击【OK】后，即在【Projects】面板中看到已有的工程文件，如图15-5所示。

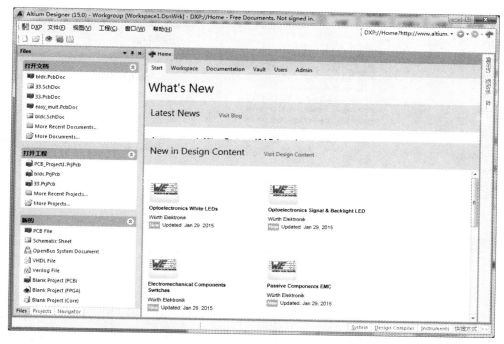

图 15-2　首页窗口

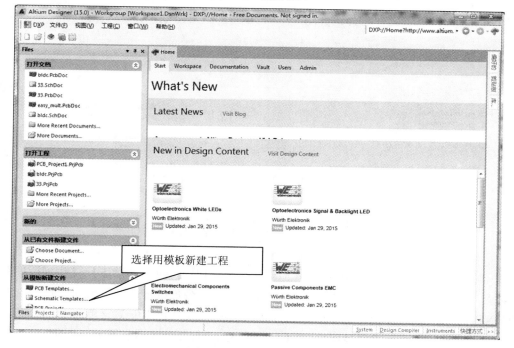

图 15-3　用模板新建工程

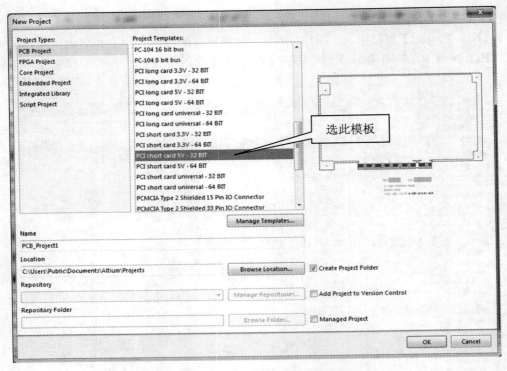

图 15-4　打开已有的模板工程文件

　　用"保存工程为"或"保存为"菜单命令，保存图15-5所示的三个文件，保存时选择好文件的存放位置，新建文件夹pcich365，将工程文件、原理图文件和PCB文件均以pcich365命名（扩展名不同），即生成的工程文件名为：pcich365.PrjPCB；原理图文件名为：pcich365.SchDoc；PCB文件名为：pcich365.PcbDoc，如图15-6所示。

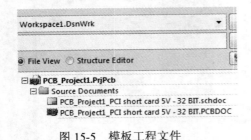

图 15-5　模板工程文件

图 15-6　新建的用户文件

15.2　新建用户库文件

　　打开原理图文件pcich365.SchDoc，在原理图编辑窗口中，执行【设计】/【生成原理图库】菜单命令，操作后即可在当前工程文件中生成原理图元件库pcich365.SchLib。打开PCB文件pcich365.PcbDoc，在PCB编辑窗口中，执行【设计】/【生成PCB库】菜单命令，操作后即可在当前工程文件中生成PCB封装库pcich365.PcbLib。全部新建文件如图15-7所示。

图 15-7　全部新建文件

15.2.1　设计 PCB 封装

实例中，部分 PCB 封装可从 Altium Designer 15 系统的库文件中获取，如"金手指"采用的封装"PCI5V32BIT"，生成库时已经置入用户库中，个别 PCB 封装则要另行设计。实例中，CH365 芯片采用的是 PQFP80 封装，该封装可以在元器件封装编辑窗口中自建（参考第4 章相关内容），具体操作顺序为：

（1）打开pcich365.PcbLib文件，将标签式面板切换到【PCB Library】，执行【工具】/【新的空元件】菜单命令。

（2）在元器件封装编辑窗口中，执行【放置】/【焊盘】菜单命令，在窗口中放置一个圆形焊盘。

（3）双击该焊盘，弹出如图15-8的焊盘特性窗口，按图15-8设置好参数，【确定】后，焊盘形状由圆形改为长方形，其标识为1，先复制4个同样的焊盘。

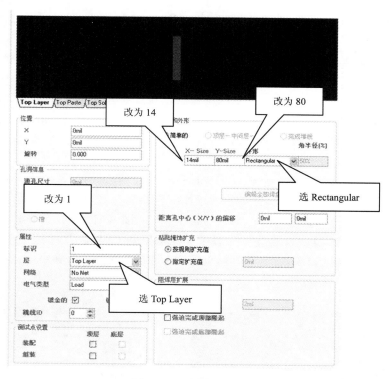

图 15-8　焊盘特性窗口

（4）焊盘的位置按图15-9所示排放，使4个焊盘的每二个焊盘中心距离为32mil，距离测量方法：执行【报告】/【距离测量】菜单命令，鼠标选择两个焊盘的中心点即可。当光标移动的最小间隔过大时，可执行【察看】/【栅格】/【设置跳转栅格】菜单命令，将其设置到时5mil以内。

（5）再将4个焊盘作为整体复制1次，形成8个焊盘阵列，二端焊盘中心相距222mil，如图15-10所示。

（6）在TOP Overlay层，执行【放置】/【走线】菜单命令，放置一个边长为727milX471mil的长方形框；如图15-11所示。

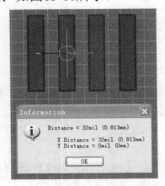

图 15-9　两个焊盘间的距离　　　　　　图 15-10　　二端焊盘中心距离

图 15-11　　727milX471mil 长方形框

（7）将前述（5）所形成的 8 个焊盘阵列再整体进行复制 1 次，形成 16 个焊盘阵列，二端焊盘中心相距 471mil，作为长方形左边 16 个焊盘阵列（整体旋转 90 度放置）。再将左边这的 16 个焊盘阵列整体复制，形成长方形右边的 16 个焊盘阵列，左右二边焊盘中心相距 914 mil，并对称放置，如图 15-12 所示。

（8）将前述（5）所形成的 8 个焊盘再整体进行复制两次，形成 24 个焊盘阵列，二端焊盘中心相距 727 mil，作为长方形上边 24 个焊盘阵列。再将上边这的 24 个焊盘阵列整体复制，形成长方形下边的 24 个焊盘阵列，上下二边焊盘中心相距 661 mil，并对称放置。执行【编辑】/【设置参考】/【定位】菜单命令，将参考原点定位到下边最左边的脚，如图 15-13 所示。注意：放置焊盘阵列时，关键是把焊盘阵列二端焊盘中心点的距离确定好，这样对齐焊盘时可借助【编辑】/【对齐】菜单命令。

图 15-12　左右二边焊盘中心相距　　　　图 15-13　　上下二边焊盘中心相距

（9）更改80个焊盘的标识：对每一个焊盘均需打开如图15-8的焊盘特性窗口，从左下角左边下方的第1个焊盘开始，按逆时针方向将每一个焊盘的标识依次改为：1、2、3…80。即"下边"先从左到右（标识为：1~24）、"右边"再从下到上（标识为：25~40）、"上边"再从右到左（标识为：41~64）、最后"左边"从上到下（标识为：65~80）。

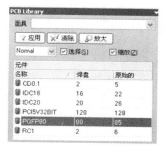

图15-14　实例的 PCB 封装名称列表

（10）最后，将所设计的封装的名称改为PQFP80。

本例中，其余PCB封装设计过程不再赘述，实例的全部PCB封装的名称列表如图15-14所示，用户库文件名为pcich365.PcbLib。

15.2.2　设计原理图元件

在PCI简易实验卡原理图电路中，部分元件可在Altium Designer 15的Miscellaneous Devices.SchLib和Miscellaneous Connectors.SchLib系统库文件中找到（有的库需另行安装），个别电路元件需自行设计。

1．PCI32 元件

在所生成的pcich365.SchLib库中，实际上已有1个PCI总线接口元件"PCI5V32BIT"，由于不便绘图，因而需自制（可将其删除）。打开pcich365.SchLib用户库，将标签式面板切换到【SCH Library】，在原理图元件编辑窗口中进行PCI32元件的设计。

在原理图元件编辑窗口中，执行【工具】/【新器件】菜单命令，新器件命名为PCI32。执行【放置】/【矩形】菜单命令，放置大小合适的矩形边框。

在矩形边框四周，执行【放置】/【管脚】菜单命令，PCI总线管脚较多，PCI简易实验卡的PCI32元件中仅保留有关的管脚，其他管脚省略，如图15-15所示。

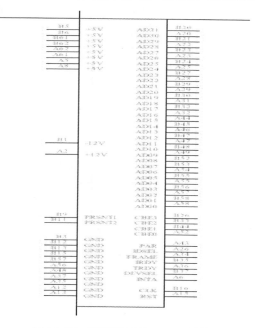

图 15-15　原理图元件 PCI32 元件

369

放置好管脚后，为PCI32元件添加"金手指"的封装PCI5V32BIT，如图15-16所示。

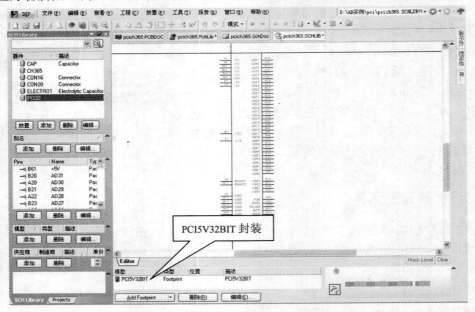

图 15-16　添加的 PCI5V32BIT 封装

2．CH365 元件

实例中CH365元件需自制，打开pcich365.SchLib用户库，将标签式面板切换到【SCH Library】，在原理图元件编辑窗口中进行CH365元件的设计。

在原理图元件编辑窗口中，执行【工具】/【新器件】菜单命令，新器件命名为CH365。执行【放置】/【矩形】菜单命令，放置大小合适的矩形边框。

在矩形边框四周，执行【放置】/【管脚】菜单命令，放置标识为1~80的80个管脚，如图15-17所示。

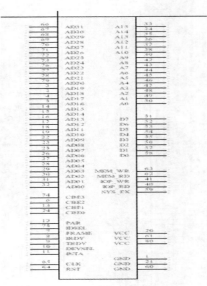

图 15-17　原理图元件 CH365

利用前述所建的PCB封装库pcich365.PcbLib为元件CH365添加对应的PCB封装，如图15-18所示。

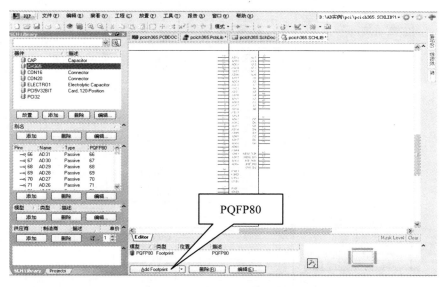

图 15-18　添加的 PQFP80 封装

本例中，其余原理图元件可用类似的方法进行设计，设计过程不再赘述，实例的全部原理图器件列表如图15-19所示。

图 15-19　实例原理图器件列表

15.3　设计原理图

15.3.1　原理图的绘制

PCI 简易实验卡电路原理图如图 15-20 所示，在设计好 PCB 封装和原理图元件的基础上，打开空原理图文件 pcich365.SchDoc。在原理图编辑窗口中，依图首先放置 PCI32 元件、CH365、端口连接器等全部元件。将元件进行适当布局、进行连线、完成原理图的编辑。

执行【放置】/【器件】菜单命令，从pcich365.SchLib用户库中选择器件，依次放置放置PCI32、CH365端口连接器电容等全部元件，包括+5V、+12V、-12V、GND的放置，并进行布局，如图15-21所示。

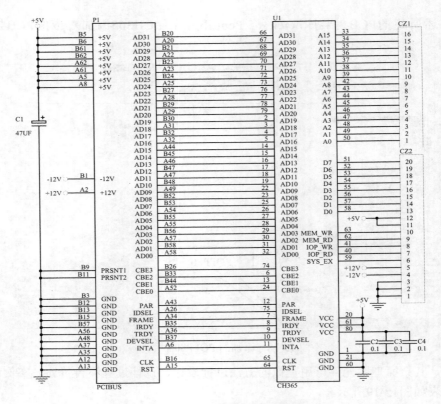

图 15-20　PCI 简易实验卡电路原理图

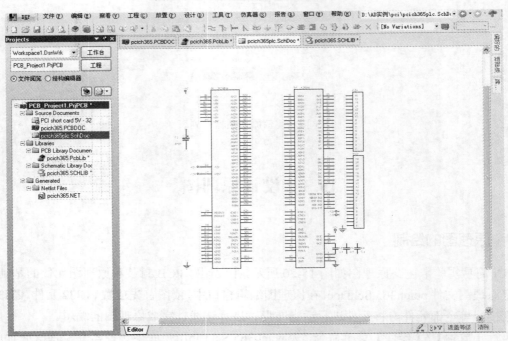

图 15-21　放置、布局元件

执行【放置】/【线】菜单命令，进行连线，完成全部原理图的编辑，如图15-22所示。

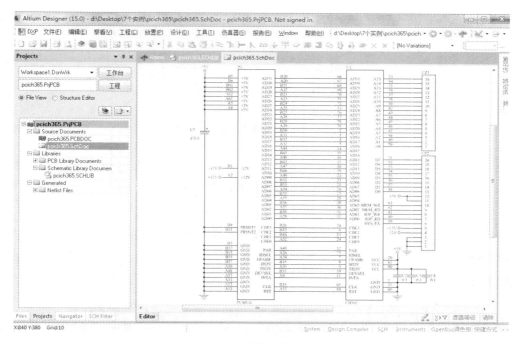

图 15-22　编辑完的原理图

15.3.2　原理图的处理

原理图绘制完后，在PCB设计之前，还应对原理图进行进一步的处理，如：原理图的编译、网络表生成等。

1. 原理图的编译

执行【工程】/【Compile Document pcich365.SchDoc】菜单命令，即可对原理图文件pcich365.SchDoc进行编译处理，如图15-23所示。

编译结果显示在【Message】窗口中，如图15-24所示，如果有错可根据提示信息，进行排错处理，部分警告信息查明原因后可忽略。

图 15-23　原理图编译菜单

图 15-24　编译【Message】窗口

2. 网络表的生成

执行【设计】/【文件的网络表】/【Protel】菜单命令，系统会产生一个pcich365.net的网络表文件，网络表生成【Message】窗口如图15-25所示。

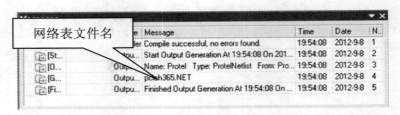

图 15-25　网络表生成【Message】窗口

15.4　设计 PCB 图

在设计好原理图的基础上，打开已建空PCB文件pcich365.PcbDoc。在PCB编辑窗口中，依次进行层堆栈设置、装入网络表、元件布局、自动布线等操作。

15.4.1　层堆栈设置

在用向导新建的pcich365.PcbDoc文件中，PCB被设置为多层板，本实例仍采用二层板，因而需进行层堆栈设置。执行【设计】/【层叠管理】菜单命令，打开层堆栈管理器，如图15-26所示。只需保留Top Layer（顶层）和Bottom Layer（底层），其余均可删除，删除后板层结构如图15-27所示。

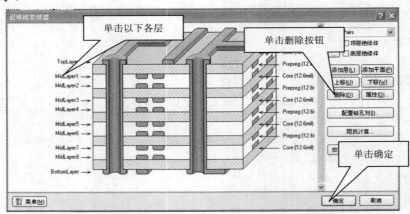

图 15-26　层堆栈管理器

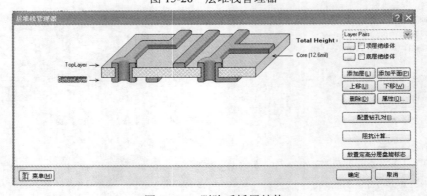

图 15-27　删除后板层结构

15.4.2　装入网络表

执行【设计】/【Import Changes From pcich365.PrjPCB】菜单命令，如图15-28所示。网络表装入后，PCI简易实验卡的全部PCB封装也一并载入。

图 15-28　装入网络表菜单

15.4.3　PCB 布局

布局时，用鼠标逐一拖动封装元件依次放到布线框的合适位置，如图15-29所示。

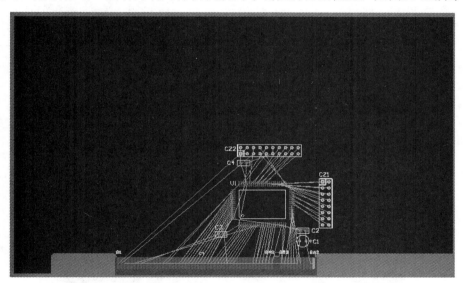

图 15-29　布局图

15.4.4　PCB 自动布线

为了提高设计的工作效率，减少布线差错，通常采用自动布线方式。执行【自动布线】/【全部】菜单命令，如图15-30所示。弹出布线策略窗口，如图15-31所示。采用系统默认的自动布线策略，单击【Route　All】按钮，开始自动布线。

自动布线完成后，【Message】窗口报告自动布线的相关信息，如图15-32所示，PCI简易实验卡PCB自动布线效果如图15-33所示。

执行【编辑】/【移动】/【拖动】菜单命令，对自动布线后的走线进行适当调整，并在Keep-Out Layer走线围住布线区形成一个多边形区域，调整后的PCB效果如图15-34所示。

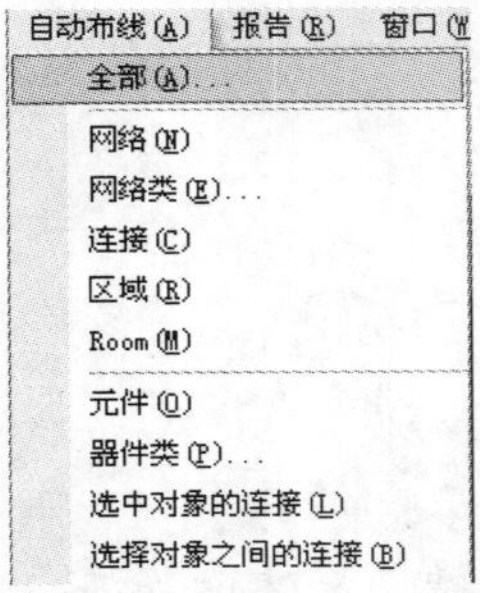

图 15-30　自动布线菜单　　　　　　　　　　图 15-31　自动布线策略窗口

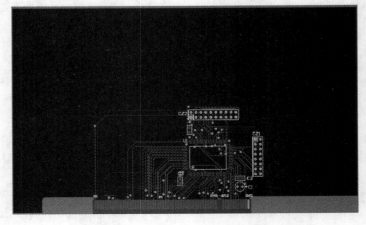

图 15-32　自动布线【Message】窗口

图 15-33　PCI 简易实验卡 PCB 自动布线效果

图 15-34　调整布线后的 PCB 效果

15.4.5　PCB 后续处理

自动布线完成后，通常还应进行必要的后续处理，如：敷铜操作、设计规则检查（DRC）等。

1. 敷铜操作

对地线大面积敷铜，除了具备了屏蔽功能外，还可以使PCB承载更大的电流。执行【放置】/【多边形敷铜】菜单命令，如图15-35所示。

弹出如图15-36所示的多边形敷铜窗口，按图中参数进行设置，【确定】后，用鼠标选择PCB中心部分多边形的5个边角（共单击鼠标6次：首先单击起始角、依次单击其他4个角，最后再单击起始角，注意：只对金手指以上部分敷铜），即可进行底层 (Bottom Layer)的敷铜操作；完成后，再用同样的方法对项层（Top Layer）进行敷铜。PCI简易实验卡敷铜后的PCB效果图如图15-37所示。

图 15-35　多边形敷铜菜单

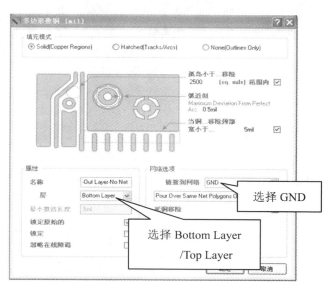

图 15-36　多边形敷铜窗口

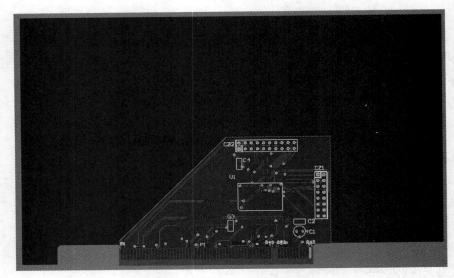

（a）底层（Bottom Layer）

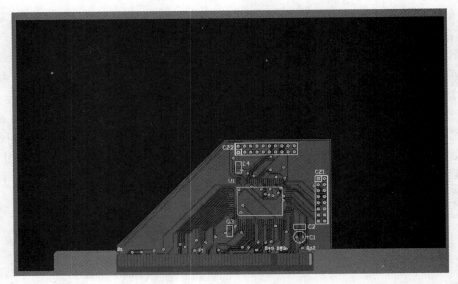

（b）项层（Top Layer）

图 15-37　敷铜后的 PCB 效果图

2．设计规则检查

设计规则检查（DRC）也是PCB设计的一个重要环节，通过设计规则检查可以发现PCB布线过程中有无违反设计规则的地方，确保PCB设计的正确性。执行【工具】/【设计规则检查】菜单命令，如图15-38所示，弹出窗口如图15-39，单击运行即可。

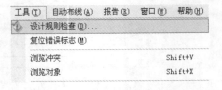

图 15-38　设计规则检查菜单

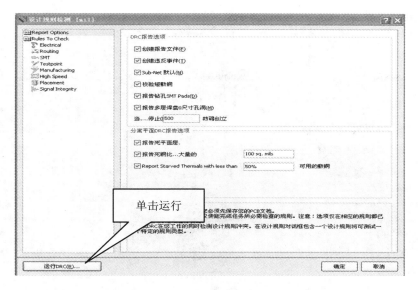

图 15-39　设计规则检查窗口

3．放置焊盘阵列

从PCI简易实验卡的PCB的结构来看，CH365芯片放置在PCI简易实验卡"金手指"的上方，只占中心区域的一小部分，因此，对CH365芯片的上部和左右部分，可以采用类似面包板的结构形式，放置焊盘的阵列，方便了接口外围电路的焊接连线。

执行【放置】/【焊盘】菜单命令，放置直径为60mil，通孔尺寸为30mil的焊盘，先放置一组5个焊盘，上下间距为100mil，如图15-40所示。

执行【放置】/【走线】菜单命令，连通5个焊盘（Bottom Layer和Top Layer均走线），并将线宽改为30mil，如图15-41所示。

整体选中图15-41的5个焊盘，进行复制、粘贴操作，横向间距也为100mil，如图15-42所示。

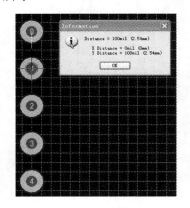　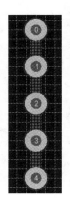　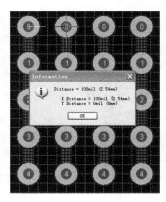

图 15-40　焊盘纵向间距 100mil　　图 15-41　焊盘间用 30mil 的线相连　　图 15-42　焊盘横向间距 100mil

其余焊盘可根据板面实际富余的空间进行灵活放置，此处不再赘述。PCI简易实验卡最后的PCB效果如图15-43所示。

（a）底层（Bottom Layer）

（b）顶层（Top Layer）

图 15-43　PCI 简易实验卡 PCB 效果图

380

第 16 章　完全相似性多通道电路设计实例

本章以一种简单的 8 路 RC 滤波器作为设计案例。在本章节重点介绍如何使用 Altium Designer 15 软件的 Muli-Channel 功能的设计使用规则及其详细过程。利用 Muli-channel 功能在工程设计中可以更加方便快速。本例使用的元件、电路相对简单，在具体工程应用中可以自行扩展。

16.1　新建 PCB 工程文件

执行【文件】/【New】/【Project】菜单命令，如图 16-1 所示，在图 16-2 所示的对话框中选择新建工程的相关属性。首先在项目类型中选择【PCB Projects】，再在项目模板中选择【Default】选项，在【Name】选项中为新建的工程指定一个合适的工程名，本例以 easy-mult 为例，继续在【Location】项指定你新建工程的存放路径/目录位置。【Create Project Folder】指明是否在指定的项目存储位置创建工程文件夹，此例不选中。读者可以自行实验并查看具体效果。

新建完成的工程目录情况如图 16-2 所示。

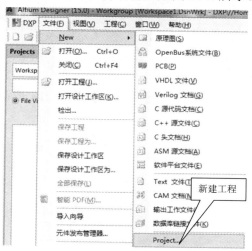

图 16-1　新建工程

图 16-2　新建工程结构

16.2　新建原理图和 PCB 文件

在新建的 PCB 工程文件中，将光标停留在 easy_mult.PrjPCB 上（图 16-2 灰色部分），【单击鼠标右键】/【给工程添加新的】/【Schematic】（【PCB】），操作后即可在当前工程文件中新建默认名为 Sheet1.SchDoc 的原理图文件（见图 16-3），用类似的方法新建默认名为 PCB1.PcbDoc 的 PCB 文件。对原理图/PCB 文件分别改名为 easy_mult.SchDoc，easy_mult.PcbDoc，保存工程。

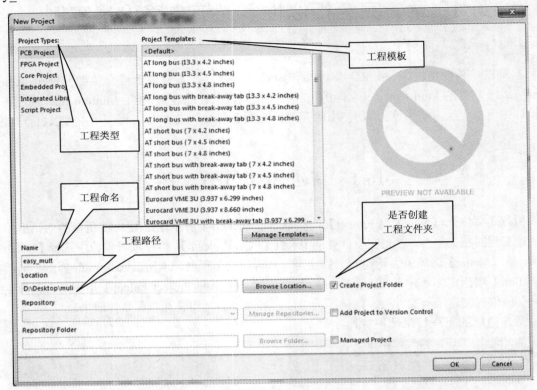

图 16-3　新建工程选项

至此，完成了 PCB 工程文件、原理图和 PCB 图的空文件建立。接下来，按照正常的设计 PCB 文件的流程，参照图 16-4 完成原理图的绘制工作。

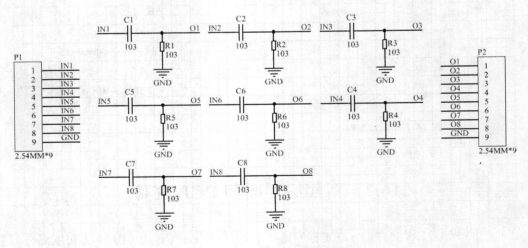

图 16-4　8 路 RC 滤波器

16.3 新建用户库文件

用户库文件即 PCB 封装库和原理图元件库文件。将光标停留在 easy_mult.PrjPCB 上（灰色部分），【单击鼠标右键】/【给工程添加新的】/【Schematic Library】【PCB Library】。操作后即可在当前工程文件中新建默认名为 Schlib1.SchLib 的原理图元件库文件，用类似的方法新建默认名为"PCBLib1.PcbLib"的 PCB 封装库文件。

保存原理图元件库文件和 PCB 封装库文件，选择好文件的存放位置，将原理图元件库文件和 PCB 封装库文件均以 easy_mult 命名（扩展名不同），生成的原理图元件库文件名为：easy_mult.SchLib， PCB 封装库文件名：easy_mult.PcbLib。新建的全部文件如图 16-5 所示。

本例使用了三种元件电阻、电容、2.54mm 接口，此三种元件在 Altium Designer 软件的系统库 Miscellaneous Devices.IntLib、Miscellaneous Connectors.IntLib 中均可以找到，我们可以将需要的元件从中提取使用。

16.3.1 系统元件库

执行【文件】/【打开】菜单命令，系统库源文件路径如图 16-6 所示，找到所需的库源文件并进行摘取操作，如图 16-7、图 16-8 所示。摘取操作后当前工程中系统库文件如图 16-9 所示。

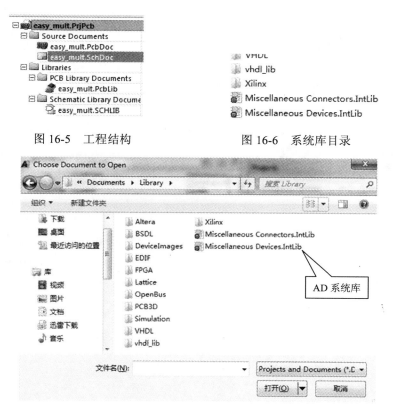

图 16-5 工程结构   图 16-6 系统库目录

图 16-7 系统库源文件

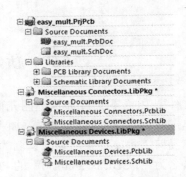

图 16-8　摘取源文件　　　　　　　　　　　图 16-9　项目目录结构

16.3.2　PCB 元件封装

打开库文件 Miscellaneous Devices.PcbLib 后，将标签式面板切换到【PCB Library】，在元器件列表中找到封装名 6-0805_M，如图 16-10 所示。选中需要的元件（蓝色），单击鼠标右键，在弹出的菜单中选择【复制】。在图 16-10 左下角单击【Projects】，在工程目录结构中选择打开 easy_mult.PcbLib，同样切换到对应的【PCB Library】，在元件列表的任意位置，单击鼠标右键，选择【Paste 1 Components】，元件 6-0805_M 被复制到工程库，在元件列表框中双击元件名，给元件重命名 R0805，如图 16-11 所示。

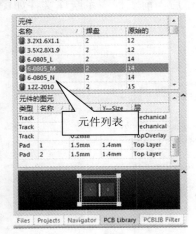

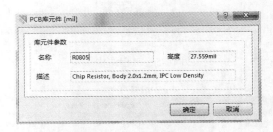

图 16-10　PcbLib 文件管理　　　　　　　图 16-11　PCB 元件重命名

按照同样的步骤，从 Miscellaneous Devices.PcbLib 文件中将元件 C0805 复制到工程库文件 easy_mult.PcbLib 中，从 Miscellaneous Connectors.PcbLib 文件中将元件 HDR1X9 复制到工程库文件，完成情况如图 16-12 所示。

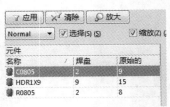

图 16-12　实例的 PCB 元件列表

16.3.3 SCH 元件

打开 Miscellaneous Devices.SchLib 系统库文件，将标签式面板切换到【SCH Library】，在库文件中选择 Res2 元件，如图 16-13 所示。

执行【工具】/【复制器件】菜单命令，如图 16-14 所示，选择目标库为 easy_mult.SchLib，如图 16-15 所示，【确定】后完成 Res2 的复制，然后重复刚才的步骤，完成元件 Cap 的复制。

采用类似的方法，打开库文件 Miscellaneous Connectors.PcbLib，从元件列表中找到元件 Header9，并完成该元件的复制。

最终完成的项目实例的元件情况如图 16-16 所示。

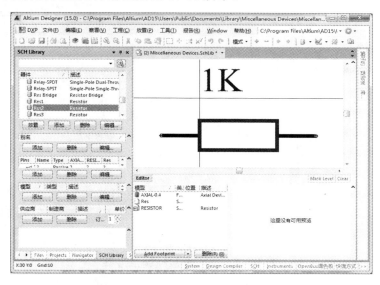

图 16-13　系统元件库列表

图 16-14　器件复制菜单

图 16-15　选择目标库

图 16-16　实例原理图库器件列表

16.4　设计原理图

16.4.1　原理图的绘制

本实例的总体原理图如图 16-4 所示，电路结构相对简单，仔细观察电路可以发现，图中的电阻电容网络是完全重复出现的，完全相似。多通道电路设计就是针对这部分相同的电路作相应处理，简化设计。在图 16-5 的项目结构中，鼠标选中 easy_muli.PrjPcb，单击鼠标右键，选择【给工程添加新的】/【Schematics】，添加新的原理图文件，并重新命名为 rc.SchDoc。

如图 16-17 所示，并按照图中所示，绘制相应的电路，完成 rc.SchDoc 图纸的设计并保存。

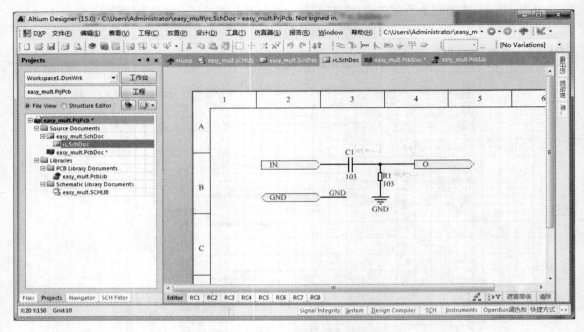

图 16-17　多通道设计原理图子图

在工程结构目录中双击 easy_mult.SchDoc，开始图纸编辑。执行菜单【设计】/【HDL 文件或图纸生成图标符】，如图 16-18 所示，选择刚才设计完成的子图文件 rc.SchDoc，单击【OK】，出现图 16-19 的元件符号，移动鼠标至适合的图纸位置，单击鼠标左键确定。

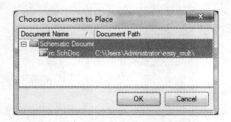
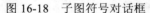

图 16-18　子图符号对话框

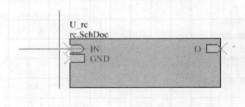

图 16-19　子图符号

下面对子图符号进行属性编辑，鼠标左键双击该符号，弹出属性编辑对话框，如图 16-20 所示。在属性编辑中，主要是标识和文件名两项。其中文件名就是刚才我们设计好的子图名称，用鼠标单击后面的【…】按钮，即出现图 16-18 所示对话框。重点是标识选项，关键字 REPEAT 用作多通道设计的重复指示，RC 为子图名称，可以修改成其他，第二个参数必须为 1，表示从 1 开始，第三个参数表示重复次数。那么图中的参数，所表示的意思是，以 rc.SchDoc 中的原理图作为电路重复模块，重复 8 次，分别命名为 RC1/2/…/8。

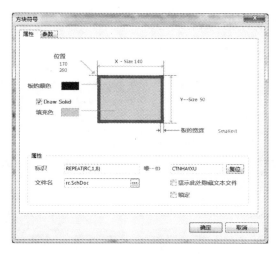

图 16-20　子图符号属性对话框

接下来继续编辑 easy_mult.SchDoc，参考图 16-21，完成多通道上层图纸的设计。在图中左右两侧的输入输出端口与图 16-4 相同，不同的是中间部分，注意区别。需要明白的是图中中间的方块符号表示有 8 路相同的电路单元（见图 16-17），编辑方块符号的内部端口名称如图，关键字 REPEAT 表示重复的意思，REPEAT（IN）实现的效果就是在通道 RC1 中端口名是 IN1，在通道 RC2 中端口名是 IN2，一次类推。那么综合图 6-21 与图 16-17，可以看出，整个的电路连接结构与前面给出的电路图 16-4 并没有本质的区别。

如此完成了 8 路 RC 滤波器电路的原理图设计。在本例中，为了方便采用了很简单的电路作为举例说明，可以想象的是，在一些具体的大型设计中，一旦出现这种存在相似电路的情况，采用 Altium Designer 15 的多通道设计方案，可以极大的简化设计工作，提高设计效率。

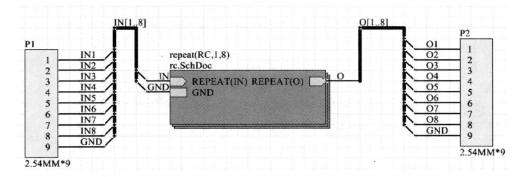

图 16-21　实例原理图

16.4.2　原理图的处理

原理图绘制完后，在 PCB 设计之前，还应对原理图进行进一步的处理，如：原理图的编译、网络表生成等。

1. 原理图的编译

按照图 16-22 所示选择菜单命令，编译工程文件。

编译结果显示在【Message】窗口中，如图 16-23 所示，如果有错可根据提示信息，进行排错处理，部分警告信息查明原因后可忽略。

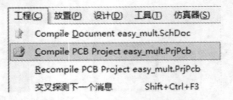

图 16-22 原理图编译菜单

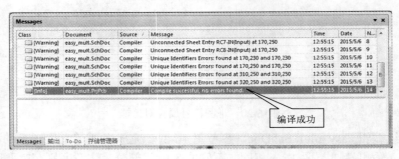

图 16-23 编译【Message】窗口

2. 网络表的生成

执行【设计】/【文件的网络表】/【Protel】菜单命令，系统会产生一个 easy_mult.NET 的网络表文件，网络表生成【Message】窗口如图 16-24 所示。

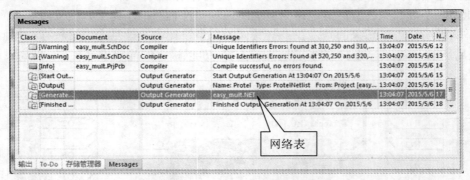

图 16-24 网络表生成【Message】窗口

16.5　设 计 PCB 图

在设计好原理图的基础上，打开已经建立的空白 PCB 文件 easy_mult.PcbDoc。在 PCB 编辑窗口中，依次进行放置布线框、装入网络表、元件布局、自动布线等操作。

16.5.1　设置 PCB 形状大小

在工程文件中双击 easy_mult.PcbDoc，进入图 16-25 所示的 PCB 编辑环境。一般情况下，绘制编辑 PCB 首先要做的工作是设置 PCB 框大小。

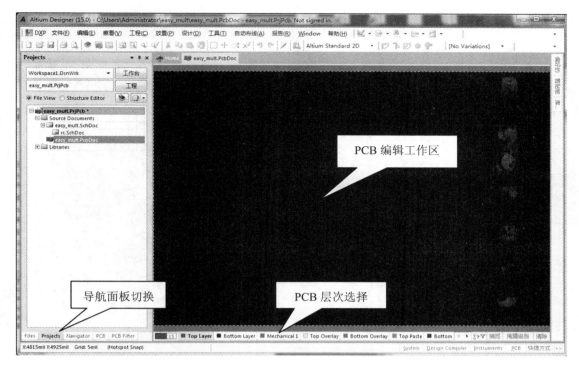

图 16-25　PCB 编辑环境

在 PCB 编辑环境中，有一个显示切换功能，通过数字键 1/2/3 进行选择，也可以通过菜单操作实现，如图 16-26 所示。选择进入板框设置模式（Board Planning Mode），此时图 16-25 中的黑色部分，即 PCB 编辑工作区域变成绿色。然后再选择菜单【设计】/【重新定义板形状】，如图 16-27 所示，在 PCB 编辑区域，出现十字光标，通过鼠标移动/单击操作，可以确定所需要的 PCB 框大小。

为了操作方便，在 PCB 编辑确定板框形状大小之前，可以先设定"栅格"大小。在编辑区域的任意位置，单击鼠标右键，弹出图 16-28 对话框选择"跳转栅格"，设置相应合适的栅格大小。

图 16-26　PCB 编辑显示模式切换　　　图 16-27　板框形状定义　　　图 16-28　栅格设置

在本例中设置栅格 1mm，设置板子大小为 30mm×25mm。选择编辑区域二维显示，在 PCB 编辑层次选择 Keep-Out Layer，执行【放置】/【走线】菜单命令，沿着设置好的板框边沿绘制一个矩形框，大小 30mm×25mm，完成情况如图 16-29 所示。

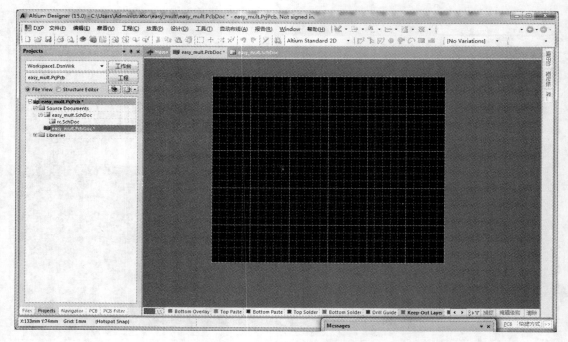

图 16-29　PCB 框设置完成情况

16.5.2　装入网络表

网络表的装入有两种方法,一是在 PCB 编辑环境中,执行【设计】/【Import Changes From easy_mult.PrjPCB】菜单命令,如图 16-30 所示;二是在原理图编辑环境中,执行【设计】/【Update PCB Document easy_mult.PcbDoc】菜单命令,如图 16-31 所示。

执行命令后网络表装入后,弹出图 16-32 所示对话框,可以查看是否有错误信息,查看网表具体信息及变化情况。单击【执行更改】后,所有元件的 PCB 封装及电路连接信息一并载入,如图 16-33 所示。

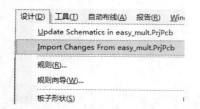

图 16-30　PCB 编辑直接导入电路信息

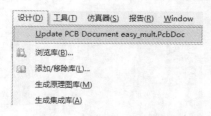

图 16-31　原理图更新电路信息

图 16-32　网表装载对话框

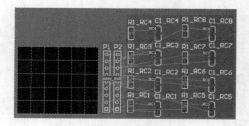

图 16-33　网表装入情况

16.5.3 PCB 布局

在图 16-33 显示的信息中，可以看到有很多的棕色方块，用鼠标移动这些方块，相应的元件也一起移动，如果把相应的元件移出方块外，则系统会以高亮形式给出警告，当然也可以直接删除这些方块符号。通过观察可以发现，每个方块符号都有命名，并且与原理图设计时的电路模块对应。

必须要注意的是这些方块符号都有特殊的名称：Room，在 Altium Designer 15 的多通道设计中有很重要的作用。

本例的多通道设计是针对 8 路 RC 滤波电路，每个通道由一个电容和一个电阻组成，另外还有两个元件 P1/P2。

首先删除独立的 Room，即名称为 easy_mult 的方块符号，鼠标单击该符号的任意位置，符号白色高亮显示，然后鼠标右键菜单选择【清除】或者直接使用键盘【Delete】删除该 Room 符号。

接下来利用鼠标拖动元件 P1/P2 至 PCB（即图 16-33 所示的黑色部分）的两端。

第三步，拖动 RC1（Room）到合适位置并改变其形状大小，同时按照电路连接调整摆放对应的元件 R1_RC1/C1_RC1 到合适的位置，如图 16-34 所示。

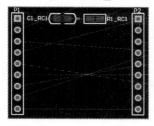

图 16-34 RC1 布局

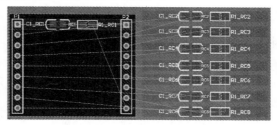

图 16-35 多通道布局复制完成

第四步，执行菜单命令【设计】/【Room】/【复制 Room 格式】，先选择 RC1（Room），再单击剩余任意 Room（RC2···RC8），出现图 16-36 的对话框，按照图中设置后，单击确定，可以发现，剩余的所有 Room 其大小形状及对应元件的布局均已完成，和 RC1 相同，如图 16-35 所示。

最后，参照 RC1 的布局，逐个移动 Room 到合适位置，如图 16-37 所示。

图 16-36 Room 复制对话框

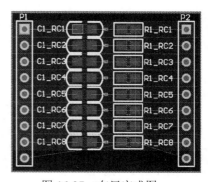

图 16-37 布局完成图

16.5.4　PCB 布线

为了突出 Altium Designer 15 的多通道设计的便捷性，本例以手动布线为主，参照图 16-38（a）图完成第一个 Room 的布线及调整；接下来执行菜单命令【设计】/【Room】/【复制 Room 格式】，先选择 RC1（Room），再单击剩余任意 Room 单击确定，完成 Room 的复制，完成情况如图 16-39 右图。

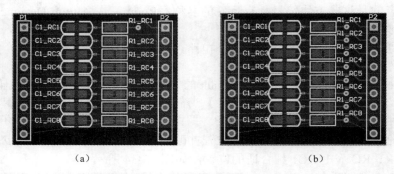

（a）　　　　　　　　　　　　　　　（b）

图 16-38　Room 布线复制

最后将剩余未完成的布线完成。

16.5.5　PCB 后续处理

1. 敷铜操作

一般情况下，在完成 PCB 布线后，最后都需要对地线大面积敷铜，除了具备了屏蔽功能外，还可以使 PCB 承载更大的电流。执行【放置】/【多边形敷铜】菜单命令，如图 16-39 所示。

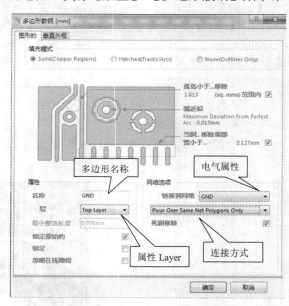

图 16-39　多边形敷铜窗口

按上图 16-39 的参数进行设置，单击【确定】后，用鼠标选择 PCB 的四个边，而后进行底层 （Bottom Layer）的敷铜操作；完成后，再用同样的方法对项层（Top Layer）进行敷铜。

完成敷铜的 PCB 图如图 16-40 所示。仔细观察 PCB 的顶层敷铜情况，在电阻元件和电容元件的中间部分都出现了小块连接的敷铜问题，在很多时候，要求避免出现这种情况，可以执行菜单【放置】/【多边形填充挖空】命令，在不希望敷铜的区域放置一个多边形，然后双击已经完成的多边形敷铜重新敷铜，如图 16-41 所示。

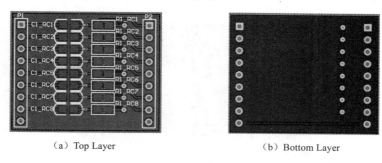

（a）Top Layer   （b）Bottom Layer

图 16-40　8 通道 RC 滤波器 PCB

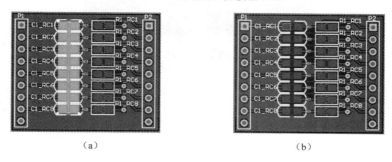

（a）   （b）

图 16-41　多边形挖空操作

2．设计规则检查

设计规则检查（DRC）也是 PCB 设计的一个重要环节，通过设计规则检查可以发现 PCB 布线过程中有无违反设计规则的地方，确保 PCB 设计的正确性。执行【工具】/【设计规则检查】菜单命令，弹出窗口如图 16-42 所示，单击运行即可。

图 16-42　设计规则检查窗口

3．PCB 设计效果

返回 PCB 编辑环境，执行菜单【察看】/【切换到三维显示】命令，或者直接通过键盘数字键 2/3，检视 PCB 设计完成的情况，图 16-43 为本实例的 3D 效果，在窗体中可以通过键盘"shift"+鼠标拖曳查看具体效果。

图 16-43　设计完成 8 通道 RC 滤波器 3D 显示

第 17 章　局部差异多通道电路设计实例

本章的设计实例以一种基于 595 串并扩展的 LED 显示电路作案例。在本章节侧重介绍在使用 Altium Designer 15 软件的 Muli-Channel 功能的设计中，电路存在不完全相似（相同）的情况下，如何在工程设计使用 Muli-channel 功能提高设计效率。本例使用电路模块应用普遍，元件、电路相对简单，在具体工程应用中可以自行扩展。

17.1　新建 PCB 工程文件

执行【文件】/【新建】/【Project】菜单命令，如图 16-1 所示。如图 17-1 所示，在【New Projects】面板中，根据需要选择设置好相关参数，单击【OK】系统创建好一个空白的 PCB 工程文件。

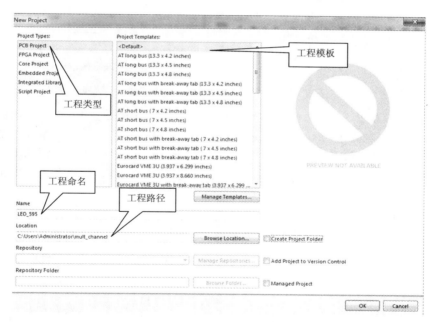

图 17-1　新建工程选项

17.2　新建原理图和 PCB 文件

在新建的 PCB 工程文件中，将光标停留在 LED_595.PrjPCB 上（灰色部分），【单击鼠标右键】/【给工程添加新的】/【Schematic】(/【PCB】)，操作后即可在当前工程文件中新建默认名为 Sheet1.SchDoc 的原理图文件，单击菜单【文件】/【保存】，同时将该文件命名为 LED_595.SchDoc，继续用类似的方法新建原理图文件 LED_ALONE.SchDoc 和 PCB 文件 LED_595.PcbDoc。

最后保存工程，完成空白工程的建立，工程结构如图 17-2 所示。

17.3　新建用户库文件

用户库文件即 PCB 封装库和原理图元件库文件。将光标停留在 LED_595.PrjPCB 上（灰色部分），【单击鼠标右键】/【给工程添加新的】/【Schematic　Library】（/【PCB Library】）。操作后即可在当前工程文件中新建默认名为 Schlib1.SchLib 的原理图元件库文件，用类似的方法新建默认名为 "PCBLib1.PcbLib" 的 PCB 封装库文件。

保存原理图元件库文件和 PCB 封装库文件，选择好文件的存放位置，将原理图元件库文件和 PCB 封装库文件均以 LED_595 命名（扩展名不同），生成的原理图元件库文件名为：LED_595.SchLib，PCB 封装库文件名：LED_595.PcbLib。新建的全部文件如图 17-2、图 17-3 所示。

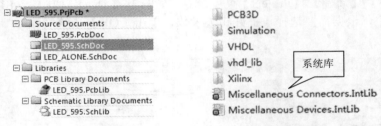

图 17-2　用户工程结构　　　　　　图 17-3　系统库源文件

首先仔细观察、分析一般情况下是怎么设计这一类显示电路的，图 17-4 给出的电路在一般设计时都会用到，电路本身不复杂，图中电路仅有四路显示，如果显示单元增加很多怎么解决？而且我们也可以发现下图电路几个单元之间存在连接线路，在上一章的案例中，各个单元之间是完全相同的，互相之间没有关系。本章节案例将详细阐述如何利用 Altium Designer 15 的多通道设计解决这一问题。

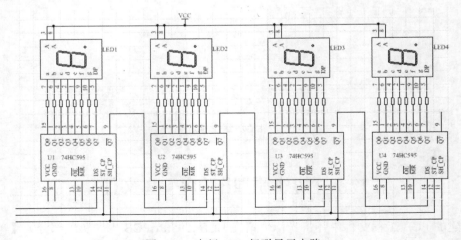

图 17-4　串行 LED 级联显示电路

17.3.1 设计 PCB 封装

在新建原理图元件之前，通常要首先设计与原理图元件对应的 PCB 封装。实例中，大部分所用到位的 PCB 封装均能在 Altium Designer 15 的系统库 Miscellaneous Devices.PcbLib 和 Miscellaneous Connectors. PcbLib 中找到，因此，设计时只需将所用封装复制到用户的 PCB 封装库中即可。

执行【文件】/【打开】菜单命令，系统库源文件路径如图 17-3 所示，找到所需的库源文件并进行摘取操作，如图 17-5、图 17-6 所示。摘取操作后当前工程中系统库文件如图 10-7 所示。

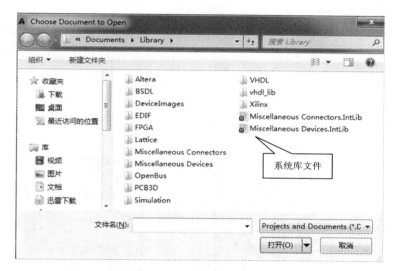

图 17-5　打开系统库源文件

图 17-6　摘取源文件

图 17-7　系统库文件

1. 从系统库复制 H 封装

实例中，所用数码管的封装名为 H，打开库文件 Miscellaneous Devices.PcbLib 后，将标签式面板切换到【PCB Library】，在元器件列表中找到数码管的封装名 H，如图 17-8 所示。

此时，H 的封装出现在右边的元器件封装编辑窗口中，在左侧的元件列表中，鼠标选中 H 元件（蓝色表示选中），单击鼠标右键，在弹出的菜单中选择【复制】，在图 17-8 左下角单击【Projects】，在工程目录结构中选择打开 LED_595.PcbLib，同样切换到对应的【PCB Library】，在元件列表的任意位置，单击鼠标右键，选择【Paste 1 Components】，如图 17-9

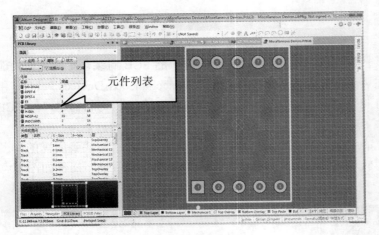

图 17-8 数码管的封装 图 17-9 用户 Lib 元件列表

所示。双击元器件列表中的相应元件，出现如图 17-10 所示的 PCB 库元器件对话框，可以根据实际需要给元件命名，或者是一些参数备注。

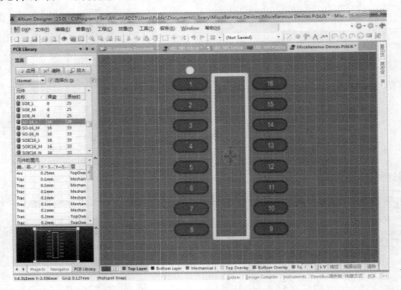

图 17-10 PCB 库元件对话框

图 17-11 SO-16 封装

2. 从系统库复制 SO-16 封装

在库文件"Miscellaneous Devices.PcbLib"的元器件列表中找到 SO-16_L 封装名，如图 17-11 所示。按照相同的操作，将该元件复制到建立的工程库文件 LED_595.PcbLib 中，并将

其命名为 SO16

3．其他元件 PCB 封装

按照上述元件复制的步骤方法，从库文件"Miscellaneous Devices.PcbLib"复制元件 6-0805-L，并改名为 R0805，从库文件"Miscellaneous Connectors.PcbLib"复制元件 HDR1X5。

本例中，其余 PCB 封装设计过程不再赘述，实例的全部 PCB 封装的名称列表如图 17-12 所示，用户库文件名为 LED_595.PcbLib。

图 17-12　实例的 PCB 封装名称列表

17.3.2　设计原理图元件

本案例部分元件可在 Altium Designer 15 的 Miscellaneous Devices.SchLib 和 Miscellaneous Connectors.SchLib 系统库文件中找到，系统库文件的路径可参考图 17-3，个别电路元件需自行设计。

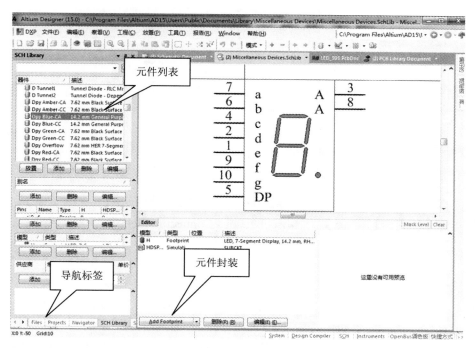

图 17-13　实例的 PCB 封装名称列表

对系统库已有的原理图电路元件，设计时只需将所用的元件从系统库复制到用户库

LED_595.SchLib 中即可。

1. 从系统库复制元件

打开 Miscellaneous Devices.SchLib 系统库文件，将标签式面板切换到【SCH Library】，在库文件的元件列表中找到并选择选择 Dpy Blue-CA 元件，如图 17-13 所示。单击鼠标右键，在弹出的的菜单中选择【复制】操作。再单击图中左下角的导航标签【Projects】返回工程的目录结构，双击打开 LED_595.SchLib 库文件，再次单击【SCH Library】，在库文件的元件列表的任意位置，单击鼠标右键，选择【粘贴】，将 Dpy Blue-CA 元件复制到工程库文件中。完成情况如图 17-14 所示。

在图 17-13 所示的 SCH 库元件编辑环境，单击其中【Add Footprint】，出现图 17-15 的界面，单击其中的【浏览】，出现图 17-16 的封装浏览窗口。从图中可以看到。在元件封装库一栏，系统已经列出了上一节构建的工程库文件，同时在下面的列表中给出了该元件中所有的元件封装信息，并且，在对话框的右侧可以同步看到对应的元件封装符号样式。

图 17-14　SCH 元件复制

图 17-15　SCH 元件封装添加

按照同样的操作方法从 Miscellaneous Devices.SchLib 中将元件【Res2】复制到工程库中，并且给其指定元件封装【R0805】，从 Miscellaneous Connectors.SchLib 中复制元件【Header 5】，元件的封装指定为【HDR1X5】。

完成以上操作后，工程库的元件列表如图 17-17 所示。

2. 设计 595 元件

打开 LED_595.SchLib 文件，将标签式面板切换到【SCH Library】，如图 17-17 所示库文件仅有三个元件，执行菜单操作【工具】/【新器件】，出现图 17-18 的新建元件对话框，将其命名为【HC595】，并单击确定，整个 Sch 元件编辑环境如图 17-19 所示，根据实际情况在其中添加编辑各类符号，设计所需的元件。

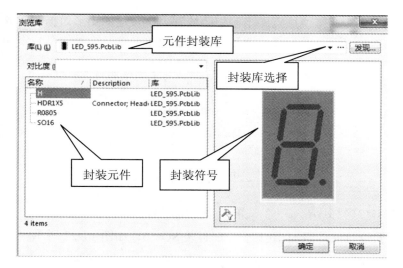

图 17-16　元件封装选择

图 17-17　工程库元件列表

图 17-18　新建 Sch 元件对话框

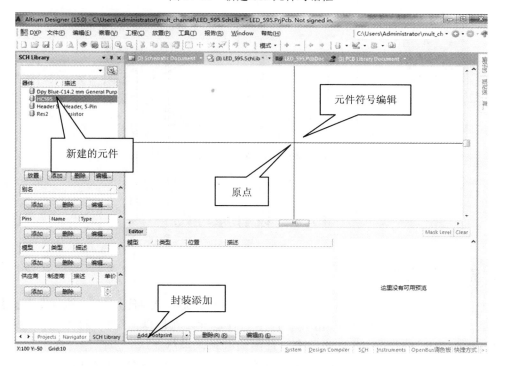

图 17-19　新建 Sch 元件编辑环境

执行【放置】/【矩形】菜单命令，围绕原点即十字中心放置大小合适的矩形边框，所放置的 HC595 的矩形边框如图 17-20 所示；执行【放置】/【管脚】菜单命令，给元件符号添加所有的管脚，如图 17-21 所示。

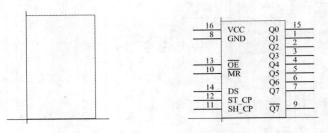

图 17-20   放置 LM317T 矩形边框   图 17-21   放置管脚

最后单击【Add Footprint】给该元件添加相应的 PCB 封装 SO-16，如图 17-22 所示。

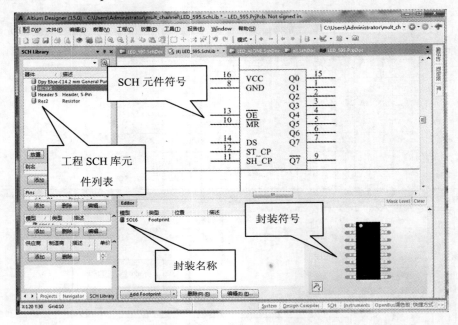

图 17-22   添加的 TO-220 封装

17.4   设计原理图

17.4.1   原理图的绘制

在工程结构中打开空原理图文件 LED_ALONE.SchDoc，参照图 17-4，执行【放置】/【器件】菜单命令，从 LED_595.SchLib 用户库中选择器件，在原理图编辑窗口放置好 HC595、数码管、电阻等全部元件，并连线完成原理图的编辑，当然在这一步操作过程中，只需要画出图 17-4 电路的一部分，即所谓的一个通道的电路，最后完成情况如图 17-23。

17.4.2 多通道原理图上层设计

在工程结构中打开空原理图文件 LED_595.SchDoc，执行【放置】/【器件】菜单命令，从 LED_595.SchLib 用户库中选择器件【Header 5】，并放置在合适的位置。执行【设计】/【HDL文件或图纸生成图标符】，在弹出的对话框选择 LED_ALONE.SchDoc 文件，【确定】以后生成方块图表符，将其命名为【A1】，采用同样的操作，在图纸编辑窗口放置同样的方块图表符，分别命名为【A2】/【A3】/【A4】，并调整图纸中的元件布局及端口修改等，参照图 17-4 电路完成电路的连线工作，最后完成情况如图 17-24 所示。

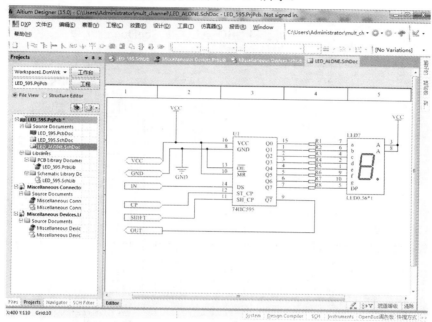

图 17-23　编辑完成的单通道原理图

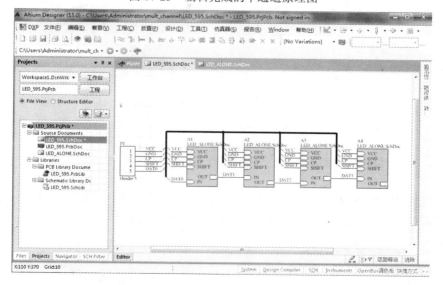

图 17-24　编辑完成的上层原理图

403

17.4.3 原理图的处理

经过以上操作后，已经完成了本章案例设计的原理图编辑的主要工作，本节的内容涉及原理图编辑的后续操作。

1. 原理图的编译

执行【工程】/【Compile PCB LED_595.PrjPcb】菜单命令，编译整个工程文件，编译结果显示在【Message】窗口中，如图 17-25 所示，如果有错可根据提示信息，进行排错处理，部分警告信息查明原因后可忽略。

同时注意观察工程导航栏中的工程结构，如图 17-24、图 17-26 所示，可以看到在工程编译前后，原理图文件 LED_595.SchDoc 和 LED_ALONE.SchDoc 的从属关系发生了改变。

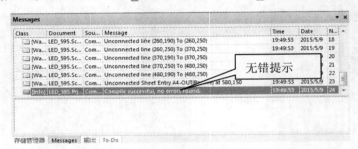

图 17-25　编译【Message】窗口　　　　　图 17-26　原理图从属结构

2. 网络表的生成

执行【设计】/【文件的网络表】/【Protel】菜单命令，系统会产生一个 LED_595.net 的网络表文件，网络表生成【Message】窗口如图 17-27 所示。

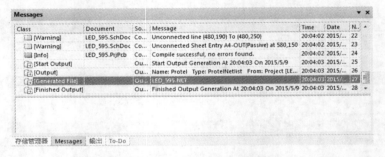

图 17-27　网络表生成【Message】窗口

17.5　设计 PCB 图

在设计好原理图的基础上，打开已建空 PCB 文件 LED_595.PcbDoc。在 PCB 编辑窗口中，依次进行放置布线框、装入网络表、元件布局、自动布线等操作。

17.5.1 设置 PCB 形状大小

在 PCB 编辑窗口中，执行菜单【察看】/【Board Planening Mode】命令（或者键盘数字键【1】）进入 AltiumDesigner15 的 PCB 框设计。选择菜单命令【设计】/【重新定义板形状】，在图形编辑区域，根据实际 PCB 的实际大小形状 60mm*35mm，如图 17-28 所示。

执行菜单【察看】/【切换到二维显示】命令（或者键盘数字键【2】）返回 PCB 编辑模式，将板层标签切换到 Keep-Out Layer，执行【放置】/【走线】菜单命令，绘制一个矩形框（尺寸与电路板实际尺寸相同），如图 17-29 所示。

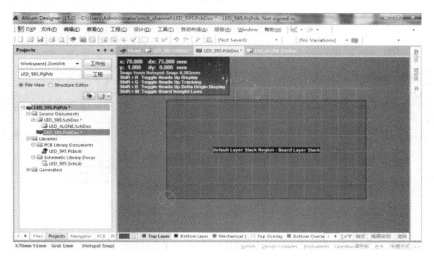

图 17-28　PCB 形状 3 维设计窗口

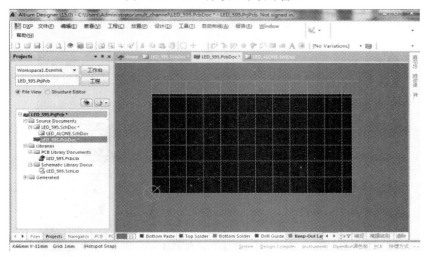

图 17-29　PCB 形状外形层设计窗口

17.5.2　装入网络表

网络表的装入有两种方法，一是在 PCB 编辑环境中，执行【设计】/【Import Changes From LED_595.PrjPCB】菜单命令，如图 17-30 所示；二是在原理图编辑环境中，执行【设计】/【Update PCB Document LED_595.PcbDoc】菜单命令，如图 17-31 所示。

执行命令后网络表装入后，弹出图 17-32 所示对话框，可以查看是否有错误信息，查看网表具体信息及变化情况。单击【执行更改】后，所有元件的 PCB 封装及电路连接信息一并载入，如图 17-33 所示。

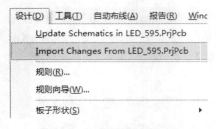

图 17-30　PCB 编辑导入网络

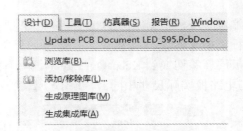

图 17-31　原理图更新网络

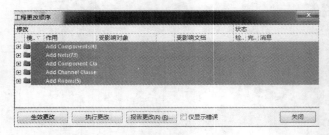

图 17-32　网络信息装载对话框

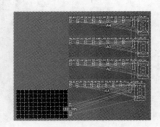

图 17-33　网络装入情况

17.5.3　PCB 布局

在 PCB 编辑环境下，已经导入了相关的电路信息，按照上一章的操作步骤，我们首先对其中一个通道进行元件布局。布局时，用鼠标逐一拖动封装元件依次放到布线框的合适位置，如图 17-34 所示。

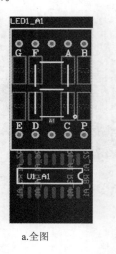

a.全图

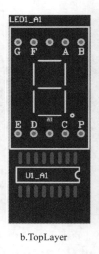

b.TopLayer

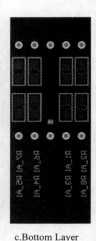

c.Bottom Layer

图 17-34　实例单元布局层次图

在本案例的设计，PCB 采用双面元件布局的设计，在拖动元件摆放位置的时候，如果需要将其放置在底层（默认在顶层放置元件），只需要在拖动元件的时候，按下键盘【L】键，元件则会改变所在层次，如图中显示，电阻元件被放置在 PCB 的顶层，则其对应 pads 显示为蓝色，同时其丝印也显示为棕色。

完成单通道的元件布局后，执行菜单【设计】/【Room】/【复制 Room 格式】，先选择【A1】（棕色 Room 方块符号）的任意位置，再单击剩余的需要复制的 Room 中的任意一个，在系统出现的 Room 复制对话框（见图 17-35）选项中，勾选【适用与指定通道】，并在 Room 选择处勾选，如图所示，单击【确定】，可以发现，本实例中存在的 4 个通道 A1~A4，其元件的布局及相对的摆放位置都已经自动修改完成。最后完成布局的 PCB 这个整体情况如图 17-36 所示。

图 17-35　Room 复制参数选择

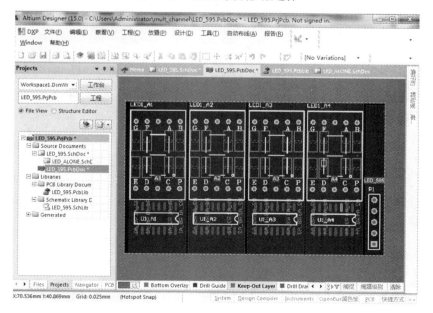

图 17-36　实例布局完成图

17.5.4　PCB 自动布线

首先选择一个通道，比如 A1，手工布线或者自动布线，完成一个通道的大部分布线操作，然后采用 Room 复制完成多个通道的布线工作，执行菜单命令【设计】/【Room】/【复制 Room 格式】。在图 17-37 中，还剩下部分未完成的布线，虚线显示部分，最后再针对这些做布线。

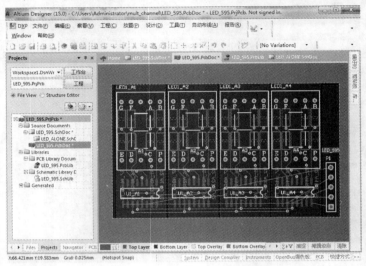

图 17-37　多通道布线复制完成情况

为了提高设计效率，减少布线遗漏，采用自动布线方式。执行菜单【自动布线】/【全部】命令，为了演示方便，直接采用系统的默认布线策略，在图 17-38 显示布线策略中，勾选【锁定已有布线】，单击【Rounte All】开始布线。

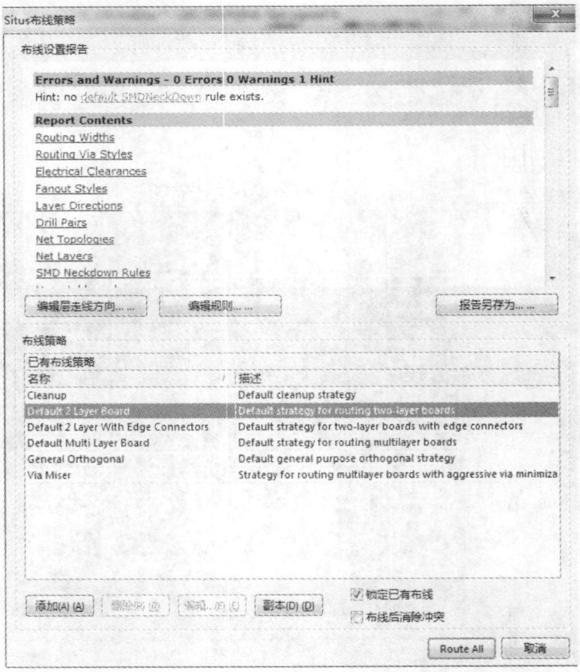

图 17-38　自动布线策略

自动布线完成后，【Message】窗口报告自动布线的相关信息，如图 17-39 所示，布线完成 100%，最后布线完成效果如图 17-40 所示。

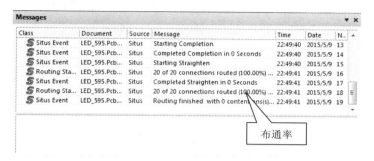

图 17-39　自动布线完成信息

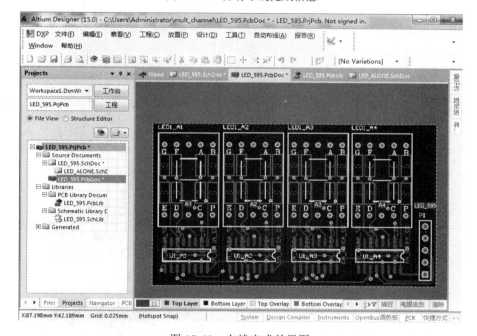

图 17-40　布线完成效果图

17.5.5　PCB 后续处理

1．敷铜操作

执行【放置】/【多边形敷铜】菜单命令，在图 17-41 显示的多边形敷铜对话框中，设置相关参数，单击【确定】后，用鼠标选择 PCB 的四个边，而后进行底层 (Bottom Layer)的敷铜操作；完成后，再用同样的方法对顶层（Top Layer）进行敷铜。完成敷铜的 PCB 图如图 17-42 所示。

2．设计规则检查

执行菜单【工具】/【设计规则检查】命令，如 17-43 所示，单击【运行 DRC】，弹出窗口【Messages】如图 17-44。逐条检查窗口显示的相关信息，根据实际情况进一步修改，直至最后完成。

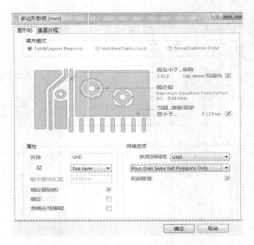

图 17-41　多边形敷铜属性窗口

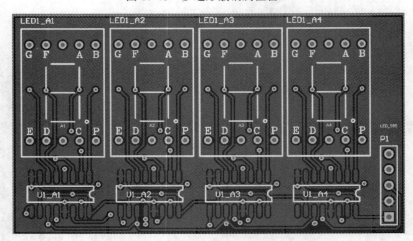

（a）TopLayer

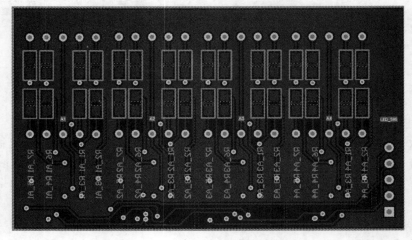

（b）BottomLayer

图 17-42　布线完成图

图 17-43　设计规则检查窗口

3. PCB 设计效果

返回 PCB 编辑环境，执行菜单【察看】/【切换到三维显示】命令，或者直接通过键盘数字键 2/3，检视 PCB 设计完成的情况，图 17-45 为本实例的 3D 效果，在窗体中可以通过键盘"shift"+鼠标拖曳查看具体效果。

图 17-44　DRC 规则检查结果

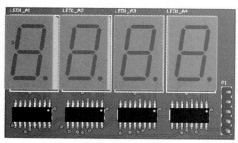
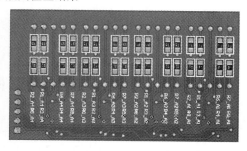

图 17-45　实例电路设计完成 3D 效果图

第 18 章　BLDC 电调设计实例

本章的 PCB 设计实例为一个 BLDC 电调模块。BLDC（Brushless Direct Current Motor）即无刷直流电机，而该电机驱动控制电路即称为 BLDC 电调。目前 BLDC 广泛应用于工业控制、民用生活、航模运动等各个方面。

18.1　新建 PCB 工程文件

执行【文件】/【新建】/【Project】菜单命令，如图 16-1 所示。在新建工程属性对话框中设置好相关参数，如图 18-1 所示。在【Projects】面板中，系统创建了一个默认名为 bldc.PrjPCB 的空的 PCB 工程文件。

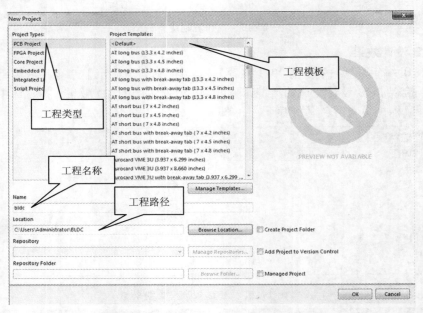

图 18-1　新建工程对话框

18.2　新建原理图和 PCB 文件

在新建的 PCB 工程文件中，将光标停留在 bldc.PrjPCB 上（灰色部分），【单击鼠标右键】/【给工程添加新的】/【Schematic】（/【PCB】），操作后即可在当前工程文件中新建默认名为

Sheet1.SchDoc 的原理图文件，用类似的方法新建默认名为 PCB1.PcbDoc 的 PCB 文件。

执行菜单命令【文件】/【全部保存】，将新建的原理图文件和 PCB 文件分别改名为 bldc.SchDoc 和 bldc.PcbDoc 并保存。

18.3 新建用户库文件

用户库文件即 PCB 封装库和原理图元件库文件。将光标停留在 bldc.PrjPCB 上（灰色部分），【单击鼠标右键】/【给工程添加新的】/【Schematic Library】（/【PCB Library】）。操作后即可在当前工程文件中新建默认名为 Schlib1.SchLib 的原理图元件库文件，用类似的方法新建默认名为 "PCBLib1.PcbLib" 的 PCB 封装库文件。

保存原理图元件库文件和 PCB 封装库文件，选择好文件的存放位置，将原理图元件库文件和 PCB 封装库文件均以 bldc 命名（扩展名不同），生成的原理图元件库文件名为：bldc.SchLib，PCB 封装库文件名：bldc.PcbLib。新建的全部文件如图 18-2 所示。

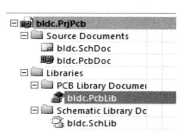

图 18-2　用户命名的文件名

18.3.1　设计 PCB 封装

在新建原理图元件之前，通常要首先设计与原理图元件对应的 PCB 封装。实例中，部分 PCB 封装可从 Altium Designer 15 的系统库文件中获取，而部分 PCB 封装则要另行设计。

1. 从 AD 系统库复制已有元件封装

打开集成库 Miscellaneous Connectors.IntLib、Miscellaneous Devices.IntLib 并摘取。打开 Miscellaneous Devices.PcbLib 库中，找到元件封装 6-0805_M、C0805、C1206、SO8_M、SOT23_L、D2PAK_M 等元件，通过复制到工程库 bldc.PcbLib 中。按照同样的操作从 Miscellaneous Connectors.PcbLib 库中复制元件 HDR2X5_CEN 到工程库，完成情况如图 18-3 所示。

在 bldc.PcbLib 编辑环境中，选择元件【6-0805_M】并复制，双击元件【6-0805_M – duplicate】，在图 18-4 显示的对话框中，将元件改名为【D0805】。

图 18-3　PCB 元件复制情况

图 18-4　PCB 元件属性编辑对话框

2. 用元器件向导设计 TQFP32 封装

实例中，控制芯片 atmega8 采用 TQFP32 封装，该封装可利用 PCB 元器件向导来进行设计（参考第 4 章相关内容）。

具体操作顺序为：打开 bldc.PcbLib 文件，将标签式
面板切换到【PCB Library】，执行【工具】/【IPC Compliant
Footprint Wizard】菜单命令（见图 18-5），单击【下一步】；
按图 18-6~图 18-8 所示进行操作，图中的参数设置来源于
芯片资料，在设计过程中，必须确保这些数据的准确性，
然后按照向导一路【Next】，完成元件的设计。

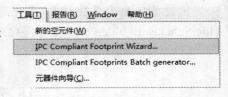

图 18-5　新建 PCB 元件菜单命令

在按照此种方式设计 PCB 的元件封装的时候，必须要先准备好所设计芯片的 Datasheet，
在设计过程中，必须要按照其中的参数进行相关设置。

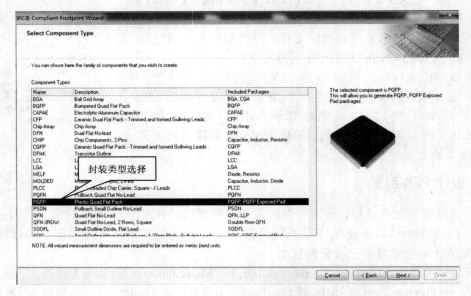

图 18-6　新建 PCB 元件封装类型选择

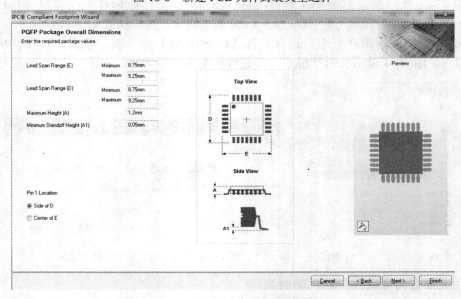

图 18-7　新建元件参数设置对话框

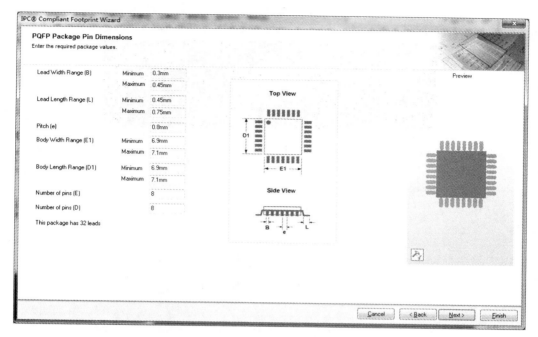

图 18-8　新建元件参数设置对话框

　　最后在库文件的元件列表中，新建了一个长文件名的元件，直接双击元件名，将其改名为【TQFP32】。

　　从以上操作步骤可以看出，利用 AD 提供的向导完成元件封装的设计，方便快捷，按照类似步骤完成 TO252（本例中的电源芯片）的设计。

3. 案例特殊元件 PCB 封装

　　在案例 BLDC 电路中，考虑成品电路的使用调试方便性，其中有个电路跳线选择元件，这个元件的 PCB 封装需要自行设计完成，另外整个模块电路的输入输出部分，考虑到尽量减小模块体积，采用触点焊接方式，为此同样需要给这些节点设计一个 PCB 的封装，下面详细过程。

　　执行菜单命令【工具】/【新的空元件】，在库文件的元件列表中添加新的元件【PCBComponent_1】，双击名称改名为【JMP】，如图 18-9 所示。

　　执行菜单命令【放置】/【焊盘】，在在鼠标的光标下出现焊盘符号，如图 18-10 所示，符号处于"悬浮"状态，按下键盘【TAB】键，编辑焊盘属性。按照图 18-11 中的参数设置完成后，单击【确定】，移动鼠标至合适位置放置焊盘，利用同样的步骤再添加两个焊盘，完成效果如图 18-12 所示，焊盘之间相距 1mm。

元件		
名称	焊盘	原始的
6-0805_M	2	14
C0805	2	13
C1206	2	15
D0805	2	14
HDR2X5_CEN	10	18
JMP	0	0
SO8_M	8	25
SOT23_L	3	19
TQFP32	32	50

图 18-9　新建用户库元件列表

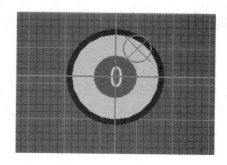

图 18-10　插入焊盘符号

图 18-11　焊盘属性编辑对话框

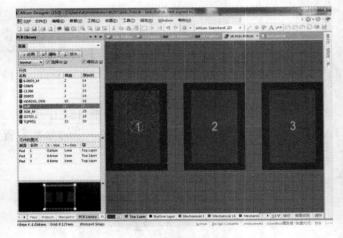

图 18-12　PCB 元件 JMP 完成图

元件		
名称	焊盘	原始的
3216A	2	12
C0805	2	9
D0805	2	22
DPAK	3	8
HDR2X5	10	16
JMP	3	3
PAD	1	1
R0805	2	8
SO8	8	15
SOT23	3	9
TQFP32	32	39

图 18-13　工程库设计完成元件列表

　　执行菜单命令【编辑】/【设置参考】/【1 脚】，完成元件的定位操作，这一步操作不能省略，当然也可以选择【中心】或者【定位】方式，如此手工完成了一个 PCB 元件的封装制作。

　　触点元件封装制作类似，但其只有一个焊盘。

　　在元件封装设计的最后，我们也可以根据需要，将部分从系统复制的元件改名，改成自己习惯的方式，最终完成实例 PCB 库文件 bldc PcbLib 的设计，其元件列表如图 18-13。

18.3.2　设计原理图元件

在本实例电路中，部分元件可在 Altium Designer 15 的系统库文件中找到，比如电阻、电容等，关于从系统库复制元件这部分内容，请参考前面章节的内容，现在着重介绍如何创建实例中的特殊元件。

1．设计 DCDC 元件

打开 bldc.SchLib 用户库，将标签式面板切换到【SCH Library】，在如图 18-14 所示的原理图元件编辑窗口中进行 DCDC 元件 LM1085 的设计。

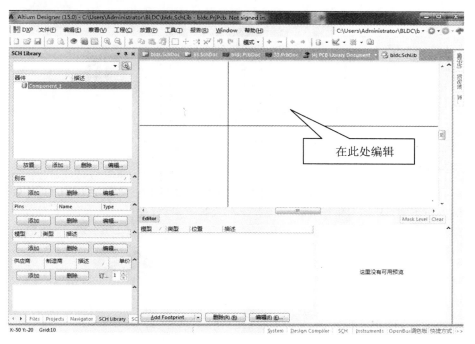

图 18-14　原理图元件库编辑窗口

在原理图元件编辑窗口中，执行【工具】/【新器件】菜单命令，新器件命名为 LM1085。执行【放置】/【矩形】菜单命令，放置大小合适的矩形边框，所放置的 FM1702SL 的矩形边框如图 18-15 所示；执行【放置】/【管脚】菜单命令，放置标识为 1~3 的元件管脚，如图 18-16 所示。

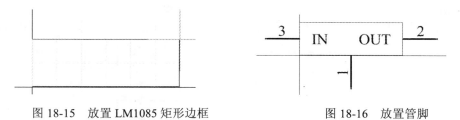

图 18-15　放置 LM1085 矩形边框　　　　　图 18-16　放置管脚

利用前述所建的 PCB 封装库 bldc.PcbLib 为元件 DPAK 添加对应的 PCB 封装，如图 18-17 所示。

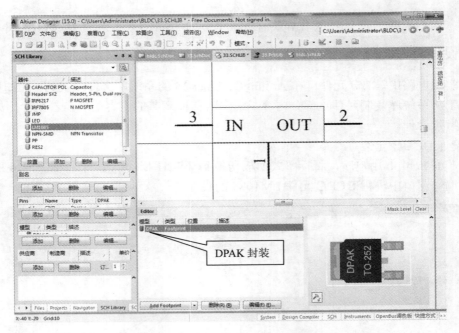

图 18-17　编辑元件 LM1085 的封装

2. 设计 MOS 元件

在实例电路中三组 MOS 对管电路，实际使用中采用的元件型号是 IRF6217/IRF7805，根据数据资料提供的数据（见图 18-18）绘制具体元件。

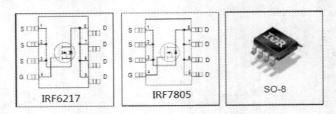

图 18-18　MOS 元件资料图

打开库文件 bldc.SchLib，将标签式面板切换到【SCH Library】，在原理图元件编辑窗口中进行 MOS 元件的设计。

在原理图元件编辑窗口中，执行【工具】/【新器件】菜单命令，新器件命名为 IRF8705。选择【放置】菜单下的相关命令，放置合适的【线】/【】矩形等符号，完成 MOS 元件形状的编辑，如图 18-19 所示，符号的颜色可以根据需要改变。

执行【放置】/【管脚】菜单命令，放置标识为 1~8 的元件管脚，如图 18-20 所示。在

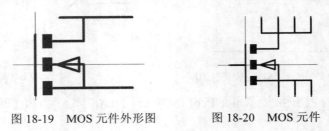

图 18-19　MOS 元件外形图　　　　图 18-20　MOS 元件

放置管脚的时候，注意管脚的标号顺序，图中所示的管脚编号与名称都已经隐藏。

最后再利用前述所建的 PCB 封装库 bldc.PcbLib 为元件 IRF7805 添加对应的 PCB 封装，如图 18-21 所示。

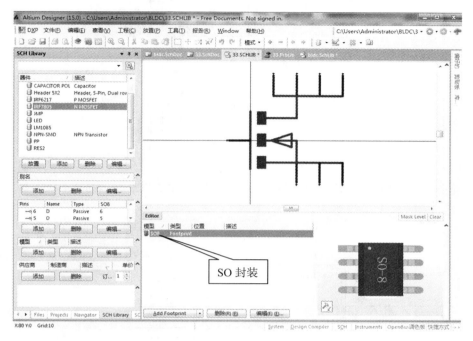

图 18-21　元件 IRF7805 添加封装

MOS 元件 IRF6217 的设计方法与 IRF7805 类似。本例中，其余原理图元件可用上述类似的方法进行设计，设计过程不再赘述，实例的全部原理图器件列表如图 18-22 所示。

图 18-22　实例原理图器件列表

18.4　设计原理图

18.4.1　原理图的绘制

BLED 电调的开源电路原理图如附录所示，分为电源电路、驱动输出电路、MCU 电路。在设计好 PCB 封装和原理图元件的基础上，打开空原理图文件 bldc.SchDoc。在原理图编辑窗口中，依图首先放置全部元件。将元件进行适当布局、进行连线、完成原理图的编辑。

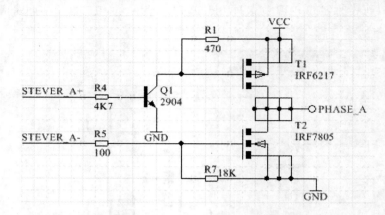

（a）BLDC 电调输出驱动电路图（A 相，B/C 电路结构相同）

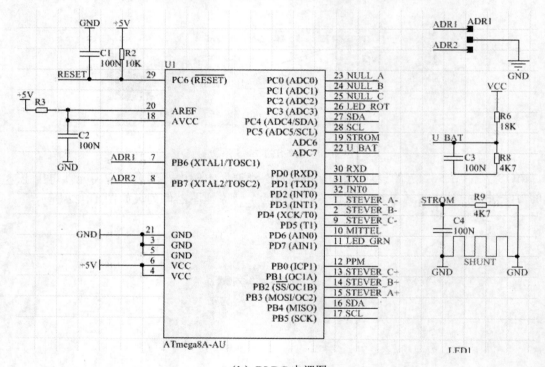

（b）BLDC 电调图

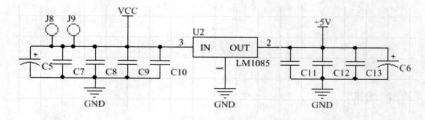

（c）BLDC 电调电源电路图

图 18-23　BLDC 电调模块原理图

执行【放置】/【器件】菜单命令，从 bldc.SchLib 用户库中选择器件，按照附录中的电路图放置元件并布局，如图 18-24 所示。

执行【放置】/【线】菜单命令，进行连线，最后完成原理图的编辑，如图 18-24 所示。

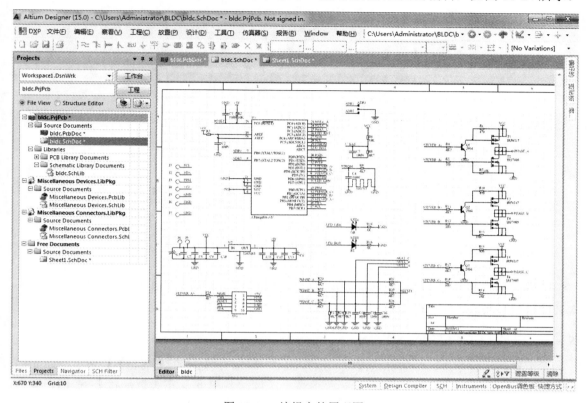

图 18-24　编辑完的原理图

18.4.2　原理图的处理

1．原理图的编译

执行【工程】/【Compile PCB Project bldc.PrjPcb】菜单命令，对整个工程的原理图文件进行编译处理，如图 18-25 所示。

编译结果显示在【Message】窗口中，如图 18-26 所示，如果有错可根据提示信息，进行排错处理，部分警告信息查明原因后可忽略。

图 18-25　原理图编译菜单　　　　　图 18-26　编译【Message】窗口

2．网络表的生成

执行【设计】/【文件的网络表】/【Protel】菜单命令，系统会产生一个 rfid1702.net 的网络表文件，网络表生成【Message】窗口如图 18-27 所示。

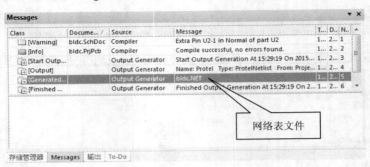

图 18-27　网络表生成【Message】窗口

18.5　设计 PCB 图

在设计好原理图的基础上，打开已建空 PCB 文件 bldc.PcbDoc。在 PCB 编辑窗口中，依次进行放置布线框、装入网络表、元件布局、自动布线等操作。

18.5.1　设置 PCB 框形状大小

在工程结构目中中，双击 bldc.PcbDoc 进入 PCB 编辑环境，执行【察看】/【Board Planning Mode】命令切换到 3D 显示模式。选择菜单命令【设计】/【重新定义板形状】，在图形编辑区域，根据实际 PCB 的实际大小形状 60mm×30mm，如图 18-28 所示。

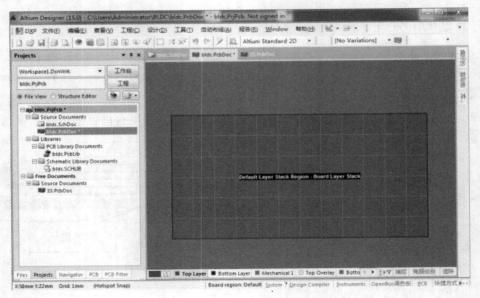

图 18-28　PCB 形状 3 维设计窗口

执行菜单【察看】/【切换到二维显示】命令（或者键盘数字键【2】）返回 PCB 编辑模式，将板层标签切换到 Keep-Out Layer，执行【放置】/【走线】菜单命令，绘制一个矩形框（尺寸与电路板实际尺寸相同），如图 18-29 所示。

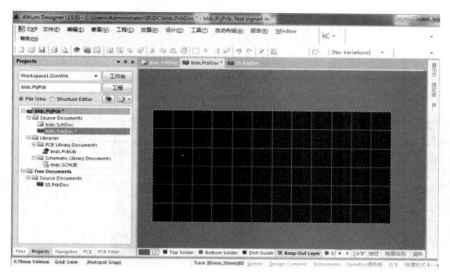

图 18-29　PCB 形状外形层设计窗口

18.5.2　装入网络表

网络表的装入有两种方法，一是在 PCB 编辑环境中，执行【设计】/【Import Changes From bldc.PrjPCB】菜单命令，如图 18-30 所示；二是在原理图编辑环境中，执行【设计】/【Update PCB Document bldc.PcbDoc】菜单命令，如图 18-31 所示。

图 18-30　PCB 编辑导入网络　　　　　　　图 18-31　原理图更新网络

执行命令后网络表装入后，弹出图 18-32 所示对话框，可以查看是否有错误信息，查看网表具体信息及变化情况。单击【执行更改】后，所有元件的 PCB 封装及电路连接信息一并载入，如图 18-33 所示。

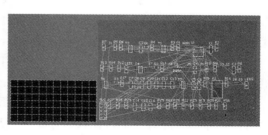

图 18-32　网络信息装载对话框　　　　　　图 18-33　网络装入情况

18.5.3　PCB 布局

在完成元件及网络的装入以后，首先需要完成的是元件的布局。本实例电路设计的电路模块，是为了配套航模设计的，在使用中应做到小巧方便。因此本例采用 PCB 双面元件布局，布局时特别需要注意的是驱动输出部分的布局。

通过观察原理图的电路输出，可以发现电调的输出电路分成三路信号，每路信号主要由两个 MOS 元件构成。本例的布局完成效果图如图 18-34 所示，在 PCB 的最右侧是电路的输出电路，每路电路的上下对管分别布局在 PCB 的 TopLayer 和 BottomLayer。

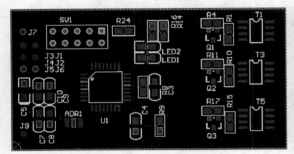

a. TopLayer　　　　　　　　　　b. BottomLayer

图 18-34　PCB 元件布局图

18.5.4　PCB 布线

1. 布线规则

一般情况下，在进行 PCB 设计的时候，都需要设定相应的布线规则，以满足不同要求 PCB 的设计需求，本例只作简单举例。首先选择菜单【设计】/【规则】，在图 18-35 所示的 PCB 规则编辑器中设置相关参数。

设置线宽，单击左侧的【Routing】/【Width】/【Width】，在右侧的参数编辑区修改最大线宽为【60mil】。

剩余的一些参数在设计过程中进行设置，单击【确定】返回 PCB 编辑。

2. 预布线

实例的特殊要求是电路的输出单元，电流相对较高，首先对这一部分处理，采用手工布线方式。首先在 PCB 编辑区域，单击下面的层标签栏【TopLayer】，切换到 PCB 顶层编辑。

执行命令【放置】/【交互式布线】，鼠标出现十字光标，处于悬浮状态，移动位置，单击左下角的元件【J9】的焊盘，并通过【TAB】键设置线宽为 40mil，拖动鼠标开始布线，与元件【T1/T3/T5】连接，如图 18-36 所示。

执行命令【放置】/【填充】，在元件【T1】的输出管脚部分绘制出一个矩形符号，并在矩形符号的右侧，元件【T1】的外侧放置几个过孔，如图 18-36 所示。

切换编辑层到【TopSolder】，如果该标签没有出现在下面区域，则通过【设计】/【半层颜色】打开相应的对话框，在其中作相应勾选。

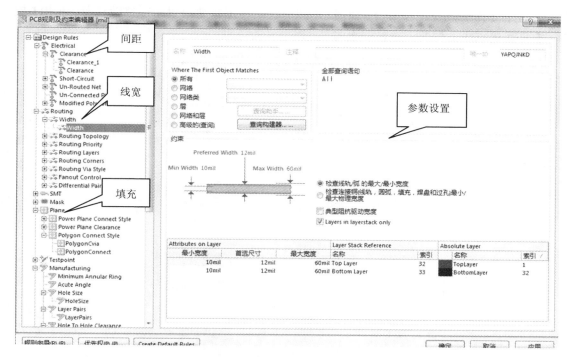

图 18-35　PCB 规则编辑器

在 PCB 的 Top Solder 编辑层，分别执行命令【放置】/【走线】(/【填充】)，沿着刚才在 TopLayer 绘制的导线，绘制图形覆盖，如图 18-36（b）的最下面部分和最右侧部分。

按照类似的操作方法步骤，在 BottomLayer 和 BottomSolder 层分别放置矩形符号，覆盖元件的【T2/T4/T6】输出管脚。

在 Solder 层绘制图形，在 PCB 生产工程中称为"开窗"。目的是为了最后的 PCB 生产出来的成品，在这一部分不做阻焊处理。实例的 PCB 经过上述绘制，成品 PCB 的这些线条和方块的铜皮灰裸露在外，在生产装配中，可以涂上焊锡加厚增加线路的导电电流，效果图如图 18-36 所示。

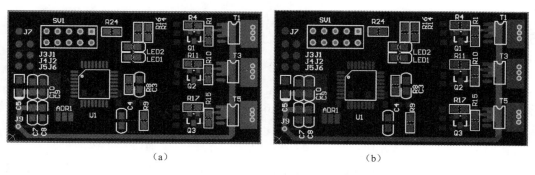

　　　　　　（a）　　　　　　　　　　　　　　　　（b）

图 18-36　PCB 预布线及其 Solder 开窗

3. 自动布线

完成以上的特殊布线后，执行自动布线命令【自动布线】/【全部】，在图 18-37 显示的布线策略对话框中一定要勾选【锁定已有布线】，单击【Route All】完成剩余网络的布线。

从【Messages】窗口检查布线情况，如图 18-38 所示，根据需要可以手工修改调整，利用【放置】/【交互式布线】调整走线情况至最佳。

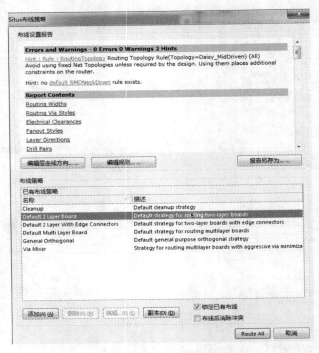

图 18-37　自动布线策略对话框

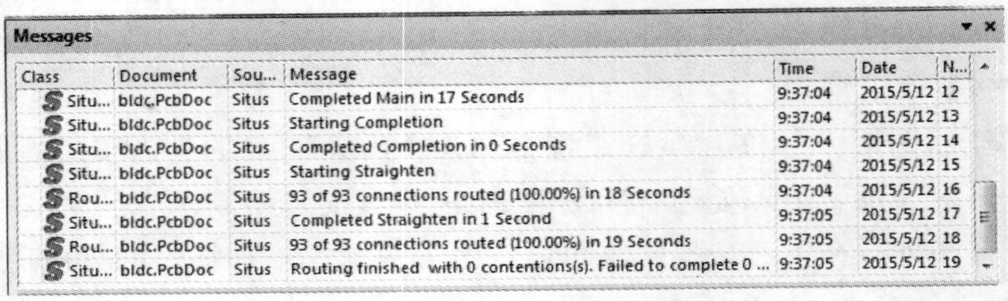

图 18-38　自动布线 Messages 窗口

18.5.5　PCB 后续处理

1. 敷铜处理

执行命令【放置】/【多边形敷铜】，在 TopLayer 和 BottomLayer 层分别沿着 PCB 框外形放置敷铜外形符号，挖成敷铜操作，如图 18-39 所示。

从图 18-40 可以看出敷铜与导线的间距很小，在电路的输出部分也覆盖敷铜缝隙很小，过孔与敷铜十字连接，这些问题在一般设计中都是不合理的，需要进一步修改。

执行【工具】/【多边形填充】/【Shelve 2 Polygon】命令关闭敷铜，执行【工具】/【多边形填充】/【多边形管理器】，在图 18-41 显示的窗口中，选中两个多边形 TopLayer-GND 和 BottomLayer-GND，单击【创建间距规则】，在弹出的间距参数设置对话框中将最小间距设置为 0.5mm。最后可以执行【设计】/【规则】命令回到图 18-35 所示的窗口中查看，在间距一栏已经增加了一项约束条件。

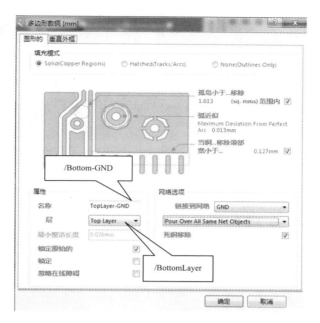

图 18-39　多边形敷铜窗口

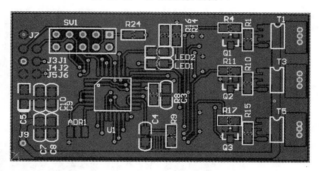

图 18-40　PCB 敷铜效果图

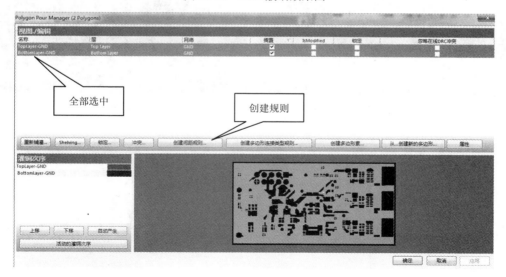

图 18-41　多边形管理器窗口

在图 18-35 显示的规则编辑窗口，选中【Plane】/【Polygon Connect Style】，单击鼠标右键，插入【新规则】。双击【PolygonConnect_1】编辑参数，单击第一个【高级的查询】按钮，单击【查询助手】，在图 18-42 的窗口中输入参数【IsVia】，单击【OK】返回规则参数编辑，在图 18-43 显示的位置选中【Direct Connect】，保存退出。

执行【放置】/【多边形填充挖空】命令，分别在 TopLayer 层和 BottomLayer 层不需要敷铜的位置放置多边形符号。

最后再执行【工具】/【多边形填充】/【Restore 2 Shelved Polygon】命令回复多边形敷铜，从图 18-44 可以看出，PCB 的布线较前面都已修改，效果较为合理。

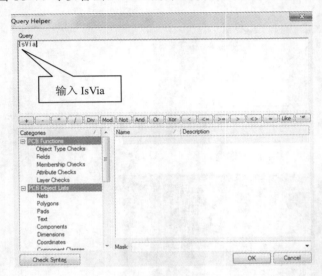

图 18-42　PCB 规则参数查询输入窗口

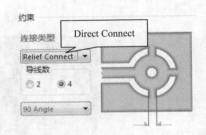

图 18-43　多边形连接设置

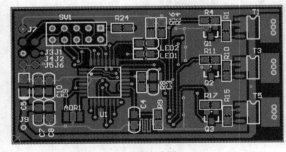

（a）TopLayer 布线完成图

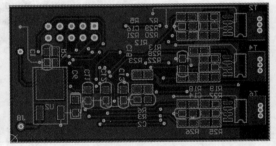

（b）BottomLayer 布线完成图

图 18-44　布线完成图

2．规则检查

设计规则检查（DRC）也是 PCB 设计的一个重要环节，通过设计规则检查可以发现 PCB 布线过程中有无违反设计规则的地方，确保 PCB 设计的正确性。执行【工具】/【设计规则检查】菜单命令，在系统弹出的规则检查对话框中，单击【运行 DRC】，在图 18-45 显示的 Messages 窗口逐项检查布线情况并调整修改，DRC 检查的结果同时也保存在 Report 文件中。

图 18-45　DRC 检查 Messages 窗口

3．PCB 设计效果

返回 PCB 编辑环境，执行菜单【察看】/【切换到 3 维显示】命令，或者直接通过键盘数字键【3】，检视 PCB 设计完成的情况，图 18-46 为本实例的 3D 效果，在窗体中可以通过键盘"shift"+鼠标拖曳查看具体效果。

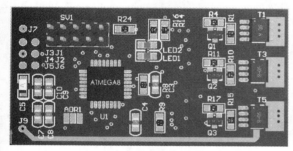

（a）TopLayer

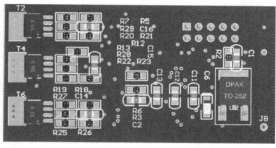

（b）BottomLayer

图 18-46　实例设计完成 PCB 3D 效果图

附录 BLED 电调电路原理图

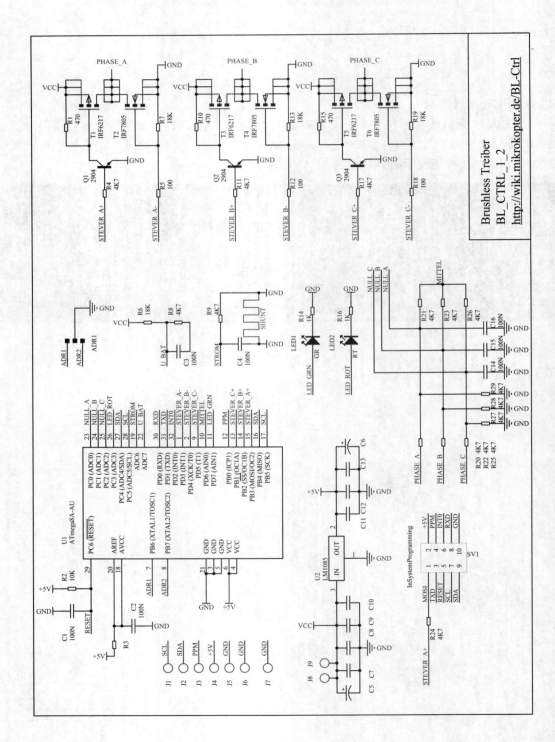

参考文献

[1] 李东生，张勇，晁冰，等. Protel DXP 电路设计教程. 北京：电子工业出版社，2003.

[2] 张睿. Altium Designer 6.0 原理图与 PCB 设计. 北京：电子工业出版社，2007.

[3] 周润景，张丽敏，王伟. Altium Designer 原理图与 PCB 设计. 北京：电子工业出版社，2009.

[4] 史久贵. 基于 Altium Designer 的原理图与 PCB 设计. 北京：机械工业出版社，2011.

[5] 高歌. Altium Designer 电子设计应用教程. 北京：清华大学出版社，2011.

[6] 常晓明，李媛媛. Verilog-HDL 工程实践入门. 北京：北京航空航天大学出版社，2005.

[7] 王建农，王伟. Altium Designer 10 入门与 PCB 设计实例. 北京：国防工业出版社，2012.